本书出版得到中国—东盟海上合作基金 2018 年度项目支持（外财函〔2017〕513 号）

古小松　方礼刚 ◎ 主编

HAIYANG WENHUA YANJIU

海洋文化研究

（第一辑）

中国出版集团公司

世界图书出版公司

广州 · 上海 · 西安 · 北京

图书在版编目（CIP）数据

海洋文化研究.第一辑／古小松，方礼刚主编. —广
州：世界图书出版广东有限公司，2022.12
ISBN 978-7-5232-0071-1

Ⅰ.①海… Ⅱ.①古… ②方… Ⅲ.①南海—文化研
究—文集 Ⅳ.①P722.7-53

中国版本图书馆CIP数据核字（2022）第254841号

书　　名	海洋文化研究（第一辑） HAIYANG WENHUA YANJIU (DI YI JI)
主　　编	古小松　方礼刚
责任编辑	程　静
装帧设计	书艺歆
责任技编	刘上锦
出版发行	世界图书出版有限公司　世界图书出版广东有限公司
地　　址	广州市新港西路大江冲25号
邮　　编	510300
电　　话	020-84453623　84184026
网　　址	http://www.gdst.com.cn
邮　　箱	wpc_gdst@163.com
经　　销	各地新华书店
印　　刷	广州市迪桦彩印有限公司
开　　本	787mm×1092mm　1/16
印　　张	13.75
字　　数	248千字
版　　次	2022年12月第1版　2022年12月第1次印刷
国际书号	ISBN 978-7-5232-0071-1
定　　价	58.00元

海南热带海洋学院东盟研究院、海南省南海文明研究基地主办

目　录

古代海上交通

近代以前中国人环球航路大视野：
以东南亚为中转站

高伟浓①

【内容提要】 中国有悠久的以移民与贸易为目的的远洋航海史。中国人通过粤闽两省沿海的始发港和大西南通向中南半岛的陆上通道分水陆两路移居东南亚，逐渐在东南亚一些重要港口形成了进行环球航海活动的中转站，并通过这些中转站将航海活动延伸到"近洋区域"（印度洋和阿拉伯海等地带）和"远洋区域"（美洲）。到明清时期，形成了通达全球的适应大航海时代形势的三大洋航路网络，海上丝绸之路远洋航路也达到了历史的高峰。同时，中国人通过这些航路移居世界各地，在居住地开拓拼搏，广泛开展经济文化交流，为发展中外友好关系做出了巨大贡献。

【关键词】 近代以前；中国人；环球航路；东南亚；中转站

一、中国人环球航路的概念

(一)海上丝绸之路的起源与历史延衍

中华民族是世界上最早进行航海活动的民族之一，也是航海范围最广泛，航海商业和航线沿岸开发活动最活跃、深入的民族之一。中国古代的航海活动逐渐形成了海上丝绸之路。历史上中国人的环球航路与海上丝绸之路，在本文中是两个无差异的概念。两个概念的不同之处在于因时代变化而造成的内涵变化。由于地理大发现，世界上出现了殖民地。因此，殖民者的航海路线覆盖了先前已经形成的中国的海上丝绸之路中的很大一部分。同时，出现了新的航线，海上丝绸之路的参与者和商品等也发生了一定变化。

海上丝绸之路的兴起，得益于汉朝的勃兴。据《汉书·地理志》记载，汉武帝派出的使者曾经到过黄支国（在南印度）。此行标志着始自徐闻（今广东省湛江

---

① 作者简介：高伟浓，暨南大学国际关系学院/华侨华人研究院教授。

市辖县）、合浦（今广西壮族自治区北海市辖县）的远洋航线，即南海区域的海上丝绸之路的开通与定型。从三国至南朝时期，海上丝绸之路得到进一步发展。那时候的南海和印度洋上，碧波鳞鳞，巨舶片片，风帆点点，一派繁盛景象。6世纪，隋统一中国。隋祚虽短，但国家重视发展海外贸易与友好交往。隋朝一些海事记载在海上丝绸之路史上堪称一绝，如大业四年（608）派遣屯田主事常骏、虞部主事王君政出使赤土国（一般认为在今马来半岛）。7世纪，唐继隋兴。《旧唐书》卷28记载的唐人贾耽在《皇华四达记》中的"广州通海夷道"，是当时世界上最长的远洋航线，反映了当时南海和印度洋往来商贾络绎不绝。今天在南海航路上最引人注目的考古发现，要算9世纪上半叶的沉船"黑石号"，打捞出来的文物价值连城。当时东西方出现唐朝和阿拉伯帝国（中国人称为"大食"）两大帝国，中间分布着一批海国，其中拂菻、大食、波斯、天竺、狮子国、三佛齐等商业大国纷纷与中国通商。是时，中国的远洋航路由泉州或广州起航，穿行于南海、印度洋和阿拉伯国家。到了北宋，海上丝绸之路成了连接东西方的主要通道。指南针的应用进一步提高了航海技术质量。当时广州是全中国最大的港口。与中国通商的国家包括占城、真腊、三佛齐、勃泥、大食、大秦、波斯等，多达58国。到南宋，朝廷偏安一隅，但凭着北宋以来积累的外贸实力和源源不断的财富，仍抵抗"北狄"百余年。唐宋时期，陶瓷和香药贸易是南海贸易的重要特征之一，于是海上丝绸之路又多了一个"海上陶瓷之路"或"海上香药之路"的美称。13世纪初，蒙古族迅速崛起，其建立的帝国幅员广及欧亚，中国造船技术及航海技术在世界上独占鳌头，海上航路远达南洋群岛、印度洋、阿拉伯海、波斯湾，乃至东非，影响力通过埃及等地辐射到地中海地区。元朝时，与中国交往的国家和地区见于文献记载的就有220个左右，数量上是南宋《诸蕃志》所载的4倍多。这一时期的远洋船只打造、海上航线拓展、外贸港口兴建、远洋货物贩运、对外贸易管理、外来侨民流动、官方使节往来等各个方面均别具特色。这时候中国人对南海有了"西洋"和"东洋"的划分，既反映了地理知识的进步，也说明了贸易地域的广袤与细化。

1368年，朱元璋建立明朝，完全禁止民间商人出海贸易。但1405—1433年近30年间，明成祖朱棣派遣郑和先后率2万多人（包括各种专业人员和官员、士卒等）组成的庞大船队七度下西洋，访问了37个国家和地区，足迹远至非洲东岸。《明会典》记录了130个朝贡国，其中海上东南夷有62国，包括安南、苏禄国、锡兰、朝鲜、日本、琉球、爪哇等。郑和下西洋比哥伦布、达·伽马的航行早半个多世纪，船队规模和船只之大，更是数倍于彼。另外，明朝出现了由福建出海穿越南海到菲律宾的航线，西班牙人开辟了自菲律宾马尼拉东行到墨西哥西海岸阿卡普尔科的"太平洋航路"，进而航行到秘鲁利马港。牢牢控制着从福建漳州到马尼拉的航线和贸易的闽商则利用太平洋航路到达墨西哥和秘鲁，成了早期的"马尼拉华人"。不久，葡萄牙人开通了从中国澳门出海穿越马六甲海峡复经印度洋和大西洋到达巴西东海岸的航路。这条航路的航行者基本上是华商。西、葡两国开通的这两条航路均以东南亚为中转站，使中国人的足迹远达美洲。明朝隆庆元年（1567）开禁后，中国民间的市舶贸易取代了贡舶贸易，成为主要的合法贸易经营方式。据《明会典》记载，中国的进口商品有七大类：一为香料类；二为珍禽异兽类；三为奇珍类；四为药材类；五为军事用品类；六为手工业原料类；七为手工业制品类。出口商品主要是瓷器、铁器、棉布、铜钱、麝香、书籍等，其中尤以生丝、丝绸和棉布为最大量。

清军入关后，厉行海禁约40年。1683年台湾郑氏政权归降后，到康熙二十四年（1685），逐渐开放海禁。清政府在粤、闽、浙、苏四省设立海关，成为中国近代海关制度之始。广州的十三行，从总商制度到保商制度，形成一套管理体系。中国出口商品中，茶叶占据主导地位，丝绸退居次席，土布和瓷器（特别是广彩）也受到青睐。与此同时，发端于鸦片战争前的"苦力贸易"颇为猖獗。乾隆年间开始实行全面的闭关政策，开始是四口通商，到后来只有广州开放对外通商，由十三行垄断进出口贸易，中国丧失了与世界同步发展的最佳时机。

但在清朝闭关的大势下，中国人的海外知识仍在增长，特别是在南洋航路方面。雍正八年（1730）陈伦炯撰写的《海国闻见录》，记述了当时海上丝绸之路各大地理区域的各个国家的政治和风土，开辟了一片新的视野。《东洋记》记述了朝鲜、日本及琉球；《东南洋记》记述了中国台湾地区、菲律宾群岛、西里西伯岛、摩鹿加群岛和婆罗洲岛；《南洋记》记述了印支半岛、马来半岛及巽他群岛；《小西洋记》记述现在的南亚、西亚及中亚；《大西洋记》记述非洲和欧洲。此外，《昆仑记》特别记述了南海中的昆仑岛，《南澳气记》记述了中国"千里石塘、万里长沙"的南海群岛。所有这些，构成了一幅中国远洋航路（特别是在东南亚地区）的风物图。

到晚清，北美洲航线、俄罗斯航线和大洋洲航线等相继开辟。鸦片战争后，清政府被迫割让香港，英国又开通了从香港开往欧美一些港口的航线。在晚清华侨开通的航线中，最引人注目的有1902年伍学晃、黄国兴等集股组织成立的"中华轮船公司"开通了香港到旧金山（三藩市）的海运航线。当时该公司开通的航线有8条之多，①可以视为华侨在海外居住地开创的近代版海上丝绸之路。这些新航线虽然在航行时间上跟业已存在了数百年，甚至上千年的海上丝绸之路不可同日而语，但在技术、管理和运输能力上则与时俱进，与国际水平高度接轨。

众所周知，海上丝绸之路是相对于陆上丝绸之路而言的，但前者的历史比后者久远得多，尽管两者的名称（"丝绸之路"）那时候都不存在。笔者在对海上丝绸之路所延续的历史时期、功能和影响等多方面因素做了认真考察和思考后，认为全景式海上丝绸之路主干线主要包括联通中国沿海南部港口的南海航路、联通中国西南的中南半岛出海水道、联通中国沿海北部港口的东海航路和太平洋航路、印度洋大西洋航路，尽管各自最早出现的准确时间尚难精准认定。这几大航路中，无论从东南亚地区本身的密集航线和巨大贸易量来说，还是从经过的众多外联航线来说，历经千年岁月的南海航路无疑是整个海上丝绸之路网络的重中之重。

在主干线的航路中，前三条一直都由中国人主导，所运销的主体商品均来自中国，是标准的"中华丝路"。其中南海航路和中南半岛出海水道都联通东南亚，且两者还在东南亚交会，产生大量的续航到世界上其他地区的中转站；太平洋航路和印度洋大西洋航路是15世纪"地理大发现"后的产物，分别由西班牙人和葡萄牙人主导。太平洋航路是对中国旧有航线（福建漳州到菲律宾马尼拉）的接驳和延伸（到墨西哥）；印度洋大西洋航路是新开辟的航路。后两者表明，自从美洲被"发现"以来，商业活动被欧洲大国殖民者延伸到"新大陆"，作为劫掠土著美洲人财富的手段。欧洲国家向外扩张及建立海外殖民地，也包含着浓厚的商业因素。但大航海时代的商业是把双刃剑，一旦与殖民主义相结合，就在很大程度上以市场垄断、奴隶贸易、以强凌弱乃至战争等形式表现出来，产生不公正和非人道行为。最突出的是，殖民者把奴隶制引入了"新大陆"，并让这种非人道的制度在美洲肆虐了几个世纪。西班牙人和葡萄牙人分别主导的两条航路都接通美洲地区（也局部延伸到欧洲），不妨称为"美洲航路"。其实"中华丝路"与"美洲航路"两者的区别就在于航线载体性质的部分变化。就人员的变化来说，"中华丝路"的主导者是中国人，"美洲航路"的主导者为葡萄牙人和西班牙人。不过

---

① 从1902年3月27日的美国旧金山《中西日报》刊登的一张船期表来看，"中华轮船公司"有8条航线：大埠（旧金山）与香港之间来往的两条航线，往域多利（加拿大维多利亚）等地的一条航线，往天季加（今地待考）的一条航线，往山姐姑（今地待考）的一条航线，往墨西哥（具体口岸不详）等地的一条航线，往钵仑（美国波特兰）等地的一条航线，往檀香山（美国夏威夷）的一条航线。

笔者认为，有两点变化值得注意：一是航路上中国人的构成；二是航路上中国商品的构成。从中国人的构成来说，主要是指中国人在航路中担任的角色。比如说，在欧洲人主导的一些商船上，中国人在其中担任水手。据说18世纪80年代左右，中国水手开始到其他西方船只上寻找工作，且数量急剧上升。到1800年，世界上几乎没有哪个港口看不到中国水手的身影。1816—1817年英国东印度公司的"阿米莉娅公主号"从伦敦前往中国，船上就搭载着380名"乘客"身份的中国水手。①在以商品贸易为目的的远洋航路上，中国水手与华商不可或缺，尤其是华商，掌控着大量商品，是海上丝绸之路的主角。从商品构成的变化来说，所有航路运销的中国商品仍然占很大一部分。实际上，在19世纪中叶以前的数个世纪，中国人在全球商业活动中已十分活跃。不管是"中华丝路"，还是"美洲航路"，中国帆船在相关海域（特别是亚洲海域）中都很活跃，中国商人主导了其中很多航路沿线的贸易。欧洲人只是通过接驳和延伸既有远洋航路的方式，参与到这一运输与贸易体系中来。总之，只有把上述航路串联在一起进行阐析，才可能从更宽宏的视野全面、系统地理解海上丝绸之路这个悠久的远洋运输系统和作为中华文明的传播网络。

（二）中国人进入东南亚的两大航路

中国人最早的海外航行活动是在东南亚地区，先是中南半岛的沿海国家，然后发展到东南亚海岛国家，渐而由近及远地扩展到世界上其他海域。到了后来，东南亚便成了中国人远航区外其他地区的中转站。当然，东南亚作为中国人远洋航海活动的中转站，并非集中在某个国家的某些港口，而是分散在内联外通的东南亚航线上。例如，马六甲海峡和苏门答腊、爪哇岛等地的重要港口，就一直是中国人远洋活动的中转站。后来在大航海时代，菲律宾的马尼拉更是太平洋航路不可替代的的中转站。这里的中转站的含义，不只指固定的港口或陆地，还包括不固定的船舶航经的水域。

过去人们的注意力多集中在可以到东南亚去的那些中国东南沿海港口，误以为移居东南亚的中国人都来自这些港口。遗憾的是，人们极少提及联通中国西南地区的丝绸之路，忽略了由中国西南地区和东南亚中南半岛地区组成的"陆路+河道路线"。由于进入东南亚的中国人既来源于中国东南沿海港口，也来源于大

---

① 范岱克：《满载中国乘客的船只——1816—1817年"阿米莉娅公主号"从伦敦到中国的航行》，张楚楠译，李庆新主编《海洋史研究》第15辑，社会科学文献出版社，2020年，第165页。

西南地区的云南、贵州、四川等省份，故中国人在东南亚的航海中转站，不只存在于中国东南沿海的船舶可以到达东南亚海岛地区的港口，还存在于中国大西南地区民众可以到达的中南半岛的港口。

在中国东南沿海，最早的始发港（起航港）是在汉朝就已出现的徐闻和合浦。两个港口是当时仅有的当之无愧的"双星座"始发港。在这两个港口之间，还串联起雷州半岛沿岸一系列大小海港（均在今广东西部沿海地区和广西北部湾沿海地区）。不过徐闻和合浦在历史上作为外航港的持续时间不长，在中国沿海港口的船舶不经琼州海峡而直接经过海南岛东北海域的航线开通后，徐闻和合浦及其所串联起来的雷州半岛沿岸大小海港，就演变为各港口之间相互来往的区域港或内运港。到了明清以后，中国沿海地区有广州、汕头、厦门、泉州、福州、漳州、宁波、扬州、南京等港口城市，都先后成为中国对外航线的始发港。当然，不同历史时期各个始发港在海上丝绸之路中的外航和外贸实力也各不一样。1860年《北京条约》签订后，各种类型的华工移民的出发地几乎全部集中在清政府管辖下的港口，出国华工有了合法的出国口岸。珠江三角洲的"四邑"（台山、新会、开平、恩平）地区的广府人是早期美洲华侨的最重要来源。他们主要通过澳门和香港移居北美和拉美各国，也有一部分流向东南亚。明清及民国时期，客家人从粤、闽、赣周边的诸多山区县流向世界各地，那时候梅县的松口镇是客家人出洋的第一站。总体上看，通过厦门、泉州、福州和汕头等港口出国的华侨，主要流向新马①、婆罗洲和印度尼西亚（简称"印尼"）群岛一带。而漳州的闽南人的出国目的地则集中在菲律宾。那时候闽西地区及相邻的粤东一带的客家人由于同属一个民系，出国目的地高度一致。显然，并非每个省的出国华侨都必然从本省的港口出国，一些华侨可能跨省出国。但可以肯定，历史上东南亚的华侨主要来自中国南方沿海的广东省（包括今海南省）和福建省。虽然这个时候出国的中国人中有越来越多"契约华工"，但华商的海外贸易活动依然存在，且仍很活跃。

在中国大西南地区（包括云南、贵州和四川），有联通越南和中南半岛的缅甸、暹罗（今泰国）、老挝等国家的通道。对外交往通道中很多道路，就是千百年来大西南深山密林中用石板、碎石、松土铺成的时窄时宽、且陡且平的人行马走的"茶马古道"。这些古道最后都要联通纵穿缅甸伊洛瓦底江的出海水路。清朝时中国一侧有很多贸易口岸，其中最重要的是腾冲（历史上称"腾越"）。在境外

---

① 指新加坡和马来亚（Malaya，今马来西亚半岛地区）。

一侧，出了滇境后，进入缅甸、老挝、暹罗各地，可选择水路或陆路分别南下到暹罗国都曼谷及缅甸海湾，其间陆路与水路相通，密不可分。最重要的港口：其一，缅甸南部区段三大港口，是东南亚地区西行航线的重要中转站。据清朝薛福成说："一曰暮尔缅（即毛淡棉），一曰德瓦（一名吐瓦），一曰丹老。"其二，在仰光区段。"漾贡（仰光）可控南部三大港口。"① 三万余华商、华工中，闽商居三分之一，生意较大。粤人虽多，而生意次之。仰光粤商以新宁（即广东台山）人为最多，建有宁阳会馆。但华商的势力不及英国和德国商人。由仰光坐浅水轮船溯流而上，六七日可到华城，又陆行三四日可到新街，又逾野人山不过三四日，可抵腾越。② 其三，在白古区段。"白古，一曰百古，扼诸蕃之会，商舶合辏。其民沿海而居，驾筏盖屋，闾巷相通，人烟连接，远望几如城市，实为浮家泛宅。"③ 其四，在蛮暮区段。"蛮暮，通商之要津，其城濒江，长三里许，广半里许，居民四五千人。新街亦称汉人街，临近江岸，袤延八九里，滇商数百家居中区；其街之首尾，则掸人居之；稍进五里许有高阜，相传为武侯故垒。滇商运货至蛮暮，棉花为多，绸缎、羊毛次之。又蛮弄（亦作蛮陇）即西人所称老八暮，在蛮暮之东，野人山之西口，大盈江之右岸。由蛮暮至蛮弄，轮船约行二小时；由蛮暮至滇边，陆路凡五日程。"④

"金多眼东三十里，有谙拉菩那城，滇人居此者四千余家，闽、广人百余家，川人才五家。而金多眼距杳缪不及二十里，西临大金沙江，商船丛泊。金多眼有财神祠，为华侨所建造。"⑤ 可见，伊洛瓦底江沿岸不同区段，各有贸易港，段段相连，港港相通。伊洛瓦底江两岸的福建人、广东人和中国西南边民的贸易活动十分活跃，形成了一个各有分工的华商网络。中南半岛出海水路的开拓者，很可能是早就迁居槟榔屿然后北上至下缅甸的福建籍华侨。伊洛瓦底江南端港口本身就是中国人向西方向的航行中转站，也是南去与东南亚其他航线对接的中转站。其中与包括槟榔屿在内的东南亚商业最发达的新马地区的对接，使下缅甸沿海地带获得了充分的发展机会。总之，中国东南沿海和中国大西南这两大中国人进入东南亚的航路，使中国人的"下南洋"通过畅通的航线在东南亚产生顺利对接。

---

① 王彦威纂辑《清季外交史料》卷74，书目文献出版社，1987年，第22—23页。

② 加剌吉打总督，即驻加尔各答的英印总督——原编者注。薛福成：《出使英法义比四国日记》卷3，岳麓书社，1985年，第176—177页。"华城"即阿瓦——笔者注。

③ 曹树翘：《滇南杂志》卷17，上海申报馆铅印本，第14—15页。

④ 薛福成：《出使日记续刻》卷4，岳麓书社，1985年，第512—513页。

⑤ 王芝：《海客日谭》卷2，光绪丙子（1876）石城刊本，第1—4页。

人们在谈到中国与东南亚的交通时，往往只注意到中国东南沿海航线而忽略了中国大西南航线，显然是片面的。

这里应提及海上丝绸之路在海南岛的交集。其中最重要的问题是，这种交集有没有在海南岛催生一个或数个区域性始发港？客观地说，这还有待于继续研究。但笔者认为，海南岛曾经出现过区域性港口，可能具有"准始发港"的功能。至少可以说，海南岛通过海上丝绸之路与海外地区交往，有进有出，有往有来，保持多向互通。商贸交易上的进出口，海外人士来岛和岛民向海外移民之类的人员往来，一直保持双向甚至多向的流动，只是有的时候繁盛一些，有的时候相对平淡一些而已。位于中国最南端的崖城宁远河入海口处的港门港（今三亚市崖城镇港门村），以其得天独厚的自然港湾条件而成为海上丝绸之路的重要中转站和我国内联大陆、外通海域的重要门户。早在唐宋，甚或更早之前，就有大量番舶客商分批分次、陆陆续续地沿着海上丝绸之路来到海南，或经商，或停歇，或落居。正是海上丝绸之路，将海南与波斯、阿拉伯、印度、东南亚诸国等地相连接。海南岛以南海咽喉的特殊位置，为循海上丝绸之路而来的番商提供休憩、交易、居住的场所。可以肯定，文昌的七洲列岛和万宁的大洲岛是来往航船的必经之地，也是海上丝绸之路航线上的标志地。唐宋时期，港门港"蕃舶云聚、帆樯林立、商贾络绎、烟火稠密"，海外商贸日益兴盛。而随着海外商船远涉鲸波的波斯、阿拉伯等地商人络绎不绝，蜂拥而至。这些商人和随从在远渡重洋之时或"因浮海遇风，惮于反复，乃请其主愿留南方，以通往来，货主许焉"[1]而定居崖城，或因海上气候变化无常，"被风飘多至琼"。[2]他们在海南岛流落崖城。[3]时至今日，三亚市羊栏镇回族同胞亦常与马来西亚、新加坡等东南亚国家的穆斯林"走亲戚"。[4]海南与番人、番客相关的港口遍布全岛。在海南岛各市县志中，有记载云，陵水番人塘"塘上昔有番人村"，万州独洲山"番舟多息湾泊"，文昌七洲洋山"航海者于此取水采薪"，琼山神应港"蕃舶所聚之地"，琼山"古通蕃舶"，等等。东南亚、南亚，乃至中东、东非的海上贸易船只或"被风飘多至琼"，[5]或被

---

① 《广东通志》卷57，清雍正九年（1731）刻本。

② 顾炎武：《天下郡国利病书》卷120，商务印书馆，1935年。

③ 田德毅：《海南宝岛：海上丝绸之路的重要中转地——海南三亚、陵水、万宁等地穆斯林文化田野报告》，《世界宗教研究》2014年第2期。

④ 田德毅：《海南宝岛：海上丝绸之路的重要中转地——海南三亚、陵水、万宁等地穆斯林文化田野报告》，《世界宗教研究》2014年第2期。

⑤ 顾炎武：《天下郡国利病书》卷120，商务印书馆，1935年。

海盗掠夺和羁留，或有目的性的商贸交易和停靠补给等。这些贸易船只主动或被动地与海南岛发生往来。

不难看出，海上丝绸之路绝非一个简单的"单线与单程"概念，不仅表现在单线延长方面，也表现在复线的交错和网状扩张上。海上丝绸之路不只是一条连接始发港与到达港的海上交通运输线。在一条航路中间，既有连接始、终两端的港口，还存在着很多港口与连接这些港口的纵横交错的分支航线。而航行在海上丝绸之路上的中国船舶和外国船舶，不一定自始至终全程航行。无论是中国船舶，还是外国船舶，多只是航行于整条海上丝绸之路上的某一个或某些航段。海上丝绸之路上的商品交易，也多是通过各国船员的分工合作完成的。各国船员本身也有分工，有的从事某两个港口间的商品来回运输，有的专守于某个港口进行当地商品的收集、装船与发运，也有的进行外来商品的接收、批发或零售。久而久之，很多专守船员（包括中国商人）便在居住地居住下来，娶妻生子，不复返乡，成为当地居民。一代或数代以后，便与当地人无异。中国人在海上丝绸之路沿线的存在，主要以从事各类职业来体现。海上丝绸之路沿线社会的多样化，也凸显了中国人职业的多样性。有的职业为沿线国家所共有，如中餐馆、杂货店等，以及不同层次、不同类别的农业耕垦、矿业开发、交通运输建设、对外贸易，等等。当然，有的职业只存在于特定的沿线国家。无疑，中国人在世界上不同地方的居住密集度，很大程度上与不同航段当时的繁忙状态成正相关关系。

二、作为中国人远近航海活动中转站的东南亚

常识告诉我们，每一条航路都不会只有一条单一的航线，一般由多条支线组成，且去航线和回航线不一定都一样。这种情况，数南海航线最为复杂和丰富多彩。常识也告诉我们，举凡官方使用的海上航线的形成，必定经过民间的探险、初航与"定稿"的过程。东南亚的多条航线应该是不同地段的舟子们在漫长的历史时期各自经过探险和初航才形成的，彼此之间没有呼应，很可能互不熟悉，也不可能知道整条航线的初始试水期。海上丝绸之路中不少多段接驳航线的形成过程大抵如此。

南海航路实际上包括以下几种情况：一是从中国沿海港口出发进入南海地区。从海上丝绸之路的大系统来看，这种情况还应包括从中国西南陆路出发，经中南半岛的河道出海；二是从南海地区港口出发驶向别的区域；三是在南海区域内部

航行。一般来说，上述几类经过南中国海或在南中国海内航行的海上航线，都可以算是走进了"南海航路"。但有一种情况算例外——这就是从南中国海之外的港口（包括中国港口）出发，直接驶向南中国海到其他区域去的航路。整个过程中，中间是"黑箱"，只有首尾两站，即始发港和到达港，一般来说是全程自始至终。实际上，能够"全程"地参与海上丝绸之路整条航线航行的海舶是很少的，大部分海舶都只是参与海上丝绸之路大系统中某一段的航程。南海航路尤其如此。因为海上丝绸之路在本质上是商品交易与互通有无之路。不同的地区产出不同的商品，各种各样的商品要通过星罗棋布的交叉航线进行交换，才可能形成初始价值和后期增值。这也是南海航线出现众多分支线的根本原因。中国人早在汉朝就航行于东南亚海域，由于篇幅所限，这里只从唐朝说起。

（一）中西海道交通大动脉

唐朝以前，南海航线最远只能航行到印度半岛的东海岸，从今斯里兰卡回航。航行日程，要"数年来还"。早期自中国启航的海港，主要为徐闻、合浦。外舶来我国贸易，早期以番禺（今广州）为主要的贸易港。东南沿海的对外贸易港尚未形成。[①]

唐朝以后，据中国古典文献记载，在宋元符年间（1098—1100年），中国海船已经用罗针导航；到了明朝，海船普遍用罗针导航。当时掌管船只航行方向的舟师都备有秘密的海道针经，详细列出从广州或泉州往返西洋各地的针路。

唐朝是中外交往，特别是与南海的交往空前繁荣的时代。第一次准确记载中西航线全程的是8世纪贾耽的"广州通海夷道"，其东南亚部分路线如下：广州至屯门山（位于东莞县东南），两日至九州石（位于海南岛东北角），两日至象石（即独珠山），三日至占不劳山（越南东海岸外占婆岛），两日至陵山（越南归仁以北燕子岬），一日至门毒国（越南归仁或华列拉岬），一日至古笪国（衙庄），半日至奔陀浪洲（潘朗），两日至军突弄山（昆仑岛），五日至海硖（马六甲海峡，东北段在此，北有罗越国，南有佛逝国），三日至葛葛僧祇国（不华罗群岛），四五日至胜邓洲（苏门答腊日里附近），五日至婆露国（巴鲁斯地区），六日至婆国伽蓝洲（尼科巴群岛），四日至狮子国（斯里兰卡）……

这里尤应注意几个地方的转点：其一，九州石至象石至占不劳山；其二，军突

① 陈炎：《略论海上"丝绸之路"》，《历史研究》1982年第3期。

弄山至海硖；其三，伽蓝洲至狮子国。这是中国航船取直线通过北部湾、暹罗湾（Gulf of Siam）和孟加拉湾的明确记载。可以说，至少到唐朝中叶，这种线路已成为中国远洋船舶在这一带的基本线路，一直为后世所遵循。

应该指出这段航线中一个十分著名的地名——七洲列岛。南宋吴自牧《梦粱录》中开始记载航海谚语："去怕七洲、回怕昆仑。"直到清末，此语一直是航海家恪守的航海要诀。所谓"七洲"，就是海南岛东北方海域中的七洲列岛，位于台湾海峡西南至海南岛东北之间的海域，属于今海南省文昌市管辖，被文昌渔民称为"七洲峙"，名列"文昌八景"之一，是一个海产丰富的天然渔场。这个地方在唐朝被称为"九州"，中有九州石。自宋朝以来，七洲洋便是由中国海舶到外国的必经之地。不论是从福建福州的五虎门或漳州的浯屿，还是从广东东莞的南亭门起航，明朝针路中，下西洋的航路都要经过七洲洋，其航线上各望山顺序都非常清楚：先经乌猪山，然后到七洲洋处，再过独猪山下西洋。可见这条经过七洲洋的针路是传统的且固定的航路，是经历史上无数航海人的艰难实践后形成的海上丝绸之路。今天的学者们经过比对《顺风相送》《东西洋考》《指南正法》等文献和引入现代海洋科学研究结果，认为七洲洋海域存在的异常潮汐现象和由此引起的琼州海峡中周期性的潮流现象，使得这片海域成为帆船航海的危险海区，这是产生"去怕七洲、回怕昆仑"的航海谚语的本因。[1]纵观史籍记载，在"七洲洋"和"昆仑洋"这样的海难频发区，飘荡着浩瀚无际的大海的哭声。史籍中不乏荒诞不经的祈禳迷信记载，其实是蕴涵着人愿与天意"合二为一"的心理。

这条航线的优点是不言而喻的。一是便捷，在海湾内取直线航行比循岸走弧线不知要缩短多少里程。二是可与季风和海流方向保持一致，航速自然也就快得多。我们知道，中国的远洋船舶一般是趁冬季风而发。这时，在福建、广东沿海，有产生于中国北部沿岸顺大陆海岸南下的中国沿岸流。当冬季风劲吹时，其势甚烈，经台湾海峡流入南海，更经越南东海岸南下，十分便利航运。"广州通海夷道"的线路可与这股海流方向保持一致。当然，这需要更加先进的造船和航海技术。

以上说的是中国远洋船舶的去程。一般来说，回程与去程大体方向上是一致的，并且亦能假季风与海流之便。因为回程应在西南季风劲吹之时，从马来半岛南部起，航船可利用爪哇海流在流经加里曼丹岛与苏门答腊间海面继而北上南海之势，径渡暹罗湾。特别是到了越南海岸，吹送流更发达，又有暖流沿越南及海

---

① 刘义杰：《"去怕七洲，回怕昆仑"解》，《南海学刊》2016年第1期。

南岛东岸直流向台湾海峡。诚然，季风海流便于航海，但在一些地理环境复杂的航段，会造成急流、漩涡、倒流等，往往被舟子们视为畏途。

再谈谈唐宋时外国来华航船在东南亚这一段的路线，由此也可以作为中国航船回程的参证。

先说唐朝。以《中国印度见闻录》和伊本·胡尔达兹比提供的来华航线为例。这两个阿拉伯文献都出现在9世纪中叶，比"广州通海夷道"的记载稍晚。从阿拉伯半岛到印度南端的航程，两个文献各不相同，这里从略。在东南亚部分，两者分别如下：

> ……故临（今印度奎龙一带）起一个月至卡拉（在今吉打或丹那沙林），十天至提尤迈（今雕门岛），十天至凯德朗，十天至占城，十天至孙杜尔富拉特（海南岛？），一个月至广府（广州）。（《中国印度见闻录》）

> ……故临起一天至锡兰迪卜（今斯里兰卡），十至十五天至蓝盖巴鲁斯（今尼科巴群岛），六天至卡拉，往左去巴鲁斯岛。"自此则可到贾拜、塞拉希特及凯朗诸岛，为二帕拉桑……离马伊特，向左即提尤迈岛。"继而，从提尤迈起五天至吉蔑，循岸三天至占城，海行或陆行一百帕拉桑至龙编（今河内附近），四天至广府。（伊本·胡尔达兹比）

显然，两者本身是有差异的。最大的差异在于马六甲海峡前后，即卡拉到提迈尤一段的衔接。《中国印度见闻录》是"直达的"，未提到有中转站。伊本·胡尔达兹比却在这两地间插入了巴鲁斯、贾拜、塞拉西特、凯朗、马伊特等几个地名。

这几地是否在航线上还是个问题，因为伊本·胡尔达兹比没有提到它们之间的距离。笔者以为是阿拉伯人来华途中或偏离了正式航线而到过这些地方，可以视为例外。至于这两条航线是不是像我们下面说的宋朝航线那样，经过室利佛逝（三佛齐），然后往中国？笔者认为不是。原因：其一，《中国印度见闻录》说从卡拉到提迈尤需十天，如果中途要折往室利佛逝（唐朝中心在巨港）去，就要增加约一倍航程，那么十天时间必然不够用，更不用说阿拉伯人去了那里还要停下来做完生意才前往中国；其二，伊本·胡尔达兹比提到的几个"偏离"航线的地方都可以认为是在马六甲海峡或附近，而没有一个在苏门答腊东北海岸上；其三，在描述这段航程时，这两个阿拉伯文献对室利佛逝都只字未提。如果航线真的中途经过了室利佛逝，是不至于把这个跟卡拉一样重要的停泊点略去的。故此，可以肯定，这两条航线都没有经过室利佛逝。同时，它们在马六甲海峡东半段是较为靠近苏门答腊海岸而行的，一般还要穿过马六甲海峡。这与"广州通海夷道"的同一段走法是相近的。当然，那时已经开始有阿拉伯人到室利佛逝去了。《中国印度见闻录》说卡拉到室利布札的距离为一百二十札姆。这个数字虽不是很准确，但表明至少在9世纪中叶，已有阿拉伯人到那里去。这些到室利佛逝的阿拉伯人在做完生意后，可能还要走跟宋朝时一样的航线前往中国。不过笔者认为，这种情况在唐朝还不多。大部分商船仍是按《中国印度见闻录》的航线前往中国。

此外，提迈尤到中国一段，两者亦有差异，对照如下：提迈尤→凯德朗→占城→孙杜尔富拉特→广府（《中国印度见闻录》）；提迈尤→吉蔑→占城→龙编→广府（伊本·胡尔达兹比）。

第二条航线中的吉蔑即柬埔寨。但当时柬埔寨海岸线太长了，船只在哪里泊岸？必有一个定点，笔者以为就在第一条航线的凯德朗。但此名的今地有好几种说法，笔者认同位于今越南头顿附近的说法。阿拉伯船只乘风扬帆渡过暹罗湾后，直到此处才泊岸。接着，两条航线都说下一站是占城，其泊点可能就是后来的新州港。再下一站，一条航线说到龙编，另一条说经孙杜尔富拉特。前者的线路必定是到了龙编后再东折经钦（州）廉（州）外海面穿琼州海峡至广州；后者的具体线路不详，但估计也要穿琼州海峡。

到了宋朝，阿拉伯（也包括其他国家）的来华航线有了一些变化。据《岭外代答》载："三佛齐之来也，正北行，舟历上下竺与交洋乃至中国之境。……大食国之来也……以小舟运而南行至故临国，易大舟而东行至三佛齐国，乃复如三佛齐之入中国。"可知，这时阿拉伯与三佛齐的来华航线从三佛齐起是一模一样的。阿拉伯人在到三佛齐前也可以不必经过卡拉，而直达蓝无理（位于今苏门答腊岛西北角），再循苏门答腊北岸至三佛齐。但三佛齐以后的吉蔑、占城等航站则是必经的，对此我们必须心中有数。把这些航站补上去后，就会发现：

一方面，这时的三佛齐已成了阿拉伯来华航线的必经站。到了那里后，再朝北折向上下竺（今奥尔岛），这样也就不用经过新加坡海峡了。当然，阿拉伯人之所以去三佛齐，往往是因为那里有较大的贸易吸引力。他们在各个港口间辗转进行贸易，然后再前往中国。另外，他们也不能不到那里去。这是由于当时三佛齐"伯于诸侯"，对过往商船实施强制性的贸易政策，"番船过境有不入其国者，必出师尽杀之"。这里顺便指出，很长一段时期内，不仅阿拉伯诸国，就是其他一些东南亚海岛诸国，也先取道三佛齐，然后才去中国。这在唐末已见端倪。《唐会要》谓金利毗伽国"在京师西南四万余里，行经旦旦国、诃陵国、新国、多萨国、者埋国、婆娄国、多郎婆黄国、摩罗游国、真腊国、林邑国，乃至广州"。这些地名错讹不少，次序混乱。笔者试对证如下：金利毗伽国应是室利佛逝草书之讹；旦旦故地在马来半岛，一说吉兰丹；诃陵时在中爪哇；摩诃国、新国应合作摩诃新国，即莫诃信国（义净《南海寄归内法传》），或位于西爪哇东北岸；多萨或即多隆之讹，疑在苏岛；者埋或即今雕门岛；婆娄即前之婆露，位于今苏门答腊岛巴鲁斯地区；多郎婆黄可拆作二名，多郎或为 Kadrang 快读，位于今头顿附近，婆黄则为婆凤之讹（凤讹作凰，凰讹作黄），多以为彭亨异译；摩罗游位于今苏门答腊岛占碑附近；真腊即吉蔑；林邑即占城。接下来，我们把这些地名按照顺序排列起来，就可以看到婆娄、摩罗游→金利毗伽→者埋→婆黄→旦旦→多郎→真腊→林邑→广州和诃陵→摩诃新（爪哇北岸）→金利毗伽→者埋→婆黄→旦旦→多郎→真腊→林邑→广州。这条航线很可能是由几方使节同时到达京师后口述下来的，因为记录在一起，后来传抄致误，以讹传讹，以致弄得扑朔迷离，难以分辨。它跟上面所说的阿拉伯来华航线是相近的。它反映了唐末以来室利佛逝东西两面的来华航线皆经过它这里的侧影。不过，约11世纪，爪哇地区又开辟了一条不经三佛齐的来华航线。

另一方面，从上下竺（奥尔岛）到中国一段，宋朝时的外国来华航线跟唐朝比较没有多大变化。上下竺为新见地名，在提迈尤（雕门岛）南面几十里，相距不远。从三佛齐来的船舶经过上下竺后，还可以再经过提迈尤。这样，提迈尤便成了从三佛齐和新加坡海峡两个方向来的外国船舶的会合点。当然，如果要取汲淡水，只在其中一个岛停留就足够了。从提迈尤往前不远渡暹罗湾，就到越南东海岸了。在这里首先要经过"昆仑洋"。此处水势汹涌，即中国舟子所称的"回怕昆仑"之地。由于《岭外代答》对越南东海岸并不全是近岸而行的，而是在到了占城后开始"过洋"即驶出海外，大约到了近西沙群岛的海区，再向中国的钦廉方向航去。这样必然要经过海南岛西南海面的"三合流"，在此"得风一息可济"。到了钦廉海面后，再折而穿琼州海峡到广州等地。这种线路跟伊本·胡尔达兹比的航线不同，但可以印证《中国印度见闻录》在这一段的航线。这样走显然是为了最大限度地利用季风和海流的缘故。然而，话说回来，为什么到了近西沙群岛海区不趁势而上，反倒要兜一个大圈子到钦廉外海面，再穿琼州海峡？这就另有缘由了，主要是如果这样走，冒险太大了。这也是"广州通海夷道"（去程）跟外国来华航道（来程）在这一段最大的不同之处。

这个时期的大唐王朝和阿拉伯世界都处于各自国力鼎盛时期。阿拉伯帝国正在扩张的势头上，先后征服了印度河流域和中亚细亚阿姆河边远地区，直接与同样处于鼎盛时期的中国大唐王朝接壤。那时的阿拉伯人打仗与海上贸易两手抓，两手都很硬。不过那时唐朝人印象中的阿拉伯人只是做生意的行家里手。阿拉伯人集中在中国南方的广州和泉州，单广州就多达10万之众。他们都是循海路来到中国的。而与此同时，中国商人则沿相反的方向循海路西去。在几百年间，东来者与西去者在同一条航线上相遇，在同一片海域中邂逅。历史让中国人和阿拉伯人携手合作，一道携手造就了著名的海上丝绸之路，千秋万世，青史留名。阿拉伯人的东方知识也在这一时期迅速增长起来。阿拉伯商人耳闻目睹和根据传闻得来的信息汗牛充栋。不同的是，阿拉伯商人中，在中国沿海城市、东南亚做侨民的人不知凡几，至今仍可随处找到遗迹。但中国人外出做华侨，还在多少个世纪之后。

综上所述可以看到，中西航线的东南亚一段中，宋朝船舶在以下航区是较为经常近岸行驶的——苏门答腊北岸、马来半岛东南岸（包括新加坡海峡）、越南东海岸（去则占婆岛以下，来则占城以下）。这样，外部世界便可以有机会与这些地方的国家或民族发生接触。笔者以为，就中国与马来半岛古国的关系发展而言，这条航线不是增加了双方接触的机会而是相反，因为航线远离海岸。当然，唐宋以后中国与马来半岛古国的交往（包括贸易、文化往来）明显增加。这是双方关系不断发展的结果，而不是这条航线本身带来的机会。

在以上航线密集存在的背后，隐藏着一个秘密：南海航路系统诸区域中心的生成。只有在贸易发达、贸易网点较多且相对密集的地方，才可能产生区域中心，实际上就是贸易区域中心。同时，中国海上丝绸之路起航港的增多、商品种类和进出口量的增大，也会助力海外区域中心的生成。广州等中国沿海港口作为海上丝绸之路重要起航港的崛起，便是很好的说明。特别是到了唐朝，中国南方的海上丝绸之路中心已不在雷州半岛沿岸一带。贾耽的"广州通海夷道"再清楚不过地表明，广州已经崛起而成为"国际级"的海上丝绸之路起航港之一。它记录了时人所知的中国海船从广州出发经南海到波斯湾头巴士拉港的完整航线。这条航线所经过的区域包括三大地区，每个地区都有一个明显的中心：其一为东南亚地区，以室利佛逝为中心；其二为南亚地区，以印度为中心；其三为阿拉伯地区，以大食为中心。这些中心得以存在的基础无疑是经济的繁荣。而把三大地区连接在一起的黏合剂，就是丝绸贸易。这些地区中心在国际贸易中最重要的功能，就是以丝绸为品牌的中国商品集散地。有趣的是，这几个地区也是当时世界上的政治、经济、宗教和文化中心。广州港地位的跃升，得益于海上丝绸之路的繁荣。

而广州繁荣的重要标志，则有赖于作为其重心的南海航线所经过的东南亚地区的繁荣。毋庸置疑，经过长期的积淀，东南亚地区形成了一个与中国保持频繁贸易联系并控制着区域贸易的商业中心——室利佛逝（中心在今苏门答腊巨港）。该地也是中国商品传入东南亚各国（主要是海岛地区）的集散地。同时，值得注意的是阿拉伯（大食）和波斯（伊朗）地区的贸易开拓。这是唐朝海外贸易繁荣的主要表现之一。

宋朝，新的区域贸易中心在南海航路上继续出现。刊刻于淳熙五年（1178）的《岭外代答》（作者周去非，1134—1189）卷3中就有记载，当时与中国进行贸易的国家以大食（阿拉伯）为最重要，其次为三佛齐（苏门答腊），之后为故临（印度奎隆）。赵汝适曾任福建路市舶提举，与中外海商有较多接触。他撰写的《诸蕃志》（成书于宋宝庆元年即1225年）记载了当时中国丝绸所销往的国家和地区包括占城（今越南中部）、真腊（今柬埔寨）、三佛齐（苏门答腊）、细兰国（即锡兰，今斯里兰卡）、故临国（今印度奎隆）、阇婆（今爪哇）、勃泥国（位于今加里曼丹岛即婆罗洲北部，今文莱）、三屿（位于今菲律宾），等等。这些国家和地区包括了明朝称之为"西洋"和"东洋"的地方。显然，宋朝的海外贸易中心更多了。原因是，由于海外贸易的拓展和繁荣，分工明确，因而新的区域贸易中心在崛起。新崛起的区域贸易中心反映了国际贸易在繁荣化中走向均衡化，其实是不同区域的港口中心的均衡化。在不同区域各自的贸易发展过程中，每个区域的内部是曾经存在过多个港口的，经过一定时间的竞争，由于各自实力和自然禀赋的差异，便会出现此起彼落、此消彼长的现象，从而形成一个港口鹤立鸡群（中心）、其他港口居于辅助地位的局面。

与此同时，很多中国人驻扎在东南亚的重要港口。中国人把这些港口称为"埠"。《岭外代答》就指出南洋诸国有"埠通"的说法。"埠通"，即相关国家的港口城市通过水路相互往来。后来，《大明律·篇海类编》载："官牙埠头，船埠头。谓主舶客商买卖货物也。"本义指官府（馆牙，牙即衙）停船的码头、靠近水的地方，也可解释为与外国通商的城市。中国人出国历史早，在海外形成的聚居地被人们称为"华埠"。

宋朝阿拉伯商人从波斯湾到中国的航线就反映了区域中心的作用。其时阿拉伯商人要经过两个转运中心：一个是印度的重要港口故临，另一个就是三佛齐（即室利佛逝）。这两个中心作为中国通往东南亚、南亚、西亚乃至非洲之海上中转站，具有不可替代的区位优势，也是中国商品从海路传送到上述各国的转运中心。

史载，三佛齐"扼诸蕃舟车之咽喉"；故临直接和中国有海上贸易，不只是中国和阿拉伯之间的中转站，也是三佛齐与阿拉伯之间的中转站。

（二）唐宋时期中国与东南亚国家间的区域航线

唐时加里曼丹岛西部有婆利国。中国到那里去的航线："直环王（即林邑）东南，自交州汛海，历赤土、丹丹诸国乃至。"这无疑应是循"广州通海夷道"到达越南南端海面，再折向西南方向渡暹罗湾到达赤土地界，然后南下丹丹，再转偏东方向渡海而至。

到诃陵的航线是沿"广州通海夷道"到新加坡海峡后转航室利佛逝国，然后才到那里。显然，这要经过邦加海峡。这是唐朝"广州通海夷道"的一条支线。

唐朝时，中国云南地区存在一个地方政权——南诏国。据《蛮书》载："银生成……（至大银孔）又南有婆罗门、波斯、阇婆、勃泥、昆仑数种外道。"银生城为南诏国所立节度使之一，地或在今景东。从景东要经过中南半岛一段很长的陆道才到达一个叫大银孔的地方，这段陆道不述。而从大银孔继续向南可到以上4个目的地去。其中，婆罗门、波斯、昆仑皆在大陆上，陆路即可达。只有去勃泥（今文莱）、阇婆（即诃陵，位于中爪哇）是水道。水道怎么走？关键在于确定起航点大银孔的位置。沈曾植以为在漾贡（仰光）；向达非之，倾向于费琅的在暹罗湾之说；近有赵吕甫赞同费琅之说。如是，则意味着这条航线应在马来半岛东侧。若要到勃泥，即从大银孔起程，沿半岛东海岸南下至低纬度地区，再横渡海驶向勃泥（可循加里曼丹岛北岸）。若到阇婆，则可沿马来半岛继续南下，直达苏门答腊岛北岸，再穿邦加海峡而后至。或者可以在到达马来半岛南部后，驶向卡里马塔海峡，进入爪哇海而至。但笔者认为前一种可能性比较大。

其他一些见诸史籍的东南亚国家，也肯定有航线到达。有的已经包括在上面所述的各条航线中了，有的则是各条航线的延伸或分支。例如，要到马来半岛东岸某古国，只要按"广州通海夷道"到达越南南端海面，再折而驶向目的地便是了（走直线或暹罗湾内弧线）。又比如，卡拉是个大中转站，可以接通许多航线：通过它，马来半岛西海岸乃至缅甸海岸许多古国可与"广州通海夷道"相通。其他例子大同小异，不一一列举了。

一个例外是，到目前为止，还无法找到中国与菲律宾群岛之间交通路线的记载。但考古材料证明，唐朝已有中国商人到达菲律宾某些地区。

宋朝航线较之唐朝有不少增加和改变。较重要的有阇婆（中爪哇地区）来华航道的开辟：从阇婆港口莆家龙（或今北加浪岸）起程，航向"十二子石"（今卡里马塔海峡附近之塞鲁士岛），再到达竺屿（即前之上下竺，今奥尔岛），与三佛齐来华航线会合。这不仅是走了直线，而且巧妙地利用了西南季风时节从爪哇海北海上进入南海的爪哇海流。而从中国去则是"广州自十一月十二月发舶，顺风连昏旦一月可到"。估计跟来程一样。由于爪哇社会经济的发展和对外联系的加强，这条航线的开辟是历史的必然。此后，中国与爪哇的交通主要通过此道进行，而不用再经三佛齐了。后来元军征爪哇走的就是这一航线。

此外，《诸番志》还记载了一条从阇婆到中国的全新航线。全程如下：阇婆起西北泛沿十五日至勃泥国，十日至三佛齐，七日至古逻国，七日至柴历亭，然后经交趾到广州。这显然先是从莆家龙北航经十二子石至勃泥（也可能只到加里曼丹岛西北角或西海岸某港口而已，因其时勃泥势力已到达北岸、西岸），再折向西到达三佛齐（占碑），然后航至古逻国（可能在马六甲地区），接着循岸航至柴历亭（或今乞拉丁）。这时，离越南南端海区可以遥遥相望了，径渡即可。在越南东海岸便可按例行的来华航线（经交趾、琼州海峡）来中国了。这一航线几经周折，可能是一条民间商人进行辗转贸易的路线，而不是前往中国的"贡道"。当然，它是否为经常性航线，尚属疑问。

宋朝航路的另一个重要变化是中国与勃泥的交通。《太平寰宇记》对太平兴国二年（977）勃泥使节来华一事记载："勃泥国王向打云云，因蕃人蒲卢歇船到，今引路入贡。"蒲卢歇可能是阿拉伯商人。他的引路入贡表明，在此之前，两地已有民间通航。但此线如何走？没有详细记载。查同书又说，从勃泥去占城与去摩逸（即麻逸，位于今菲律宾民都洛岛）国"同帆上之"。这4个字可解释为去这两个地方为同一个方向起航。是则，勃泥到占城要向菲律宾方向走一段路（可能到加里曼丹岛东北角），然后，斜穿南海而至。接着，沿中西航线便可到中国了。这样，比起以前横渡海至马来半岛再北上占城的航线来说，当然不知便捷多少。

中国与加里曼丹岛航线既通，那么，宋朝时中国与此岛周边海岸上一些古国发生联系，乃属必然，兹不赘述。这里只想补充的一点是，宋朝时加里曼丹岛在中国至爪哇航线中还可以起某种过往站的作用。例如，苏吉丹是此岛西岸地名，为爪哇商人到中国贸易途中所经。当宋朝政府禁止铜钱外流阇婆（爪哇）时，商人们便冒用苏吉丹的名义，瞒骗中国官员。

在宋朝，僻处一隅的菲律宾群岛与中国的交通开始出现于史籍记载。据《宋史》载，占城东去摩逸（即麻逸）二日程，占城到蒲端（或在今班乃岛西岸）七日程。同时勃泥国去摩逸三十里程。这些天数显然不合比例，或因风力、船型、中转逗留等原因所致，或因记载讹误的缘故，故不必深究。中国到麻逸可能按后来《东西洋考》的线路，即把三段航程加起来：先从中国到占城，再从占城到勃泥，最后从勃泥到麻逸。前两段航程见前述，最后一段航程如下：勃泥→鲤鱼塘（今文莱港附近之穆阿拉）→长腰屿（今阿庇港）→昆仑山（今哥打贝卢）→圣山（森潘曼吉尤角）→罗卜山（今巴拉望岛南面之巴拉巴克岛），再经苏禄海至麻逸。若到蒲端，则同样可以在出巴拉巴克海峡后渡苏禄海而至。以上是中国与麻逸、蒲端二地交通的通常线路。当然，从占城到这二地也可能直达，而不用经过勃泥等地。但从整条航线的情况来看，这应是例外。

占城是上面所说的中国与东南亚海岛古国各条交通线的必经点。在宋朝，它的地位和作用特别重要。近几年来，人们注意到，宋朝已经存在着一条由中国东南沿海出发，中经澎湖岛南下菲律宾群岛的航线。在澎湖岛屿上发现的大批宋元瓷器证明了这一点。这样一来，在宋朝，中国与菲律宾群岛之间便存在着两条全然不同的航线。可以认为，经澎湖的航线主要是中国与菲律宾群岛北部地区（以吕宋岛为主）之间的商业交通线；经占城、勃泥的航线则主要是中国与群岛南部地区的商业交通线。不过，中国到菲律宾去做转运贸易的商人，似乎多半是利用后一航线。《诸番志》说，这类舶商"亦有过期不归者，故贩麻逸舶回最晚"。这说明麻逸是同一条航线中的最末一站。也就是说，来去航程中，中道必定要经过诸如占城、勃泥等地方。至于前一航线，可能其利用率比不上后一航线，因为航程十分险恶，无论是东北季风或西南季风期间，都有几股海流在台湾海峡或附近海面交会，水流汹涌，欲济殊难。这条航线的繁荣，还在明朝以后。一般来说，与中国有直接往来的地方为中南半岛、马来半岛、苏门答腊岛、爪哇岛、加里曼丹岛及菲律宾群岛，且多半是在沿海地区。努沙登加拉群岛、班达海地区还多限于间接往来，中国商人很少到达这一带。

中国与东南亚地区的区域航线，反映了东南亚地区作为东西方商品重要集散地和作为东西方商品重要消费市场的事实。尽管东南亚国家发展不平衡，有快有慢，有的地方还处于原始社会状态。另外，相对先进与比较落后地方居民的消费水平也不一样。今天已不可能精准鉴别古代东南亚各地的经济发展和居民消费层次与差别。但可以肯定，东南亚地区在唐宋时期已经有大量人口。虽然很多地方还荒无人烟，生活在内陆的人肯定还处于落后状态，但有相当一部分开放地区的人已享有"当代化"的生活水平。他们集中在缅甸的伊洛瓦底江流域和沿海地区、泰国中部和南部、柬埔寨平原地区、越南江河流域和中南部地区、马来半岛沿海地区、印尼爪哇岛和苏门答腊岛沿海地区。这些地方，一是靠近海上丝绸之路沿线城市，二是平原开阔、土地肥沃。在古代海上丝绸之路南线的几段主航道，有几个地方，如阇婆或三佛齐（后者为前者的"继承国"）、马六甲等富庶之国，人尽皆知，也为中国人所知。它们在历史上的繁荣不是昙花一现，而是经久不衰，以百年计。

（三）集古代中外航线之大成的郑和下西洋航线

从中国与东南亚的海路交通来说，唐宋时期是一个十分重要、承上启下的时期。后来，特别是明朝，中国人航海地理知识的精进正是建立在这个时期的基础上的。在这个方面，最好的概括莫过于郑和下西洋的航线了。郑和七下西洋的主要航线达42条之多，先后到达亚洲、非洲的37个国家，航线最西到达赤道南面的非洲东海岸麻林（今坦桑尼亚的马林迪），接近莫桑比克海峡，最南到达爪哇，最北到达红海的天方（今沙特阿拉伯的麦加），总计航程16万海里，合29.6万千米，航海跨度是东经39°—123°、北纬32°—南纬8° 这样一个广阔的地域。

在此之前的航线在很多航段留下几许模糊：如只可约略知道那时的航线经过某片地方，但不知其具体方向与航向如何；又如只知道那时的航船是由甲地到十分遥远的乙地，但甲乙两地之间还有哪些更小的必经之地，等等。那么，郑和下西洋的航线就把这些"模糊"明朗化或基本明朗化了。郑和下西洋称得上是古代中国远洋事业的顶峰，也称得上是中国古代远洋交通线的定型。当然，郑和航线并非三宝太监在数年间靠他个人灵感得到的发明，也并非是当时"中央级"的航海家们"踏破芒鞋无觅处，得来全不费功夫"。这些航线不知蕴含着多少航海先驱者探险的艰辛及生命的代价，也凝聚着他们智慧的光芒。明张燮所撰《东西洋考》一书表明，明朝前往东南亚的航路分"西洋"和"东洋"两条航路。"西洋"从福建、广东出发，经过海南岛海域，沿着印支半岛南下南海，然后抵达暹罗湾、马六甲海峡、爪哇海；"东洋"则从福建出发，经过台湾海峡，沿着吕宋岛西岸南下南海，从巴拉望岛朝勃泥或者从苏禄海岛到摩鹿加群岛。虽然从"西洋"和"东洋"的概念中还难以整合到一幅整齐划一的南洋海图，但东西洋的概念显然将时人心目中的南洋大为清晰化了。

郑和船队大宗宝船一般从福州五虎门放洋，船至占城、爪哇，过满剌加而西行，到苏门答腊，再从苏门答腊航入印度洋，经翠兰屿、锡兰山，然后西北绕航印度半岛至小葛兰、柯枝、古里等地。为适应远洋航行，以及访问亚非众多国家和地区的需要，郑和船队以占城、苏门答腊、锡兰山（别罗里）和古里为四大交通中心站。以此四大海港为中心，郑和船队的国外航程十分详尽，史无前例。这里不拟一一赘列，只将其重要航线的首尾两端列之如下：其一，自交趾洋（北部湾）至满剌加国（马六甲）。需要指出的是，越南是从中国出发的海上丝绸之路南海航线的第一站。郑和船队也不例外，肯定到过越南。越南的归仁（当年称"新州"），就是当年郑和出洋的第一站。其二，自赤坎至占腊国（柬埔寨）。其三，自昆仑山至暹罗（泰国）。其四，自暹罗至满剌加。其五，自灵山大佛（越南中部华拉角）至爪哇。其六，自昆仑山至爪哇。其七，自爪哇至小几内亚群岛。其八，自玳瑁州（越南东南岸外之平顺海岛）至婆罗洲。其九，自澎湖台湾至菲律宾，即猫里务（民都洛岛）。菲律宾群岛内还有多条支线不赘。其十，自马尼拉湾外至婆罗洲，主要港口是今文莱斯里巴加湾。

东南亚地处印度洋—太平洋贸易圈的要道，是东西方海洋贸易的重要十字路口。根据20世纪晚期东南亚地区考古发现，除了沿海港口和内陆地区的考古发现外，在东南亚海域发现并打捞出多艘载有大量货物的沉船，令人叹为观止。20世纪70年代以来，包括暹罗湾、爪哇海、苏禄海等东南亚海域已经陆续出水100多艘沉船。组织探险队进行打捞活动的国家包括越南、泰国、马来西亚、印尼、菲律宾等，尤以印尼和菲律宾水域打捞的成果最为丰富。沉船的年代集中在晚唐以降至清朝时期。从船体结构看，来源地分别是中国、东南亚和阿拉伯地区。[①]所有这些考古发现印证了欧洲人到来之前海上丝绸之路的辉煌。同时充分表明：在漫长的历史中，作为"中华丝路"的南海航路、东海航路和中南半岛出海航线，把世界各地的文明古国（如希腊、罗马、埃及、波斯、印度和中国）连接在一起，又把世界文明的发源地（如埃及、两河流域、印度、美洲和中国等）连接在一起，形成了一条连接亚、非、欧、美的海上大动脉，使中西古代文明通过互相交流而大放异彩。虽然往昔在中华文明基轴上展开的海上丝绸之路多了许多欧洲人野蛮的身影，但海上丝绸之路的传统主旋律仍然存在，中外物质文化交流的底色还在，人员（华侨为主）往来和商品（尤其是中国商品）交易越来越频繁，规模越来越大。沿着海上丝绸之路出洋的华工，仍然带着中国人特有的勤劳勇敢、爱拼才会赢的

---

① 《东南亚发现的沉船与海上丝绸之路》，《中国文物报》2017年8月11日，第3版。

大无畏精神走向海外，在居住地传承和弘扬中华文化。海上丝绸之路的传统价值观，并没有因为近代的殖民之风而变味，依然熠熠生辉。

三、中国人以东南亚为中转站的近洋区域航线

所谓"近洋区域"，是相对于"远洋区域"的美洲地区（包括北美和拉美）而言。具体来说，中国人环球航行中以东南亚为中转站的"近洋区域"，是指印度洋和阿拉伯海这两个区域。

东南亚地区作为国际航线和国内航线的要冲，是通往南亚、中东、非洲、欧洲必经的国际重要航道。以郑和七下西洋为例，郑和船队所到达的国家有30多个。除了东南亚的中南半岛、占城、暹罗湾、马来半岛、爪哇岛、苏门答腊岛、满刺加外，还有印度洋区域的锡兰岛、印度半岛等地，阿鲁、苏门答腊、黎代、那孤儿、南巫里、锡兰、小葛兰、古里、柯枝等国家，都是前代航海家频繁涉足并载入中国历史文献的。尽管下西洋并未超过前代航线和路程，但郑和船舰之大、船舶之多，设备之精良，水师之雄壮，组织之严密，却大大超越前人。郑和船队在七下西洋的过程中也在熟悉的航行区域中开辟了新的航线，因而海上丝绸之路的航行支线大为增加，更加密集而相互交叉，成为航海网络。这是郑和航海团队对海上丝绸之路的里程碑式的新贡献。

（一）印度洋区域

印度洋区域包括以下航线：其一，自爪哇经巽他海峡至帽山。众所周知，马六甲可以说是海外航线经过的地方中记忆和保护郑和遗迹最受重视的地方。史籍关于郑和到达马六甲的记载并不多。与马六甲相媲美的还有今天印尼的三宝垄。那里是纪念郑和部下王景弘的地方。对于王景弘所到之地的确切位置也无法准确肯定，多靠传说来推测大致位置。其二，自苏门答腊至榜葛刺国（孟加拉国及印度西孟加拉邦地区）。其三，自榜葛刺国至溜山（马尔代夫群岛与拉克代夫群岛）。其四，自苏门答腊至锡兰山。其五，自锡兰山至沙里八丹（或印度东岸之Masulipatam）。其六，自别罗里经溜山至南印度及东非沿岸诸国，包括任不知溜（马尔代夫喀雷岛与马累岛间之珊瑚岩礁）、官屿溜（马累岛）、起来溜（喀雷岛）、加平年溜（拉克代夫群岛南面之卡耳皮尼岛），古里国（印度喀拉拉邦北岸之卡利卡特）、柯枝国（印度西南岸之柯钦）、甘巴里国（印度泰米尔纳德邦西部之科恩

巴托尔）、小葛兰国（印度奎隆）、木骨都束国（索马里摩迦迪沙），等等。其中古里是郑和在印度洋区域航行最远的目的地。不过，郑和下西洋仅仅是官方的外交活动，经济上是劳民伤财、得不偿失的。故在明成祖去世后，下西洋很快就停止了，中国帆船迅速退出印度洋。到了15世纪末，中国船舶从苏门答腊岛以西消失，活动仅限于马六甲以东海域。

（二）阿拉伯海区域

阿拉伯海区域：木骨都束北行到阿拉伯南岸；阿丹（也门阿丁）以北到麻实吉（阿曼马斯喀特）以南；麻实吉附近沿岸到加刺哈（阿拉伯半岛东岸之加尔哈）附近；莽葛奴儿（印度芒格洛尔）到加刺哈；加刺哈到忽鲁谟斯（伊朗霍木兹岛）；加刺哈到吴这记落（不详）；缠打兀儿（印度果阿）到加刺哈；马哈音（印度西海岸马兴姆镇）到里马新富；古里到忽鲁谟斯，等等。

实际上，郑和下西洋时期从东南亚到阿拉伯海区域的航线，肯定沿袭了在此之前就已形成的固定航线。例如，在今苏丹国境红海沿岸有一个重要的古代海港，叫"爱扎布港"，10—14世纪十分活跃。从印度溯红海开往埃及的船只，目的地都是爱扎布港。而由爱扎布港开出的航船，半数开往印度西南海岸的马拉巴尔，半数开往印度西北海岸的姑嘉拉特。由印度运进爱扎布港的商品中，中国陶瓷占第一位。由此可见，包括爱扎布港在内的阿拉伯区域的分支航线，早在郑和下西洋之前就已经辗转东南亚和中国的港口联通。

据中国古籍记载，在宋元符年间（1098—1100），中国海船已经能够用罗针导航。到了明朝海船普遍用罗针导航。当时掌管船只航行方向的舟师都备有秘密的海道针经。在郑和下西洋之前，中国已有航海图，但郑和七下西洋之实践经验升华了新的航海图——《自宝船厂开船从龙江关出水直抵外国诸番图》（今人向达简称为《郑和航海图》），科技水平前所未有。原图虽失传，但被刊载于明朝茅元仪《武备志》中而传世至今（见《武备志》卷240）。该图北起长江内始发港南京，东折南下，经今东海、南海至南洋群岛、马六甲海峡，折西北至孟加拉湾或至波斯湾忽鲁谟斯，至沙特阿拉伯红海，西南至东非索马里、肯尼亚、坦桑尼亚。包括东南亚、南亚、西南亚和东非，记录中外地名530多个。绘出地文航海对景图，辅以文字说明指导航路的航向针路、航程更数；在沿江（长江、闽江下游）沿海以陆标为主，在汪洋大海中以牵星图天文定位为主；标有港口水深、危险碍航区、气象特点等以策安全；与航路指南紧密结合。此外，郑和下西洋还提高了远航海外的航行术。

顺便指出，在中国东部沿海的北面城市（一般来说是宁波以北）中，有始发港可达东北亚区域。这些始发港是常态化去往东北亚的中国港口。中国沿海港口到东北亚的航路，一般称"东海航路"。有关东海航路的各条航线也十分恢宏，这里从略。但要说明，东海航路与南海航路也有交集。也就是说，东海航路也以东南亚为立足点，不经中国的海港而直接前往东北亚。16世纪初以后，日本商人开拓的通过琉球到东南亚勃泥的贸易，从而形成了"勃泥—那霸（琉球）—种子岛—土佐冲—堺港"或"勃泥—那霸—坊津—博多—对马—三浦"的航路。这一航路主要是向日本近畿市场和朝鲜市场提供龙脑商品，可称之为"龙脑之路"。[①] "龙脑之路"表明朝鲜和日本的东海航路避开了以扬州为节点的中国沿海地区，直接与南海航路在东南亚产生对接。虽然没有直接证据说明有多少中国商人航行在"龙脑之路"上，但可以肯定这种可能性是存在的。在商品没有十分发达的中世纪，亚洲地区四通八达的海上贸易航路（特别是香料）中，无处不存在着华商的身影，只是这些默默无闻的华商没有留下姓名而已。

四、中国人以东南亚为中转站的远洋区域航线

如上所述，在中国人大量出国的年代，欧洲人接驳和延伸了两条到达北美和拉美（含加勒比地区）的航路：一为跨越太平洋的航路；二为经过南中国海、印度洋和大西洋的航路。两条航路分别到达拉美不同的地方后，还有一些区域航线分别到达不同目的地。美洲地域广袤，不同时期到不同目的地的中国人，可以选择不同的航路和区域航线。

（一）到达美洲的航路及其他进入拉美的路线

1492年哥伦布最先到达加勒比海后，海洋文明交流就由旧大陆延伸到新大陆。1519—1522年，麦哲伦船队完成了西班牙—拉美南端—菲律宾—印度洋—非洲南端—西班牙的环球航行，进一步出现了环绕全球的海路。到16世纪初，葡萄牙人开辟了从大西洋越过非洲自西而东进入亚洲的新航线，西班牙人开辟了从大西洋绕过南美洲自东而西进入亚洲的新航线。太平洋航路串连了西班牙的拉美

---

① 中岛乐章：《龙脑之路——15至16世纪琉球王国香料贸易的一个侧面》，吴婉惠译，李庆新主编《海洋史研究》第15辑，社会科学文献出版社，2020年，第108—109页。

殖民地，印度洋大西洋航路则接通了巴西。从全球化的角度来看，两大航路在拉美的交会是有历史意义的。可以说，一个史无前例的跨洋联系，已经在亚、非、欧、美4个大陆之间真正建立起来，环绕世界四大洲的海道才真正连接在一起。海洋航行进入了直接和频繁交往的新时代。同时，西班牙和葡萄牙这两个殖民者在中国南大门不期而遇，也改变了中国与东南亚各国的传统关系。

提到中国到拉美航路的开辟，离不开葡萄牙和西班牙两个早期的殖民地强国。两国是世界上最早崛起但也最快衰落的两个西欧海洋强国。葡萄牙和西班牙比邻而居，几乎同时开始了各自在海外的殖民地扩张。当时两国都不知天高地厚，都在做征服世界的黄粱美梦，乃至两国在征服世界的过程中发生划分殖民地势力范围纠纷时，都站在瓜分地球的角度进行瓜分和仲裁。具有讽刺意义的是，两国对"世界"的瓜分并未能够使两国各自的胃口局限于某个半球。瓜分未毕，它们新的扩张行动又起。葡萄牙和西班牙两国的争夺在拉美大陆的表现，实际上是两国争夺的"全球性景观"中最眩目的一部分。诚然，拉美成为殖民地后，其宗主国的名单除了葡萄牙和西班牙外，还有荷兰、法国和英国等欧洲国家。但就各宗主国所占据的地盘大小而言，则拉美基本上就是西班牙和葡萄牙的殖民地。西班牙和葡萄牙各占的地盘差不了多少，但西班牙所占的国家数目多（所占的最大国家是墨西哥），葡萄牙只占领过一个国家——巴西。巴西面积广袤，几乎占了南美大陆的一半，是在殖民地时代一步步扩张的结果。整个加勒比海地区的绝大部分海岛都是西班牙人的殖民地。总的来说，西班牙人占了拉美的绝大部分。

就在这样一种世界格局中，中国和美洲被拉到了一起。哥伦布等人的跨洋航行，把原先互不往来的大部分地球大陆联结成一个整体，世界逐渐形成一个联系密切的"大区块"，尽管这一结果使世界进入了一个欧洲国家主导的全球殖民地体系时代。人类历史上第一波"全球化"就表现为被大洋分割的地区之间开始建立频繁的交往，连遥远的地方也被不同程度地卷入其中。在这一大背景下，中国到美洲的两条航路得到开辟。这两条航路的目的地，分别在拉美的东、西两岸上。葡萄牙在拉美只有一个殖民地国家——巴西；而属于西班牙殖民地的拉美国家非常多。除巴西以外，大部分拉美国家都是西班牙的殖民地。这种格局是西班牙和葡萄牙这两个伊比利亚半岛海权强国为争霸世界而瓜分地球的荒唐结果。

（二）东南亚中转站的东向延伸：跨越太平洋到达美洲的航路

跨越太平洋的航路在不同的时期可分以为两条：一是"大帆船贸易"时期西

班牙人开辟和使用的由菲律宾到墨西哥阿卡普尔科的航路；二是经日本长崎和美国旧金山中转到拉美国家的航路。在第一条航路终止后，经过太平洋到拉美国家的华侨就选择第二条航路。第一条航路是一条"直达"拉美的航路；第二条航路则是一条"中转"的航路，在"中转地"旧金山，可以通过不同的路线进入拉美的不同地方。

先看第一条航路，也称"太平洋航路"。其中菲律宾至墨西哥一段是"太平洋航路"的主体。它的形成完全服务于西班牙殖民者横跨太平洋两岸的殖民地之间的交通需要。1565年，黎牙实比奉西班牙王室之命，率部下从墨西哥出发抵达宿务岛。1569年8月14日，黎牙实比被任命为菲律宾群岛总督。1572年，中国海商为菲律宾殖民当局运来了丝货、棉织品和陶瓷等样品，经双方议价成交，商定待来年供货输往墨西哥。1573年7月1日，即太平洋航线开辟8年后，两艘体势巍峨的大帆船，从菲律宾的马尼拉港驶向美洲墨西哥海岸的阿卡普尔科，沿着太平洋东部航行的海路一直延伸到西班牙，贸易品种多样，但最主要的是丝绸和白银。所载货物包括712匹中国丝绸和22300件精美瓷器。[1]这次航行历时5个月，于同年11月抵达阿卡普尔科港，标志着"大帆船贸易"正式登上历史舞台。也就是说，西班牙占领马尼拉是在1571年，但"大帆船贸易"的真正开始则是在1573年。[2]其去程利用了日本至美洲的由西向东的"黑潮"洋流来加快航速。后来经过多次航行，这条航线又稍微有所调整，即把北太平洋航线一段再向北移至北纬40°—42°之间的海域，以便更好地利用"黑潮"。每年6月中旬至7月中旬出航，航程一般需时半年。[3]这样，一条跨越两洋、连接美洲和欧洲的贸易航线建立起来了：中国（漳州月港）—菲律宾（马尼拉）—墨西哥（阿卡普尔科、维拉克鲁斯）—西班牙（塞维利亚）。于是从1565年开始，连接菲律宾吕宋和墨西哥的航线正式开通，于是在地球上产生了一条在中国与拉美之间的跨太平洋的互动的海上贸易与文化连线。这条海上连线一直到1815年才予以废除，时间长达250年之久。

---

[1] William Lytle Schurz, *The Manila Galleon*, New York: E. P. Dutton, 1959, p.27; Hernando Riguel and others, "Las nuevasguescriven de las yslas del Poniente" (January, 1574), in E.H.Blair and J.A.Robertson, eds., *The Philipine Islands, 1493-1898*, Vol.3, pp.246-248.

[2] 关于"大帆船贸易"的起始时间，有以下诸说：其一，1565年说，参见吴杰伟：《大帆船贸易中精神层面的文化交流》，《亚太研究论丛》第1辑，北京大学出版社，2004年，第177页；其二，1571年说，参见万明：《明代白银货币化：中国与世界连接的新视角》，《河北学刊》2004年第3期；其三，1573年说，参见何芳川：《崛起的太平洋》，北京大学出版社，1991年，第88页。

[3] 韩琦：《马尼拉大帆船贸易对明王朝的影响》，南开大学世界近现代史研究中心主编《世界近现代史研究》第10辑，社会科学文献出版社，2013年，第50页。

中国到拉美的航路是通过菲律宾作为"中转站"的，而菲律宾则与福建的漳州通过水路联通。因此，这条中拉航路的关键是漳州到菲律宾航线的形成。可以相信，早在宋朝时，菲律宾群岛中一些重要岛屿间的交通线已得到初步开发，并已出现初步的商品交易。由于中国商贾乘船至菲岛贸易且往来不断，菲律宾北部的吕宋诸港便成为中菲贸易的中心。不过原来的中菲贸易只是一条单向贸易线，即只有中国商人往返菲律宾的贸易线。到16世纪西班牙人占领菲律宾后，旋即开通"大帆船贸易"，并依赖华商连接菲律宾与福建间的航线（当时根本不可能存在菲律宾土著商人）。西班牙人第一步，就是将华侨控制的菲律宾贸易夺过来，其次是在中国沿海建立进入中国的贸易据点。当时，进入中国的最主要门户或跳板有两个——澳门与漳州的月港。澳门已经是葡萄牙人的地盘，于是西班牙人便千方百计经营月港。顺便指出，与马尼拉连接的中国港口不只是漳州，还有一些中国港口的航线都与马尼拉相连接。至18世纪，每年驶往菲律宾的各种吨位的大型商船中，大多数来自广州和澳门。另有双桅船，也从中国沿海不知哪个小港口驶过去。

在拉美地区众多西班牙殖民地管辖区中，太平洋东岸的新西班牙总督区首府墨西哥是"大帆船贸易"启动后华商到达的第一站（登陆地点是阿卡普尔科）；秘鲁也在太平洋东岸，是华商到达墨西哥后沿岸南下的重要地区。拉美的许多西班牙殖民地后来留下了华侨的足迹，均与太平洋航路的开辟紧密相关。西班牙人的南美洲殖民地和加勒比海地区殖民地，有环南美洲航线到达。在巴拿马运河于20世纪初通航之前，分布于中南美洲大陆两侧的西班牙殖民地之间的联系必须通过环南美洲航线。另外，在加勒比海地区各重要岛屿间，也存在着定期或不定期航线。

华侨在这个链节中的作用不可或缺。这包括华侨在菲律宾的商业经营，也包括各式华侨在各个相关行业的供应链配套。他们以自己的出色本领和独特方式为"大帆船贸易"，也为菲律宾的经济发展作出了巨大贡献。举例来说，在造船技术方面，华侨是最有经验的造船工。那些穿行于太平洋的西班牙远洋商船，是在造船技术经验丰富的马尼拉与甲美地华侨的帮助下造出来的。那些排水量多达2000吨堪称是海上"巨无霸"的商船，需要大量在中国生产或华侨工匠在菲律宾生产的硬件、船缆和帆。此外，"大帆船贸易"过程中所需要的粮食也需要华侨供应。数以百计的船员及乘客，要吃中国的食品，喝中国的茶，吃中国的桔子（预防坏血病）。这些东西都要华侨从中国运来。居留在马尼拉的华侨除了经商外，还从事农业、手工业等各种服务。有些华侨工匠和劳工还直接参与了与"大帆船贸易"相关的劳动，如造船、搬运货物等。在西班牙统治时期，华侨还在菲律宾充当医师、石匠、木匠、印刷匠、裁缝、鞋匠、金属匠、雕塑者、画匠、铁匠等。这些职业可以说是间接地为"大帆船贸易"服务的。

随着贸易的发展，阿卡普尔科一跃成为闻名天下的墨西哥著名港口。19世纪初，这里的常住人口已达4000人，在集市贸易期间可增至12000余人。[1]其中有当地的印第安人、黑人、混血种人和西班牙商人，还有来自亚洲的菲律宾人、中国人、印度人等。当时阿卡普尔科的集市被称为"世界上最负盛名的集市"。[2]实际上，因为有了来自中国的货物，阿卡普尔科的确名不虚传。当时有由75000头骡马组成的运输队活跃在墨西哥境内的大小商道上。当时，从阿卡普尔科到墨西哥城这条长达110里格（约合600千米）的崎岖山路，一时因驮运中国货物的骡队不绝于道而热闹非凡，被称为"中国之路"。

随着1848年美国墨西哥战争的结束，一大片原属墨西哥的领土被划归美国，接着美国发生"淘金潮"，华侨纷纷到美国淘金。华侨到美国去的航线改为从香港、澳门出发，取道长崎，横跨太平洋，先到达旧金山。除了从香港和澳门开出的航线外，大约在20世纪初，随着来往美国和中国间的华侨的增多，还有美国华侨开通了从旧金山开往香港的航线。这条航线也与美国北面的加拿大西部港口（如温哥华）连接起来，成为当时北美与中国交通的最重要航路。旧金山之所以被美国华侨称为"大埠"，一是因为旧金山是华侨到达北美大陆的第一站；二是因为旧金山是美国华侨散居到其他城镇的"射线始点"；三是因为从旧金山再往北可到加拿大温哥华，然后再转往加拿大其他地方。此外，据记载，1902—1921年，华侨伍学晃、黄国兴等在香港开设轮船公司，直接经营中墨之间的直达航路。就目前所知，这是开辟中美洲乃至整个拉美地区华侨海上交通运输业的先河。这样，北美大陆、中美洲大陆乃至南美洲大陆都可以与中国通过海上交通线而连为一体。因为，从旧金山乘船南下可到达南美洲国家；从旧金山通过陆路交通可到达迈阿密，再从迈阿密乘船到达加勒比海的最大国家古巴，需要的话，再转往加勒比海其他岛国。不过那时候到加勒比海地区的华侨难得再回乡一次，多半只能落叶归根的时候才会回去，甚至老死异乡。

19世纪60年代以前到美国的华侨，一般走横渡太平洋的航线在旧金山登岸。

---

[1] William Lytle Schurz, *The Manila Galleon*, New York: E. P. Dutton, 1959, p.375.

[2] 刘文龙：《马尼拉帆船贸易——太平洋丝绸之路》，《复旦学报（社会科学版）》1994年第5期。

那时华侨来美国的目的，主要是在美国加利福尼亚州"淘金"。但"淘金潮"到60年代就基本结束了，华侨不想就此打道回府，纷纷向美国西部、中部和东部的大城市（如洛杉矶、西雅图、波特兰、圣路易、芝加哥、纽约、波士顿、费城）转移。通过这一轮大转移，华侨基本上形成了在美国主要城市的人口分布格局。另外在加拿大，华侨也复制了与美国的同胞差不多的移民模式，在加拿大淘金潮结束后向各大城市转移。1869年贯通东西的美国太平洋铁路通车后，如要从美国西部到东部去，可以乘坐火车。但1869年以前，美国西部要到美国东部来，则只能沿拉美大陆从西到东绕一大圈，反之亦然。事实上，到19世纪中叶，越来越多华侨到美国和加拿大淘金，由于美国太平洋铁路的贯通（多年后又有加拿大太平洋航路的贯通），拉动了太平洋航路的繁荣。

1899年中墨两国签订商约。1902年后有华侨伍学晃、黄国兴等开设"茂利"及"中华轮船公司"，先后正式运载华侨到墨西哥来。这时候墨西哥口岸还没有设立移民局，外人入境，不受限制。[①]这应是"大帆船贸易"终结后华侨开辟的第一条中国到墨西哥的航线（很多航段肯定与前已开通的航线重叠）。另外，20世纪伊始，北美洲一些海运公司（包括华侨公司）开通的北美洲港口（主要是加拿大温哥华和美国旧金山）到香港的航线，大大方便了华侨在祖籍国与北美居住地之间的往返。于是，到拉美的华侨也可以利用这一航线来往于家乡与居住地之间。

关于"太平洋航路"在贯串整个美洲航线中的作用，最有说服力的例子莫过于傅云龙的美洲之行。傅云龙1887年11月12日从上海出发，1889年10月21日回到上海。他在近两年间的游历路线：先从上海渡海到日本，然后从日本乘船横渡太平洋到达美国，再由美国北上加拿大，返回美国后又乘船抵古巴。他渡过太平洋到美国，应是在旧金山登陆；再由美国到加拿大，应是从旧金山到温哥华，再在温哥华乘船从原路返回旧金山。在乘船抵古巴前，他应是从旧金山乘船到洛杉矶，再从洛杉矶乘火车到迈阿密，再从迈阿密乘船到古巴。他在日记中说，一行乘火车赶乘去往古巴的船时，因火车误点，当赶到坦帕码头，轮船即将起航，差一点误了去古巴的船，于是"急步而登"。[②]傅云龙一行到古巴后，经海地、牙买加、哥伦比亚到巴拿马。一行到海地、牙买加和哥伦比亚应该都是乘船。但从哥伦比亚到巴拿马，应该是从加勒比海一侧到太平洋东海岸一侧。那时候巴拿马运

① 陈翰笙主编《华工出国史料汇编》第6辑，中华书局，1984年，第269页。
② 傅云龙：《游历古巴图经余纪》，《傅云龙日记》，浙江人民出版社，2005年，第170页。

河还没有修通，那么傅云龙一行只能走陆路越过巴拿马地峡，到了巴拿马城以后，才可能乘船南下，到南美诸国。傅云龙离开巴拿马后，乘船到厄瓜多尔，再到秘鲁，然后再绕道南美洲南端的麦哲伦海峡，沿阿根廷（当时称"拉巴拉他国"）海岸向北航行，经过乌拉圭海岸，在3月7日到达巴西里约热内卢海湾。在里约热内卢登岸后，傅云龙经历了他此行的最大一次冒险，也凸显了他作为清廷一名并不显赫的官员的一丝人生光辉。傅云龙于1889年3月18日从里约热内卢登上美国轮船起程赴美国，沿途经过巴西沿海城市巴西亚（今巴伊亚州首府萨尔瓦多）、伯能不谷（今伯南布哥州首府累西腓）、亚马逊（今马拉尼昂州首府圣路易斯）等地。虽然途中有乘客因瘟疫病死，海上风浪又大，但傅云龙仍抓紧时间奋力草写调查报告，甚至"稿不脱不寝也"。①4月9日，傅云龙一行乘坐的船停泊在西印度群岛的巴别突司岛（今巴巴多斯，当时为英国属地）。11日，停泊先塔卢斯（应是今维尔京群岛中的圣克鲁斯岛）。在经过长达三个半月的拉美旅行后，他回到了美国纽约，后来经日本于1889年10月21日回到上海。一般来说，当时只有像傅云龙这样要路过很多国家的人，才有机会经过一站又一站的航程，从而把整个航程连接起来。

就海上交通工具来说，随着航海技术的进步，美国新式汽轮取代了陈旧的马尼拉帆船。华侨前往北美和拉美所乘坐的船舶都换成了远洋轮船。远洋轮船的使用把太平洋变成了贩运华工的"苦力贸易"之路。在新的国际关系格局下，太平洋、印度洋和大西洋连成一片，都是新兴工业资本主义龙争虎斗的地方。

应该指出的是，在"太平洋航路"中间，有一个名副其实的连接东南亚与美洲的中转站——夏威夷。夏威夷本是波利尼西亚土著的家园。1778年英国航海家詹姆斯·库克发现夏威夷群岛后，此地才进入人们的视野。就在库克发现夏威夷的当年，中国人紧随另一位英国船长米尔斯来到岛上。米尔斯此前在广州买了两艘船，雇了几十名中国水手，组成船队来到夏威夷待了4个月。米尔斯发现岛上盛产檀香木（这是夏威夷也称"檀香山"的由来），而当地人拿来当柴烧，于是将檀香木运往中国，把中国的茶叶、瓷器和丝绸运到夏威夷，开辟了两地间的贸易，

---

① 傅云龙：《游历古巴图经余纪》，《傅云龙日记》，浙江人民出版社，2005年，第170、175、199页。有关傅云龙在巴西等地的行程，参见王晓秋：《19世纪中拉文明的一次相遇与互鉴——清朝海外游历使傅云龙的拉丁美洲之行》，《拉丁美洲研究》2018年第1期。傅云龙自撰的行程中略去了很多支线和细节，里面隐藏着当时美国和加勒比海地区之间一些必经行程（有的地方他自己未必知道），这里考实补上——笔者注。

吸引了越来越多中国移民，当然也开辟了中国到夏威夷的航路。一般的说法是，夏威夷商人运载"檀香至广州发卖，是（美国）与中国通商之始"，时间是清嘉庆年间（1796—1820年）。美国与中国通商后，"首次桅船派赴广东福建招工"。1820年，夏威夷有了第一批华人"合同工人"。由此可见，中国（从广州和香港等地）到夏威夷的航路是直接到达的。后来夏威夷有了菲律宾人，可见菲律宾也有直接航线开往夏威夷。后来夏威夷与美国的关系越来越密切（20世纪初归属美国后更是如此），美国本土与夏威夷的航路才越来越频繁，夏威夷的中转站功能方才越来越凸显。从中国和菲律宾出发经夏威夷到美国的航路，是另一条太平洋航路。

中华民国成立后，美洲国家的国际交通得到了很大改善：一是巴拿马运河的开通，大大方便了很多国家（主要是加勒比海地区的国家）的华侨往来。二是一些发展比较快的国家，有了空中航班与外界往来，一些经济上负担得起的华侨，就可以在最后路段改乘飞机到达目的地。例如要到古巴去，则可从香港起航，先到菲律宾的马尼拉（小吕宋），乘船经日本长崎、檀香山到旧金山，再取道洛杉矶（华侨称"罗省"）到佛罗里达的迈阿密，然后乘飞机到古巴。

还有迹象表明，过去华侨乘船到加勒比海地区，如果遇上特殊情况（如并不鲜见的狂风巨浪），有可能遇风飘到巴哈马水域，然后再换船到原目的地。从这个角度看，那个时候人烟稀少的巴哈马群岛也可算在到加勒比海的航线上，但不算常规航线。

在苏伊士运河开通之前，欧洲人已经注意到了一条相对便捷的通道，就是船只先通过地中海到埃及港口，然后穿越陆地，来到苏伊士湾，再经红海进入亚洲海域。在苏伊士运河开通之前，有时人们从船上卸下货物通过陆运的方法在地中海和红海之间运输。当然，这段陆路只是当地人的行走路线，对中国人来说不适用。1859年由苏伊士运河公司破土动工，1868年8月18日修成，11月17日正式通航。苏伊士运河位于埃及东北部的苏伊士地峡上，北起塞得港，南到陶菲克港。它沟通了红海与地中海，使大西洋经地中海和苏伊士运河与印度洋和太平洋连接起来。

20世纪50年代末，一位1884年移居牙买加的华侨记下了他在航程中的个人经历。当时只有9岁的温才随家人来牙买加。他们乘坐的"钻石号"轮船离开澳门后，在途中遭遇风暴，船桅坏了，不得不在加拿大改乘"亚历山大王子号"。这艘船运载他们于1884年7月12日到达牙买加。他们走的是香港—澳门—新加坡—苏伊士运河—欧洲—百慕大—哈利法克斯—古巴—金斯敦一线。[①]这是乘船者本人的回忆，显得更可信。

最后应提及在中华民国成立前后来自浙江省的华侨（主要是青田人）到南美来的路线。他们来南美分两个方向：一是从欧洲一些国家转移而来。欧洲到南美的航线不只一条，最常见的欧洲出发港应是葡萄牙和西班牙的港，其次是南欧的意大利等国的港口，还有法国、德国的港口，等等，今天已无法细加辨察。从欧洲各港口来的航线都经过大西洋，一般是在巴西或阿根廷的大西洋岸边的港口登陆。到南美去的浙江华侨，一般都是在欧洲国家（意大利、法国、德国、西班牙和荷兰等国）谋生，若干年后因各种原因而转到南美。从人口流动的方式来说，他们属于再移民。二是直接从中国到南美。如果是这种情况，一般是从日本的港口（一般是长崎）出发，乘船跨越太平洋到了美国（应是旧金山），然后乘船南下拉美。他们走的是华侨到拉美的传统航线。此外，也有少数人从国内直接移居巴西的。从国内直接来南美，可以走从澳门出发的太平洋印度洋航线，也可以走上述经过日本的太平洋航线。

到20世纪40年代左右，到古巴去的华侨很多是乘飞机到达目的地的。抵达古巴的交通工具既有飞机，也有船和火车，但以飞机为主，也有三者联运的。[②]乘飞机前去古巴的，应是从中国起飞，经过欧洲某个国家转机才到达的（有的航班可能不止转一次机）。

（三）跨越东南亚海域经印度洋和大西洋到达美洲的航路

这里把这一航路称为"印度洋大西洋航路"。但这条航路具有明显的专属性，即为葡萄牙人所拥有。这条航路在东南亚没有固定的中转站，其始航点是澳门，最终目的地是作为葡萄牙殖民地的巴西（到达港口为先后作为巴西首都的萨尔瓦多和里约热内卢）。1500年4月22日，葡萄牙航海家佩德罗·卡布拉尔抵达巴西。他将巴西命名为"圣十字架"，并宣布归葡萄牙所有。因此，这条航路的主掌者是葡萄牙人。客观地说，如果葡人没有得到澳门作为立足点，这条航路就不可能

---

① 李谭仁：《占美加华侨年鉴·1957年》，第34页；转引自李安山：《生存、适应与融合：牙买加华人社区的形成与发展》，《华侨华人历史研究》2005年第1期。关于出发和抵达的日期，参见陈匡民：《美洲华侨通鉴》，美洲华侨文化社，1950年，第696页。该船应是先到今加拿大新斯科舍省（Nova Scotia）的首府哈利法克斯（Halifax），换船后，中国移民经过百慕大（Bermuda）、古巴，最后抵达今牙买加首都金斯敦（Kingston）。

② 雷竞璇编《古巴华侨口述史》，暨南大学出版社，2020年，第210页。

开通。虽然这条航路在东南亚没有固定中转站，但开始时很长一段航线经过东南亚水域，很可能有的航船还在马六甲（葡属殖民地）停船上岸补给。因此，这条航路与东南亚密不可分。中国人到巴西的海上航路是从澳门起航，经南中国海穿过马六甲海峡，航经印度洋，然后经大西洋到达巴西东海岸。除了少数葡萄牙人外，大量中国人（包括华商）通过这条航路。1808年，第一批到巴西的中国茶农从澳门出发，沿印度洋大西洋航路，最后到达里约热内卢，全程需要3到4个月。后来，中国人就是经过这条航路在中国（澳门）和巴西间来来回回。同时，这条航路还可以与葡萄牙本土相连（主要是连接首都里斯本），并从葡萄牙本土向北延伸到西欧和北欧沿海国家的港口。后来瑞典"哥德堡I号"到中国进行贸易，就是循印度洋大西洋航路来到广州的。

关于葡萄牙人东来并在东南亚一带拓展殖民地的历史，人们耳熟能详，这里不赘述。值得一提的是，在16世纪，葡萄牙在东非建立了一系列殖民地，统称为"葡属东非"，其时势力达到鼎盛。在东非殖民地迅速发展的同时，葡萄牙将注意力转向了印度（果阿）和巴西（全域）。虽然航行于中国（澳门）和巴西间的船舶没有必要在葡萄牙沿途每一个殖民地都停泊，但这些殖民地仍然可以作为葡人商船的停靠港和转运港。1822年巴西独立，葡萄牙失去了巴西这片广袤的土地。之后，葡人集中精力于非洲殖民地的发展，在起点为澳门、终点为里约热内卢的航路上，仍然帆樯不绝。

奇克拉约是秘鲁地名。到19世纪，来自广东中山、后来成为秘鲁著名侨领的谢宝山（广东中山人）"有序多佃户"，人们都说"80%在奇克拉约落户的客家人都是他带过来的"，其实都是来自同一个地方讲同一种语言的以地缘为基础的"网络移民"。这些移民中许多人来自赤溪（属广东台山）。那么他们是如何来到秘鲁的？据认为从1908年起，原先经日本至加利福尼亚由太平洋沿岸到达智利的传统航线已经废弃不用，而是采用了另一条更长的航线，即中国南海—印度洋—利物浦或里斯本—玛瑙斯（巴西）—伊基托斯—奇克拉约。似乎这条路线是赤溪镇和中山讲客家话的老乡们经常选择的。[1]

后来又有人是从瓜亚基尔（厄瓜多尔）进入秘鲁的。就笔者所知，这是一种新的说法，涉及华侨来秘鲁的三个方向：一是循中国南海—印度洋—利物浦或里

---

① 详见Isabelle lausent-Herrera, "New Immigrants, a New Community? The Chinese Community in Peru in Complete Transformation", Tan Chee Beng, ed., Routledge Handbook of Chinese Diaspora, pp.375-402. 转引自柯裴：《隐形的社群：秘鲁的客家人》，王世申译，广东人民出版社，2019年，第18页。

斯本—玛瑙斯（巴西）—伊基托斯—奇克拉约的非传统路线。这条路线前面的海路部分就是葡萄牙人走的印度洋大西洋航路，只不过是走完印度洋后进入红海，穿过苏伊士运河进入地中海，然后航经大西洋进入玛瑙斯，再到秘鲁。可见，奇克拉约的华侨应该就是沿玛瑙斯方向从亚马逊河来到此地的。这是一条十分艰险的移民路线。笔者相信一些华侨是通过这条路线到达秘鲁的。奇克拉约这一地名出现的时间较晚，秘鲁也不应该是华侨初始计划到达的目的地，巴西才是他们计划中的目的地。二是在此期间通过厄瓜多尔抵达秘鲁北部的路线。循此路线到秘鲁的华侨，应该是非法潜入的移民，尤其是在厄瓜多尔边境地带。根据研究，1909—1930年，有超过12.4万华侨来到秘鲁。[①]这一时期，秘鲁唐人街的土生华人开始崛起。他们继承父辈的生意，风生水起，尽管当局对移民加以限制。三是经日本至加利福尼亚由太平洋沿岸到达智利的传统航线。就笔者所知，从旧金山沿太平洋沿岸南下的航线一直是存在的。从中国横越太平洋到旧金山的航线自20世纪起一直畅通无阻。很多华侨是通过这一航线到北美和拉美的。当然，这时候已经出现乘民航班机来的华侨。

孤悬天际、远隔重洋才能到达的加勒比海国家是华侨在美洲最早的落脚点和聚居地。加勒比海地区和巴哈马地区属于西印度群岛地区。一般来说，华侨到西印度群岛地区的主要目的地是加勒比海地区。在传统移民时代，华侨到西印度群岛的航路，其实就是到加勒比海地区的航路。毋庸置疑，中国到加勒比海地区的航路，是历史上华侨所走的最远航路。按照常识，那个时候要走完到加勒比海地区的全程，需要分段航行，每一段航程之间则需要上下接驳。到加勒比海地区的华侨的出国时间很早，而到巴哈马群岛时间较晚，估计是20世纪上半叶的事。故在近代以前出国到西印度群岛的华侨，主要是加勒比海地区的古巴、牙买加、多米尼加、特立尼达和多巴哥等几个大岛。另外，加勒比海地区其他地方中只有几个小岛有华侨的足迹，很多加勒比海小岛在中国改革开放后才有华侨前来，有的小岛就是到了今天也难得一见华侨的踪影。

从全球化的角度来看，1492年哥伦布船队到达加勒比海后，海路文明交流由旧大陆延伸到新大陆。1519—1522年，麦哲伦船队完成了西班牙—拉美南端—菲律宾—印度洋—非洲南端—西班牙的世界环球航行，进一步出现了环绕全球的海路。到16世纪初，葡萄牙人开辟了从大西洋越过非洲自西而东进入亚洲的新航

---

① 伊莎贝尔·劳森特—赫蕾拉：《秘鲁的唐人街和秘鲁华人社区的变迁》，余蕊利译，暨南大学华侨华人研究院编《海外华人研究》第3辑，暨南大学出版社，2020年，第6页。

线，西班牙人开辟了从大西洋绕过南美洲自东而西进入亚洲的新航线。太平洋航路串连了西班牙的拉美殖民地，印度洋大西洋航路则接通了巴西。也就是说，这两大航路在拉美实现了交会。从全球化的角度来看，两大航路在拉美的交会是有历史意义的——一个史无前例的跨洋联系已经在亚、非、欧、美4个大陆之间真正建立起来，环绕世界四大洲的海道真正地连接在一起。因此，海洋航行进入了直接和频繁交往的新时代。同时，西班牙和葡萄牙这两个殖民者在中国南大门实现了不期而遇的会合，也改变了中国与东南亚各国的传统关系。换一个角度看，葡、西两个殖民帝国所开辟的航路，最终都与早已存在于亚洲海域的海上丝绸之路连接，将海上丝绸之路从区域性的海上航路扩展为全球性的海上交通网络，使传统的海上丝绸之路各条航线增添了网状化的特征，从而开启了15—17世纪西方主导全球化的时期。当然，传统海上丝绸之路添上了某种"殖民化"色彩，不会改变海上丝绸之路的历史光辉和重大贡献，也不应忘记中国人开辟的海上丝绸之路为后来者奠定了坚实的航海基础。

扶南在古代东西方贸易路线中的地位
及其经济影响

杨保筠①

【内容提要】扶南是柬埔寨历史上出现的早期国家，在东西方贸易，特别是中国和印度贸易航线上占据着重要地位。凭借这一特殊的地缘位置，扶南通过参与国际贸易和扩大海外交流，使本土文化与外来先进文化相结合，从而在政治、经济、文化、社会等各方面都取得了很大进步，成为当时东南亚地区的强国。本文将主要依据近年来关于扶南的考古研究取得的新成果，以扶南在国际贸易中的地位为切入点，探讨其对该国经济发展的影响。

【关键词】柬埔寨；扶南；国际贸易；经济发展

柬埔寨是中国的近邻。两国之间的关系已有 2000 多年的历史。在柬埔寨历史上出现的早期国家从建立伊始就寻求与中国建立联系，而中国史籍也最早对其进行了比较全面、系统的记载，并把它称之为"扶南"，使其成为东南亚地区有史料记载的最早古国之一。

扶南在东西方贸易，特别是中国和印度贸易航线上占据着重要地位。凭借这一特殊的地缘资源，扶南将本土文化与外来先进文化进行结合与交融，在政治、经济、文化、社会等各方面都取得了很大进步，成为当时的强国，一度雄霸中南半岛，甚至整个东南亚地区。近年来，关于扶南的考古研究取得了许多新成果，使我们对这个柬埔寨早期国家的情况有了更为广泛和深入的了解。

本文拟重点以扶南在东西方之间国际贸易路线中所占据的地位为切入点，探讨其对该国经济发展的影响，以求教于各位读者。

一、古代东西方海上贸易路线及扶南在其中的地位

亚洲和欧洲之间的贸易有着悠久的传统。双方之间的海上商道也有 2000 多

---

① 作者简介：杨保筠，北京大学国际关系学院教授，泰国法政大学比里·帕侬荣国际学院教授

年的历史。根据史籍记载和考古成果，印度在这条东西方海上贸易航线中占据着主要的中间地位。来自地中海的船只可以通过海道直接进入印度市场，而印度则与其他东方国家进行贸易，成为东西方贸易的"中介"。随着统一的罗马帝国的建立及其对地中海的控制，罗马对来自东方的商品的需求大大增加，与印度之间的贸易规模也不断扩大。①

东西方之间的海上航路可以分为两个部分。自西向东，即从欧洲到孟加拉湾的航线构成了航路的西段。来自欧洲的罗马商人利用埃及红海港口可以到达位于印度洋的各个目的地。同时，印度洋沿岸的古国也对开展与西方的贸易发挥了重要作用。

这段能够从遥远的欧洲到印度的航线得以建立，首先是由于造船技术的发展。2000多年前，印度人就已经使用芒果木制成的单桅帆船（huri）在甲板上装载货物，后横渡印度洋到达阿拉伯地区。研究结果证实，红海地区用于建造船只的木材大部分都是从印度进口的。印度人不仅为建造古代希腊和罗马的印度洋贸易船只提供木材，而且传授造船技能。同时，人们的航海知识增加，特别是能够利用季风进行海上远航。红海和印度洋之间的风向变化和持续时间，对确定航行于埃及红海和印度海岸之间商船的航行季节和航线产生重大影响。罗马商人传统上在盛夏时乘船从红海港口出发，借助西南季风扬帆横跨亚丁湾和印度洋，经过约两个月的航行，于9月可以抵达印度。他们利用等待返程所需的时间，在印度进行贸易和维修船只。据史籍记载，罗马商船一般在当年12月或翌年1月初返航，在3月或4月抵达埃及在红海的港口。此外，包括贸易目的地的具体情况所能够提供的各项条件，如是否能够提住处和饮食，从港口进入内陆贸易的路线是否方便。不言而喻，最重要的还是当地是否拥有可供交易的商品。②

由此综合来看，印度显然就是罗马帝国最佳的贸易伙伴。例如，公元前4世纪就已经出现的位于印度中部的羯陵伽王国（Kalinga，今印度奥里萨邦一带）的地理位置非常适合发展贸易。"它拥有广阔的海岸线和大量自然资源，盛产可用于制作坚固船只的木材；当地人具有丰富的航海经验，为其开展跨洋贸易提供了

① Kasper Hanus and Emilia Smagur, Kattigara of Claudius Ptolemy and Óc Eo: the Issue of Trade between the Roman Empire and Funan in the Graeco-Roman written sources, *Ancient and Living Traditions Papers from the Fourteenth International Conference of the European Association of Southeast Asian Archaeologists,* Oxford: Archaeopress Publishing Ltd, 2020, pp.14-145.

② Dr. Babita kumari, Ancient Indian – Roman Trade in the Context of Boats, Routes & Harbours., *International Research Journal of Commerce Arts and Science,* Vol. 5, Issue3, 2014.

条件;国王为鼓励贸易而修建道路和运河,为内陆产品运输到沿海港口提供方便。因此,羯陵伽的国内和对外贸易都十分兴旺。"①

远洋贸易的兴盛也导致羯陵伽王国的城市化程度不断提高,工匠阶级和商人家庭数量增加。商人在连接城乡和国内外市场方面发挥了重要作用,并为刹帝利提供资金以维持军队。而后者则通过征服为工匠开辟新市场,使羯陵伽与西方的罗马帝国,以及锡兰、东南亚地区国家和中国之间的海外贸易往来都十分活跃。这在东西方古籍中都有所体现。如考底利耶(Kautilya)的《政事论》(Arthashastra,约公元前3世纪)、佚名商人撰写的《厄立特里亚航海记录》(Periplus of the Erythraean Sea,约1世纪)、希腊地理学家托勒密的《地理学》(Geographia,2世纪中期)等都曾提到古代奥里萨邦的贸易、商品、路线、城镇和港口。罗马博物学家盖乌斯·普林尼·塞孔杜斯(Gaius Plinius Secundus,23—79年)还将羯陵伽称为"沿海的繁荣王国",在其广阔的海岸布满港口城镇,大批航海者和贸易商横渡大海去寻找市场。②

由此,从欧洲到印度的航线继续东延,直到中国,从而构成了从印度洋到南海的中印贸易海路,即东西方航线的东段。这段航线的建立不仅促进了中印之间的贸易和文化交流,而且使得位于两者之间的东南亚地区被纳入国际贸易网络,从而将两大文明古国的物质和精神文化带到那里,对这一地区早期国家的形成和社会经济发展发挥了重要的推动作用。

实际上,中国与印度之间的海上交通历史也非常悠久,从古代羯陵伽王国沿海就有沿着海岸或跨海前往其他国家的不同航线。据考证,印度与东南亚的贸易早在托勒密的《地理学》写成之前就已经存在,并已经相当繁荣。例如,从多摩梨帝(Tamralipti)港出发,就有沿今孟加拉、缅甸阿拉干等地海岸前往东南亚国家的航线。③东南亚地区由于位于中印两国之间,遂成为两国间建立商业联系的重要桥梁。

① Benudhar Patra, Trade, Trade Routes And Urbanisation, *Proceedings of the Indian History Congress*, Vol.79, 2018-2019, pp.117-125.

② Benudhar Patra, Trade, Trade Routes And Urbanisation, *Proceedings of the Indian History Congress*, Vol.79, 2018-2019, pp.117-125.

③ Benudhar Patra, Trade, Trade Routes And Urbanisation, *Proceedings of the Indian History Congress*, Vol.79, 2018-2019, pp.117-125.

中国史籍也提供了关于早期中印海上贸易路线的相关证据。据《汉书·地理志》载："在自日南障塞、徐闻、合浦船行可五月，有都元国；又船行可四月，有邑卢没国；又船行可二十余日，有谌离国；步行可十余日，有夫甘都卢国。自夫甘都卢国船行可二月余，有黄支国，……自黄支船行可八月，到皮宗；船行可八月，到日南、象林界云。黄支之南，有已程不国，汉之译使自此还矣。"说明早在公元前2世纪，就已经有从中国到孟加拉湾的海上航线。正因为如此，西方史料称罗马商人在印度沿海港口购买的来自中国的货物，如丝绸和其他物品，大多是经过印支和印度尼西亚海到达那里的。[①]

因此，一些具有冒险精神的罗马商人在前往印度和锡兰进行贸易后继续东行，以寻找更加有利可图的商机，有些人抵达今印度尼西亚群岛和中南半岛，有的甚至辗转到达中国。据《后汉书·西域传》载："桓帝延熹九年（166），大秦王安敦遣使自日南徼外献象牙、犀牛、毒瑁，始乃一通焉。"学者普遍认为，"大秦"一词通常用于表示来自地中海的人，包括塞琉古王国、埃及亚历山大帝国和罗马帝国及其所有的领地。[②]

在西方记载中，庞波尼乌斯·梅拉（Pomponius Mela，1世纪）的《世界概述》（De situ orbis）在对亚洲的描述中除了写到印度和中国（Seres，拉丁语意为"丝绸"或"制作丝绸的人"），还提及两个分别被称为"金岛"（Chryse Planitia）和"银岛"（Argyre Planitia）的岛屿，但对其地望的描述非常模糊，有学者认为这些地名可能指马来半岛。[③]

由此可见，早在2000多年前，东西方之间，主要是罗马和中国之间，就通过北非、中东、南亚和东南亚地区建立起贸易往来关系。而印度则是这条航线最主要的中转站，不仅出口其当地产品和进口来自中国与欧洲的商品，而且为中国与欧洲之间的贸易和商品搭建起交易平台。

然而，东南亚地区的海洋特点是遍布岛屿和半岛，海岸线错综复杂，从而给

---

① Romans In Indonesia & Indochina Monday, July 15, 2019, https://bjuniornewblog.blogspot.com/2019/07/romans-in-indonesia-indochina.html.

② Romans In Indonesia & Indochina Monday, July 15, 2019, https://bjuniornewblog.blogspot.com/2019/07/romans-in-indonesia-indochina.html.

③ Kasper Hanus and Emilia Smagur, Kattigara of Claudius Ptolemy and Óc Eo: the Issue of Trade between the Roman Empire and Funan in the Graeco-Roman written sources, *Ancient and Living Traditions Papers from the Fourteenth International Conference of the European Association of Southeast Asian Archaeologists*, Oxford: Archaeopress Publishing Ltd, 2020, pp.14-145.

船舶的航行和泊靠造成很大困难。但这非但未能阻隔该区域的海上联系，反而使这片海域在东西方之间的长途贸易中扮演了不可或缺的角色。这种贸易还成为南海先后出现各种海上和区域大国的重要因素。它们的特点是具备掌控该地区海上贸易路线的能力，并在其中占据主导地位。①

在这些早期国家中，柬埔寨历史上的扶南王国正是由于其在中印航线上的地缘优势应运而生。根据考古成果来看，早在公元前后的数个世纪，该航线沿线已经出现了一些从事海洋贸易的部落聚群或早期国家，而扶南之所以能够在东西方，尤其是中印贸易中发挥重要作用，是与其在中南半岛和马来半岛地区所拥有的强大地位，以及其对该海路的有效控制密切相关的。

国内外学者通常将扶南出现的时间定在1世纪。当时正值东西方贸易蓬勃兴起，特别是罗马帝国对来自亚洲的商品（尤其是中国丝绸）的需求空前旺盛，而印度则是东西方交通和贸易的重要中转站。于是，穿越位于印度和中国之间的东南亚地区的海上航线成为东西方贸易最主要的通道。

最初，由于古代造船和航海技术所限，商船主要沿海岸而行。为了缩短航程，从印度前往中国的船舶要在横亘暹罗湾和孟加拉湾之间的马来半岛最窄处，即今克拉地峡一带通过陆路将货物运往暹罗湾沿岸港口，然后再装船由海路前往中国等地，反向亦然。因此，扶南建国后，其统治者就致力于控制这条跨越马来半岛的商贸要道。

据中国史籍记载，在扶南的开国者混填死后，其后裔混盘况继位后即大力开疆拓土，"以诈力间诸邑，令相疑阻，因举兵攻并之"，从而扩大了扶南的版图。范蔓当政后，"复以兵威攻伐旁国，咸服属之"。他"治作大船，穷涨海，攻屈都昆、九稚、典孙等十余国，开地五六千里"。由此可见，当时扶南及其所控制的属国的疆域大致横跨整个中南半岛南部和马来半岛大部，并由此而控制了南海、暹罗湾和安达曼海的近海航线，包括克拉地峡一带的陆上通道。当时，该通道由马来半岛上的顿逊国控制。据《梁书·诸夷》载："顿逊国，在海崎上，地方千里，城去海十里。有五王，并羁属扶南。顿逊之东界通交州，其西界接天竺、安息、徼外诸国，往还交市。所以然者，顿逊回入海中千余里，涨海无崖岸，船舶未曾得径过也。其市，东西交会，日有万余人。珍物宝货，无所不有。"对顿逊的征服，无疑强化了扶南对中印航线的控制，巩固了其在东西方贸易中的地位。随着国土

① Ng Chin-keong, *Boundaries and Beyond: China's Maritime Southeast in Late Imperial Times,* Singapore: National University of Singapore Press, 2017, p.3.

的扩张，范蔓还"自号'扶南大王'"，[1]以凸显其本人及扶南王国的地区霸权。而位于暹罗湾和南中国海之间的扶南主要贸易港口俄厄（Oc Eo）作为大批外来商人等候季风转换的居留地，成了当时南海地区最重要的商港。

综上所述，正是由于扶南处于当时东西方海上贸易的主要通道，特别是中印商路的重要中转点的特殊地缘位置，使其得以在东西方贸易中发挥重要的作用。扶南能够为中国与西方之间的贸易担当中介角色，还获得了把本地产品销往中国或西方的机会。前往扶南的商人带着来自地中海、印度、中东和北非的商品以换取丝绸等来自中国的产品。毫无疑问，直接贸易和中转贸易使扶南得到大量的贸易利润和过境税收，成为其经济的重要支柱。这对其建立地区霸主地位发挥了重要作用，也促进了扶南的农业、手工业的发展和城市经济的繁荣。

二、促进扶南农业的发展

据考古研究证实，早在公元前后，中南半岛地区就已经存在着高度多样化的经济形态，包括农业、狩猎、采集，以及发展经济所需的道路、灌渠或运河等基础设施，采矿和冶炼技术也已经成熟。[2]而由于该地区不同民族的聚居环境和生活方式的不同，他们所从事的主要活动也有所差异。

通过史籍记载和考古成果可以看出，扶南所在地区的居民也是由不同种族组成的。以农业为主的高棉人大多分布在今柬埔寨的湄公河上游，而以捕鱼和狩猎为生的孟人、占人和马来人则居住在湄公河下游和暹罗湾海岸一带。[3]因此，中国史籍中所记载的柳叶部落，很可能是马来人群体。他们由于长期从事捕鱼而具有丰富的制造和驾驭船只出海的经验。同时，来自印度或深受印度文化影响的马来半岛的混填，所到达并促成扶南建国的地区在当时来说也已经具有相当繁荣的农业和渔业，[4]而非原始落后的蒙昧状态。

---

① 《梁书》卷54《诸夷·扶南》，转引自陈显泗等编《中国古籍中的柬埔寨史料》，河南人民出版社，1985年，第15页。

② Lisa Kealhofer and Peter Grave, Land Use, "Political Complexity, and Urbanism in Mainland Southeast Asia", *American Antiquity*, Vol.73, No.2, 2008, pp. 200-225.

③ Kenneth R. Hall, *A History of Early Southeast Asia: Maritime Trade and Societal Development, 100–1500*, Lanham: Rowman & Littlefield Publishers, 2011, p.48.

④ Philip Bowring, *Empire of the Winds, The Global Role of Asia's Great Archipelago,* London, New York: I.B.Tauris & Co. Ltd, 2019, p.47.

关于混填征服柳叶并建立扶南的传说，实际上在某种程度上暗示了更为先进的印度文化传入这一地区，并使扶南通过东西方贸易网络与暹罗湾和南海地区建立起更为广泛的联系。扶南所参与的从印度经马来半岛到达暹罗湾的贸易网络，向东进入南海，并经占婆前往中国；还跨海抵达婆罗洲、苏门答腊和爪哇等地。但扶南之所以能够获得对该区域贸易的主导地位，是因为其具有得天独厚的地缘位置，也得益于其农业发展的水平。扶南作为该地区的重要商贸中心，是商品的集散地和来自各地（特别是印度和马来半岛）商人的聚集地。由于当时的航海主要通过季风，水手和商人不得不在扶南的港口逗留，等待风向改变以前往目的地——借夏季季风向北和向东航行，冬季则向南和向西航行。[1]因此，即使是暂住扶南的商人为了等待季风，也往往需要逗留数月。[2]

这些因从事国际贸易而来到扶南的大量人口需要消耗大量的粮食，加之参与国际贸易也使聚集在城市的人口数量迅速增加，使得对粮食的需求激增。这一切都需要得到农业生产的支撑。扶南建立以后，随着统治者的变换和更替，高棉人逐渐占据统治地位。他们主要分布在洞里萨湖和洞里萨河及湄公河沿岸地区，以水稻种植为其经济基础。中国史籍称扶南人"以耕种为务，一岁种，三岁获"，[3]即说明了这一点。而在扶南的发展中发挥了重要作用的海上贸易，则主要通过俄厄等沿海港口进行。这就需要内陆产水稻的地区将大量盈余的稻米运输到那里，以供城市聚居人口之所需。

随着扶南的建立和在外来先进文化影响下，国家对土地和劳动力管控及生产资料配置能力提高，水稻栽培和田间管理技术得到改善，劳动力投入也有所增加。这些因素使扶南的水稻产量可以在不增加农田面积的情况下得到显著提高。除了水稻作为主粮外，其他作物（如薯类、水果及蔬菜等）也都成为扶南的重要农产品。[4]中国史籍也称扶南出产"甘蔗、诸蔗、安石榴及橘，多槟榔"。[5]

为了发展农业，提高作物产量，扶南还进行了大规模的水利建设。考古发掘

---

[1]　Philip Bowring, *Empire of the Winds, The Global Role of Asia's Great Archipelago,* London, New York: I.B.Tauris & Co. Ltd, 2019, p.40.

[2]　Craig A. Lockard, *Southeast Asia in World History,* Oxford: Oxford University Press, 2009, p.33.

[3]　《晋书》卷97《列传·四夷》，转引自陈显泗等编《中国古籍中的柬埔寨史料》，河南人民出版社，1985年，第4页。

[4]　Lisa Kealhofer and Peter Grave, Land Use, "Political Complexity, and Urbanism in Mainland Southeast Asia", *American Antiquity*, Vol.73, No.2, 2008, pp.200-225.

[5]　《南齐书》卷58《列传·东南夷》，转引自陈显泗等编《中国古籍中的柬埔寨史料》，河南人民出版社，1985年，第10页。

证实，扶南故土分布着长达200余千米的灌溉系统，有的还能够作为运河连接内陆和沿海地区之间的运输，[1]其中有些沿用至今。[2]水利工程建设提高了农业的集约化程度，进一步保障了农作物的收成，能够为保障扶南参与的国际贸易活动提供更加充足的粮食供应，使俄厄港能够为在那里的本国商人和乘船而来的大批外国客商提供充足的稻米和其他食物供应，使他们能够安心进行贸易或等待季风以继续旅行，从而巩固其当时在东南亚地区的贸易网络或东西方交通航线中的地位。与此相反，当时暹罗湾周围其他小国则明显不具备足够强大的农业生产力，因而只能通过臣服于扶南来保证自身作为沿岸货运中转站的存在，以从中获得一定的利益。

三、刺激手工业发展

贸易和农业生产的发展，进一步刺激了扶南国内手工业的发展。

（一）海上贸易进一步促进扶南造船技术的提升

如前所述，即使在扶南立国之前，当地沿海地区善于捕鱼的马来人就已经拥有一定的造船和航海能力。随着印度文化（包括造船技术）的传入，扶南在扩大参与国际贸易的同时，造船技术也有了长足的进步。据记载：扶南王范蔓统治时期，为了控制海上航线，曾"治作大船，穷涨海，攻屈都昆、九稚、典孙等十余国，开地五六千里"。康泰出使扶南时关于该国船只的记载也称："扶南国伐木为舡，长者十二寻，广肘六尺，头尾似鱼，皆以铁镊露装，大者载百人。人有长短桡及篙各一，从头至尾，而有五十人作，或四十二人，随舡大小。立则用长桡，坐则用短桡，水浅乃用篙，皆当上应声如一。"[3]这显示扶南已经能够建造可搭载百人的大型船只，驾驭船只的技术也已相当规范。中国史籍还提到"扶南大舶从西天竺国来"，[4]说明当时扶南的商船不仅体型大、载货多，而且能够长途航行，足以

---

① Kenneth R. Hall, *A History of Early Southeast Asia: Maritime Trade and Societal Development, 100–1500*, Lanham: Rowman & Littlefield Publishers, 2011, p.55

② Cultural Profile: Funan, Southeast Asia's First Indianized Kingdom, 2020-09-14, https://pathsunwritten.com/cambodia-funan-culture.

③ 《太平御览》卷769《舟部二·叙舟》引《吴时外国传》，转引自陈显泗等编《中国古籍中的柬埔寨史料》，河南人民出版社，1985年，第79页。

④ 《太平广记》卷81《梁四公记》引《梁四公子记》，转引自陈显泗等编《中国古籍中的柬埔寨史料》，河南人民出版社，1985年，第106页。

承担中国与印度之间的往来贸易。此外，南齐武帝时天竺道人释那伽仙曾于广州搭乘扶南王阇耶跋摩派来贸易的船舶返回扶南。[1] 这不仅反映出当时商船也可搭载旅客，而且证实扶南宫廷也直接参与国际贸易。这无疑会鼓励船舶建造规模的扩大和促进制造工艺、航海技术的提高。

（二）扶南参与国际贸易也带动了本国手工业的发展

扶南参与东西方国际贸易之初，主要是经营来自中国、印度和欧洲等地之间的商品转运以从中获利。然而，随着贸易的发展，扶南也开始出口本地产品，从而促进了扶南手工业的迅速发展。据中国史籍记载，扶南人"好雕文刻镂，食器多以银为之，贡赋以金银珠香"。[2] 对扶南遗址的考古发掘也证实当时的金器加工和玻璃珠制造能力已经达到较高的水平。本地手工业的发展为扶南发展对外贸易提供了更多可供交换的产品。

考古结果充分说明：在扶南的手工业中，黄金制品和玻璃珠制作等行业对其参与国际贸易作出过重要贡献。

在对俄厄等扶南遗址的发掘中，发现了大量制作精美的黄金制品，包括金珠、金叶、圆盘、花朵等。起初，人们通过比照研究，认为出土的早期金器显示出与印度犍陀罗国（Ghandara）地区相似的风格和技术特征，可能是通过贸易到达东南亚地区的舶来品，因此是与海外交流的结果。然而，近年来对柬埔寨东南部波罗勉省的Bit Maes和Prehear等遗址出土的黄金制品的分析表明，所使用的黄金原料就是从该地区的矿床中提取的。[3] 实际上，中国史籍的记载已有关于扶南出产多种金属（包括黄金）的记载——"其国轮广三千余里，土地洿下而平博，……出金、银、铜、锡……"。[4]

考古结果显示，Prohear遗址的年代在公元前500年至公元500年。因此，有学者认为，该地出土的金饰是标志着东南亚黄金制作工艺开端的第一个具体实

[1] 《南齐书》卷58《列传·东南夷》，转引自陈显泗等编《中国古籍中的柬埔寨史料》，河南人民出版社，1985年，第8页。

[2] 《晋书》卷97《列传·四夷》，转引自陈显泗等编《中国古籍中的柬埔寨史料》，河南人民出版社，1985年，第4页。

[3] Michèle H. S. Demandt, "Early Gold Ornaments of Southeast Asia: Production, Trade, and Consumption", *Asian Perspectives*, Vol. 54, No. 2, 2015, pp. 305-330.

[4] 中国史籍的记载也证实扶南产金。据《梁书》记载："其国轮广三千余里，土地洿下而平博，……出金、银、铜、锡……。"见《梁书》卷54《诸夷·扶南》，转引自陈显泗等编《中国古籍中的柬埔寨史料》，河南人民出版社，1985年，第16页。

证，说明古代柬埔寨黄金制作具有悠久的历史。根据该遗址出土的黄金制品来看，当时已经采用可能是由植物制成的酸性溶液进行镀金的技术及金箔贴金技术。制作工艺则包括焊接、锤击、凸纹、造粒、制线等。出土的制品主要有金耳环、手镯、项链等，其形状和装饰复杂而细腻——形态包括圆形、方形、圆锥形、多面体、旋扭体等；装饰也丰富多样，如发现了带有动物装饰的大型金环等。同时，在俄厄遗址出土的大量黄金制品也表明，当时的金匠技术已经达到很高的水平，用纯金加工而成的耳环、镶嵌宝石或刻有月牙等纹饰的戒指，以及林伽、尤尼等宗教祭祀用品，都呈现出造型巧妙、比例精确的特点。近年来又陆续发现了很多金箔，虽然很薄，但纹饰相当精致。[①]

Prohear、Bit Maes 和俄厄等考古遗址出土的黄金饰品显示，随着经济发展和阶级分化，人们认为金饰是名贵商品，是代表统治者和精英身份的重要标志，在扶南建立以前，可能就已经在产金的地区出现采金和加工黄金制品的生产点。随着扶南参与东西方贸易规模的持续扩大与深化，黄金制品也逐渐成为其主要的对外交易商品之一，并因此而刺激了金饰制作行业的迅速发展，以至于在俄厄等海港城市也出现了金饰加工车间，直接生产可供出口的黄金制品。根据中国史籍的记载，扶南和中国宫廷进行所谓"朝贡"形式的官方贸易时，黄金及其制品几乎是不可或缺的商品。[②]与此同时，由于对外贸易往来也促进了扶南与海外商品和技术的交流，外来的金饰制作工艺技术和造型风格对扶南黄金加工产生了广泛影响，在俄厄出现了仿制西方金币等黄金制品，甚至在处于内陆的Prohear等遗址出土的当地金饰也与希腊风格具有一定的相似之处，证明当地工匠在外来技术和风格的启发下创新了当地工艺。[③]

此外，在俄厄的考古发掘中发现了大量模制或雕刻的锡制装饰板，[④]说明扶南时期除黄金以外的其他金属手工加工业也都相当发达。

---

① Michèle H. S. Demandt, "Early Gold Ornaments of Southeast Asia: Production, Trade, and Consumption", *Asian Perspectives*, Vol. 54, No. 2, 2015, pp. 305-330。

② 例如扶南王阇耶跋摩曾于永明二年（484）遣使"献金镂龙王坐像一躯"，并承诺若南齐能够帮助其平息占婆的侵扰，还将"上表献金五婆罗"。《南齐书》卷58《列传·东南夷》，转引自陈显泗等编《中国古籍中的柬埔寨史料》，河南人民出版社，1985年，第8页。

③ Michèle H. S. Demandt, "Early Gold Ornaments of Southeast Asia: Production, Trade, and Consumption", *Asian Perspectives*, Vol. 54, No. 2, 2015, pp. 305-330.

④ Kenneth R. Hall, *A History of Early Southeast Asia: Maritime Trade and Societal Development, 100–1500*, Lanham: Rowman & Littlefield Publishers, 2011, p.57.

玻璃制品[①]也是扶南手工业的主要部门之一。在历史悠久的东西方贸易中，玻璃珠是一种广泛流行的交易商品。据记载，在东西方贸易中占据重要地位的商港，即位于南印度本地治里市（Pondicherry）附近的阿里卡梅杜（Arikamedu），从公元前200年就开始生产一种体型较小、色彩比较暗淡的单色玻璃珠，被称为"印度—太平洋珠"。在上千年间，它们曾经是从朝鲜半岛到南部非洲，从马里到巴厘岛的广泛区域最常见的贸易物品。阿里卡梅杜到3世纪时逐渐衰落，而玻璃珠的制作中心也从2世纪时被转移到海外。在中印贸易航线上，斯里兰卡、马来半岛上的Klong Thom和扶南的俄厄先后成为主要的生产中心。[②]

考古结果证实，俄厄从2世纪起就开始生产自制的玻璃珠，[③]成为当地闻名的工艺品。而俄厄玻璃珠的生产就是采用了经由印度传入的西方玻璃制作技术。俄厄出产的玻璃珠广泛供应东亚市场。据《吴历》载，黄武四年（225）"扶南诸外国来献琉璃"[④]，梁天监十八年（519）扶南"复遣使……献火齐珠"，[⑤]其中所说"火齐珠"，即为玻璃珠。另据记载，位于朝鲜半岛上的百济王国于543年赠送给日本宫廷的礼物中也有通过与海外通商而来自扶南的玻璃珠。[⑥]

随着扶南的衰落及其在东西方贸易中的地位下降，俄厄也被逐渐遗弃，就未再发现过6世纪末7世纪初以后在当地制作的玻璃珠了。也有考古结果显示，此后俄厄的玻璃珠匠人很可能由于室利佛逝主导的中印海上贸易新路线的开通而迁往马来半岛，在今泰国的Sating Pra和马来西亚的Seining等地落户，从而在马来半岛建立起新的生产和销售中心。[⑦]

实际上，俄厄等扶南遗址的发掘也显示扶南的手工业绝不只表现在上述的金属和玻璃制品方面，大量出土的当地陶瓷制品，以及伴着婆罗门教和佛教传入而

---

① 中国古籍中，早期以"琉璃"指"玻璃"，宋朝后逐渐以使用"玻璃"一词为主。到了元明，"琉璃"则专指以低温烧制的釉陶砖瓦。参考网站：https://m.glass.com.cn/glassnews/newsinfo_216589.html.

② Zuliskandar Ramli, Nik Hassan Shuhaimi Nik Abd. Rahman and Adnan Jusoh, "Sungai Mas and OC-EO Glass Beads: A Comparative Study", *Journal of Social Sciences*, Vol.8, No.1, 2012, pp.22-28.

③ Zuliskandar Ramli, Nik Hassan Shuhaimi Nik Abd. Rahman and Adnan Jusoh, "Sungai Mas and OC-EO Glass Beads: A Comparative Study", *Journal of Social Sciences*, Vol.8, No.1, 2012, pp.22-28.

④ 《太平御览》卷808《珍宝部·琉璃》，转引自http://www.360doc.com，发布时间：2021年2月9日。

⑤ 《梁书》卷54《诸夷·扶南》，转引自陈显泗等编《中国古籍中的柬埔寨史料》，河南人民出版社，1985年，第16页。

⑥ Zuliskandar Ramli, Nik Hassan Shuhaimi Nik Abd. Rahman and Adnan Jusoh, "Sungai Mas and OC-EO Glass Beads: A Comparative Study", *Journal of Social Sciences*, Vol.8, No.1, 2012, pp.22-28.

⑦ Zuliskandar Ramli, Nik Hassan Shuhaimi Nik Abd. Rahman and Adnan Jusoh, "Sungai Mas and OC-EO Glass Beads: A Comparative Study", *Journal of Social Sciences*, Vol.8, No.1, 2012, pp.22-28.

制作的诸如巨大的毗湿奴石像、象征湿婆的人面林伽（mukhalinga）石雕、残存的木质佛像等，都说明扶南时期的制陶和雕刻等手工业也都具有相当高的水平。因此，扶南统治者遣使去中国时，也往往把当地的精美手工艺品作为国礼，如南齐永明二年（484）扶南"献金镂龙王坐像一躯，白檀像一躯，牙塔二躯，古贝二双，琉璃苏钲二口，玳瑁槟榔柈一枚"，[①]梁天监二年（503）扶南王"复遣使送珊瑚佛像"[②]，等等。

四、推动城市经济的发展

扶南参与国际贸易规模的拓展和深入，以及外来先进文化和技术的浸润，带动了农业生产力的提高和手工业的繁荣，城市的数量增加，规模也迅速扩张。通过为兼顾水利和运输的运河网络所提供的便利，把至今已经发现的沿海港口城市俄厄与处于内陆农业产区的城市，如位于今柬埔寨南部并被学者视为扶南统治中心的首都吴哥波雷（Angkor Borei）等城市联系起来，加之伴随国际贸易而进入当地的外来物质与精神文化的影响，促进了扶南城市的发展。

农业集约化和多样化是城市形成及国家发展所必需的先决条件。与此同时，城市形成和发展也对扶南政治结构产生了直接影响。随着通过开疆拓土及由其控制的港口参与的国际贸易量增加，扶南统治者也采用新的治国方式以提高其对属地的掌控能力。据中国史籍记载，混填纳柳叶为妻，成为扶南立国者后，"生子分王七邑"。他的继任者混盘况在征服其他国家后，"乃选子孙中分居诸邑，号曰'小王'"。范蔓被推举为扶南王之后，"复以兵威攻伐旁国，咸服属之，自号'扶南大王'"。[③]这一过程实际上可以被视为扶南王通过任命其子孙们担任"小王"来分管一系列下属的人口聚集地，也可谓是小城市，从而实现对广袤的国土和属国的掌控和治理。这在东南亚的一些当地史料中也能够得到证实。例如，在今泰国西北部发现的7世纪的铭文记载中，被称为"ra"的较小的人口聚集定居点围绕在被称为"dun"的更大的中心城市周围，从而构成了由大小不一的人口居住点形成

---

① 《南齐书》卷58《列传·东南夷》，转引自陈显泗等编《中国古籍中的柬埔寨史料》，河南人民出版社，1985年，第9页。

② 《南史》卷78《列传·夷貊上》，转引自陈显泗等编《中国古籍中的柬埔寨史料》，河南人民出版社，1985年，第25页。

③ 《南史》卷78《列传·夷貊上》，转引自陈显泗等编《中国古籍中的柬埔寨史料》，河南人民出版社，1985年，第25页。

的城市网络。对东南亚其他地区的考古结果也证实，类似的城市网络也散布在马来半岛和今泰国中部、东部等曾经在扶南统治之下的广大地区。①这无疑也强化了扶南对当时中印海陆贸易路线的控制能力。

根据目前的考古成果，被确认为扶南时期城市遗址的主要有位于今越南南部的俄厄，以及在今柬埔寨茶胶省的吴哥波雷和波萝勉省的巴普农（Ba Phnum，又称Vyādhapura）。本文仅以俄厄和吴哥波雷为例，探讨扶南城市的发展及其与国际贸易之间的关系。

俄厄位于今越南安江省境内，历史上是扶南在今暹罗湾湄公河三角洲的一个繁荣的大型港口城市，形成于1世纪，是马来半岛和中国之间国际贸易体系的关键节点。有学者认为，罗马人很早就已经知道俄厄的存在，因为来自罗马和印度的贸易货物就是经俄厄输往中国的。有学者认为，地理学家克劳迪乌斯·托勒密（Claudius Ptolemaeus）在他写于150年前后的《地理学》中所提到的Kattigara Emporium，实际上就是指俄厄。②

根据中国史籍的记载，扶南国都"城去海五百里，有大江广十里，从西流东入海"，③可见俄厄并非扶南的国都，却是扶南统治者的主要经济引擎。如上文所述，俄厄在2—7世纪是马来半岛和中国之间贸易路线的中转站，也是东南亚市场重要商品的集散和制造中心。来自东西方及本地区的商人在这里从事金属制品、珍珠、香料和珍贵的"印度—太平洋珠"贸易。扶南的统治者通过俄厄提供港口设施收取使用费和对过往商品课征税款等形式获得收入，并将其中大部分资源用来扩大城市规模和建设纵横交错的灌溉、运河系统。城市的发展和运河系统的建设一方面提高了统治者对国土的管理，通过更集约化的生产方式和灌溉系统提高农业产量，另一方面也便于各地产品向港口集中和外来商品向内陆运输，从而为其参与东西方国际贸易提供了更为坚实的支持和动力。④考古成果也证实，在公元最初的几个世纪，东南亚地区城市的发展程度及其特点主要是根据它们的贸

① Kenneth R. Hall, *A History of Early Southeast Asia: Maritime Trade and Societal Development, 100–1500*, Lanham: Rowman & Littlefield Publishers, 2011, p.52.

② K. Kris Hirst, Oc Eo, 2,000-Year-Old Port City in Vietnam, 2020-01-28, https://www.thoughtco.com/ oc-eo-funan-culture-site-vietnam-172001.

③ 《南史》卷78《列传·夷貊上》，转引自陈显泗等编《中国古籍中的柬埔寨史料》，河南人民出版社，1985年，第23页。

④ K. Kris Hirst, Oc Eo, 2,000-Year-Old Port City in Vietnam, 2020-01-28, https://www.thoughtco.com/ oc-eo-funan-culture-site-vietnam-172001.

易商品种类的丰富程度，以及在贸易网络中的地位和作用来确定的。①

长达数十年的俄厄考古发掘，为我们提供了一个扶南港口城市的概貌。

俄厄遗址首先是由法国摄影考古学家皮埃尔·帕里斯（Pierre Paris, 1859—1931）发现的。他曾拍摄了有关该地区的航空照片，并注意到纵横于湄公河三角洲的古老运河网和一个大型矩形城市的轮廓，即后来被认定的俄厄遗址。②1942年4月，法国考古学家马勒雷（Louis Malleret, 1901—1970）对俄厄进行了初步调查，发现那里有许多高耸的土墩，实际上是古老建筑的遗存。他还根据保存在法国殖民当局土地注册处由帕里斯航拍的照片，计算出俄厄的城市长3千米，宽1.5千米，是个面积约450公顷的矩形城市。在初步调查的基础上，马勒雷于1944年旱季对俄厄遗址进行了为期3个月的系列发掘工作，发现了多处建筑遗址和18尊完整或破碎的雕像。马勒雷认为，俄厄后来由于水灾而被毁，居民则可能搬到附近的巴塞山以躲避洪水。③此后，由于印支地区长期陷于战乱，对俄厄的考古工作也被迫中断。

随着印支战争的结束，对俄厄的考古活动逐渐恢复。从1999年开始，胡志明市社会科学研究所与安江省博物馆对俄厄重新展开调查并进行露天挖掘，在同一地区发现了两个独特的建筑遗址，并将其命名为Go Cay Thi A和Go Cay Thi B。④2018年初，越南社会科学翰林院同安江省人民委员会在俄厄联合举行2017年巴塞考古遗址挖掘结果研讨会。据报道，在考古挖掘过程中，越南考古学院在俄厄的遗迹区中的灵山寺发现属于5个不同时期的文化堆积层，各层的特点也都非常明显。出土实物包括各种砖瓦、日用瓷器、砂石物品碎片等近2万件。初步分类与鉴定结果显示，这些实物的年代从公元前1世纪到公元12世纪，为证明俄厄是一座在10多个世纪内持续发展的城市提供了依据。⑤

正是随着俄厄地区考古活动的拓展和深入，人们对俄厄古城的了解逐渐增加，对扶南时期的城市规模和布局也有了更加全面的认识。

首先，在城市建筑方面，俄厄发现了很多古代建筑和遗存。根据中国史籍的

① Lisa Kealhofer and Peter Grave, Land Use, "Political Complexity, and Urbanism in Mainland Southeast Asia", *American Antiquity*, Vol.73, No.2, 2008, pp. 200-225.

② K. Kris Hirst, Oc Eo, 2,000-Year-Old Port City in Vietnam, 2020-01-28, https://www.thoughtco.com/ oc-eo-funan-culture-site-vietnam-172001.

③ Thuy Trâm, Studies Of Oc Eo Culture–Funan Kingdom Before 1975, https://www. academia. edu.

④ Go Cay Thi Site–Oc Eo Cultural Sites, https://www.academia.edu.

⑤ 《喔吠是越南古代扶南文明的中心》，越通社，2018年1月6日，https://zh.vietnamplus.vn.

记载，扶南时期就"有城邑宫室"，①但人们"伐木起屋，国王居重阁，以木栅为城。海边生大箬叶，长八九尺，编其叶以覆屋"。②可见当时主要是使用木头、树叶之类作为建筑材料。这类建材由于很容易腐烂，难以长期保存。但在俄厄遗址中还是发现了一些支撑建筑物的木柱遗存，证明当时人们所居住的建筑形式以东南亚地区至今仍然常见的高脚屋（吊脚楼，即干栏式建筑）为主。这些木桩是为了使房屋能够在湄公河三角洲地区频繁发生洪水时依然能够处于水面之上。③

实际上，俄厄考古发现的建筑物大多为较易长期保存的砖瓦建筑遗迹。在俄厄遗址地区内，这些建筑物往往位于高于地面的土台之上，明显具有防洪的目的，还反映出当时的城市建筑已经达到较高的水平。如在俄厄的Go Cay Thi A遗址，发掘出一个东西长24.25米、南北宽22米的平面，尚存砖铺地面的遗迹。其上有大小隔间等多种结构，如中心部位的4个各长4米、宽2.8米的长方形隔间，均由砖块砌成。该建筑总占地488.88平方米，规模颇大。而Go Cay Thi B遗址位于一个近乎椭圆形的土丘上，比周围的田地高约1.5米，面积300多平方米。其东西方向的墙基长16.7米，南北11.65米，地表覆盖着平均100—300毫米厚、由几种不同颜色的土壤压实的地面，所存遗迹也证明这是一座砖砌建筑。④

考古学家认为，俄厄遗址所发掘出的砖砌建筑遗迹，主要是从事宗教和祭祀活动的场所。上述俄厄的重要遗址Go Cay Thi A和B，都被认为是寺庙类的建筑，因为在这里还发现了一些青铜佛像。根据目前的考古成果，Go Cay Thi遗址的年代确定为1—5世纪的扶南时期，如果继续深入对该遗迹进行发掘和研究，人们肯定能够对扶南时期的古代城市的类型、结构的形式和性质有进一步的了解。⑤

此外，俄厄遗址的发掘还证实了扶南时期城市中的手工业行业分工已经相当明确。挖掘工作确定了当地珠宝饰物、"印度—太平洋珠"等用于出口和当地消费的产品生产车间的遗址，还发现了金属铸造车间与铸件，以及宗教雕像的加工车

① 《晋书》卷97《列传·四夷》，转引自陈显泗等编《中国古籍中的柬埔寨史料》，河南人民出版社，1985年，第4页。

② 《南齐书》卷58《列传·东南夷》，转引自陈显泗等编《中国古籍中的柬埔寨史料》，河南人民出版社，1985年，第10页。

③ K. Kris Hirst, Oc Eo, 2,000-Year-Old Port City in Vietnam, 2020-01-28, https://www.thoughtco.com/ oc-eo-funan-culture-site-vietnam-172001.

④ Go Cay Thi Site–Oc Eo Cultural Sites, https://www.academia.edu.

⑤ Go Cay Thi Site–Oc Eo Cultural Sites, https://www.academia.edu.

间和相关工具。①

扶南贸易的繁荣和城市的发展也促进了货币的发行和流通。在俄厄考古中发现的"贝壳/寺庙"（Shell/Temple）和"旭日/室利靺蹉"（意为"吉祥喜旋"）（Rising sun/ Srivatsa）花纹的硬币都被视为扶南货币，并且在中南半岛上广泛流通。例如，缅甸中部的骠国古城吡湿奴城（Beikthano）和罕林（Halin）遗址，以及泰国的禅森（Chansen）和乌通（U Thong）遗址，被确认为与扶南同时期的文化层，其中也都曾发现过此类硬币。②这说明当时沿海与内陆地区的贸易关系已相当密切。

俄厄的考古发掘也充分证明它曾经是海上国际贸易的主要中心之一。一些对古代东南亚史研究最有影响的历史学家，如法国学者乔治·赛代斯（George Coedes）等都认为，罗马水手很有可能到过那里，并与柬埔寨的早期古国扶南有过接触。③

在俄厄出土的珠宝、陶器雕像、硬币和金件，以及印度教、佛教神像和梵文铭文，都表明其与印度次大陆之间的贸易繁忙程度。在俄厄发现的遗物还包括仿制安东尼时期罗马帝国硬币的金首饰。因此，有人甚至认为："如果托勒密提到的Kattigara位于暹罗湾的印支西海岸，说明扶南可能才是从地中海向东方航行的终点。"特别是上文提及的《后汉书》关于罗马商人于166年抵达日南交易的记载，很可能就是由这条漫长的海上航线连接起来的东西端两个大国之间的第一次直接交流。这一记载和俄厄发现的罗马遗物，都为俄厄就是罗马商人到过的东方贸易大港Kattigara的说法提供了有力证据，充分说明扶南在古代暹罗湾沿岸海上贸易中所占据的重要地位。此外，学者们也一致认为，访问印度和锡兰以东地区的罗马人很可能都是商人，而非官方外交官或军人。④这也反映了这条海上航线以经济贸易为主的属性及开展和平交流的特点。

除了俄厄以外，在柬埔寨东南部的吴哥波雷遗址进行的发掘表明，其部分遗

① K. Kris Hirst, Oc Eo, 2,000-Year-Old Port City in Vietnam, 2020-01-28, https://www.thoughtco.com/ oc-eo-funan-culture-site-vietnam-172001.

② Michael Mitchiner, "Four More Hoards of Early South-east Asian Symbolic Coins", *The Numismatic Chronicle*, Vol.148, 1988, pp.181-191.

③ Romans In Indonesia & Indochina Monday, 2019-07-15, https://bjuniornewblog.blogspot.com/2019/07/ romans-in-indonesia-indochina.html.

④ Romans In Indonesia & Indochina Monday, 2019-07-15, https://bjuniornewblog.blogspot.com/2019/07/ romans-in-indonesia-indochina.html.

存的年代与扶南为同一时期，是个典型的前吴哥高棉文化遗址。[①]1995—1996年，考古学家对吴哥波雷遗址进行了比较系统的发掘，此后所发表的研究结论表明，吴哥波雷遗址至少存在3个文化层，其中间层与1—6世纪的扶南时期相关。正在进行的研究还表明，这个定居点从公元前几个世纪以来一直有人居住至今。[②]

对吴哥波雷的考古发掘证实，它是扶南时期中南半岛的主要中心城市之一，很可能就是扶南的国都所在地。因此，对吴哥波雷古城遗址的研究，能够帮助我们更好地了解扶南乃至东南亚地区这一时期的中心城市的基本情况。

吴哥波雷作为东南亚早期国家的政治中心，其城市结构的特征：建有土堆或砖砌的围墙，外面环绕着通常也被作为排水系统的护城河；有砖砌的寺庙等祭祀场所；城中央为统治者及其随从们居住的被称为"宫殿"的核心区，外面往往也建有围墙；核心区外为居民区及墓地。实际上，由于受到印度文化影响，这也是所谓"印度化"国家中心城市表现出的大致相似的基本特点。[③]

吴哥波雷遗址占地面积约300公顷，并与通过运河网络与湄公河三角洲的俄厄等港口城市相连，以便将货物运到南海海上贸易网络，或将外来货物送入湄公河流域下游各地。[④]

因为只有东南亚早期国家的中心城市才同时拥有围墙和护城河，而吴哥波雷遗址表明该城周围环绕着城墙和护城河，因此它明显是个政治和行政中心。[⑤]这一点也得到中国史籍记载的证实。《南史》中有关扶南法律的记载："于城沟中养鳄鱼，门外圈猛兽。"[⑥]虽然鳄鱼、猛兽系用于司法判决，但这段记载也显示，法律

[①] Ian C.Glover, "Connecting prehistoric and historic cultures in Southeast Asia", *Journal of Southeast Asian Studies*, The Archaeology Issue, Vol.47, No.3, 2016, pp.506-510.

[②] Miriam T. Stark, P. Bion Griffin, Chuch Phoeurn, Judy Ledgerwood, Michael Dega, Carol Mortland, Nancy Dowling, James M.Bayman, Bong Sovath, Tea Van, Chhan Chamroeun and Kyle Latinis, "Results of the 1995-1996 Archaeological Field Investigations at Angkor Borei, Cambodia", *Asian Perspectives*, Vol.38, No.1, 1999, pp.7-36.

[③] Norman Yoffee (Edited by), *The Cambridge World History, Vol III, Early Cities in Comparative Perspective, 4000 bce–1200 ce*, Cambridge University Press, 2015, p.79.

[④] Norman Yoffee (Edited by), *The Cambridge World History, Vol III, Early Cities in Comparative Perspective, 4000 bce–1200 ce*, Cambridge University Press, 2015, p.77.

[⑤] Norman Yoffee (Edited by), *The Cambridge World History, Vol III, Early Cities in Comparative Perspective, 4000 bce–1200 ce*, Cambridge University Press, 2015, p.79.

[⑥] 《南史》卷78《列传·夷貊上》，转引自陈显泗等编《中国古籍中的柬埔寨史料》，河南人民出版社，1985年，第25页。

的最高执行者往往也是国家的统治者，而他们所在的城市显然是国都之所在，饲养着鳄鱼的"城沟"即护城河，而"门外圈猛兽"则应是指在城墙上开设的城门之外圈养着猛兽。此外，中国史籍还记载，扶南国都"城去海五百里"，[①]说明其首都位于内陆地区。因此，结合中国史籍记载和考古发掘成果，增加了吴哥波雷曾经是扶南首都所在地的可能性。考古结果还显示，吴哥波雷城市遗址的核心区也拥有市场和仓库等经济管理部门。[②]这也印证了中国史籍关于扶南"亦有书记府库"[③]的记载。

挖掘也充分表明，吴哥波雷周边地区的农业发展水平对扶南城市的发展作出了重要贡献。该地区采用一种利用每年洪水沉积的肥沃淤泥进行水稻种植的古老生产方式，从而具有很高的生产力和可持续性，[④]能够为该城的居民和诸如俄厄等沿海贸易港口城市提供充裕的粮食，为扶南的贸易发展和城市建设提供了保障。与此同时，扶南广泛参与国际贸易也促进了吴哥波雷等城市的发展和对外交流。1993年，曾经在该遗址发现了从1—3世纪，即从罗马奥古斯都（公元前63—公元14年）到瓦勒努斯（193—260年）时期的十几个罗马硬币。虽然目前仍难以确认这些硬币传入该地的确切时间，[⑤]但考古学家发现的将吴哥波雷与俄厄等湄公河三角洲上的其他沿海城市联系起来的大型运河网络，不仅证明当时扶南沿海和内陆各城市之间的密切联系，而且说明扶南已经形成相当完善的行政体系。[⑥]

综上所述，我们可以看到扶南参与东西方贸易，特别是其在中印贸易中的地位和作用，对本国的经济发展产生了非常广泛而深远的影响。对外贸易的发展势必会带动国内商品生产，同时刺激当地贸易的增长，以促进内外贸易的结合。这就需要全国具有更高层次的经济一体化。同时，也需要扶南统治者不断巩固自己

---

① 《南史》卷78《列传·夷貊上》，转引自陈显泗等编《中国古籍中的柬埔寨史料》，河南人民出版社，1985年，第23页。

② Norman Yoffee (Edited by), The Cambridge World History, Vol III, Early Cities in Comparative Perspective, 4000 bce–1200 ce, Cambridge University Press, 2015, p.79.

③ 《晋书》卷97《列传·四夷》，转引自陈显泗等编《中国古籍中的柬埔寨史料》，河南人民出版社，1985年，第4页。

④ Jeff Fox and Judy Ledgerwood, "Dry-Season Flood-Recession Rice in the Mekong Delta: Two Thousand Years of Sustainable Agriculture?", Asian Perspectives, Vol.38, No.1, 1999, pp.37-50.

⑤ Romans In Indonesia & Indochina Monday, 2019-07-15, https://bjuniornewblog.blogspot.com/2019/07/romans-in-indonesia-indochina.html.

⑥ Chad Raymond, "Regional Geographic Influence On Two Khmer Polities", Journal of Third World Studies, Vol.22, No.1, 2005, pp.135-150.

的地位，以便对潜在冲突地区进行更有力的控制，以及更有效地管理本国的经济资源和不断增长的人口数量。通过对扶南考古证据与中南半岛其他同时期遗址出土文物的比较分析，表明扶南经济一体化程度高于在泰国中部等地发现的遗址，说明扶南的确在东南亚早期国家中首屈一指。[1]

扶南依靠农业和贸易构成的双重经济基础，不仅建立起一个比当时东南亚地区其他国家具有更高层次的地区经济中心，而且在其支持下构建起比以前更复杂但有效的政治管理体系。随着通过参与国际贸易而不断扩大的对外交流，扶南把固有的本土文化和种族多样性与印度等外来文化相结合，创造出一个新的更具包容性的国家基础。通过对俄厄及其周边遗址的发掘，证实扶南不仅表现出更高程度的文化复杂性，而且充当了各种区域和地方营销系统与更高层次的国际营销网络之间的联系点，促进了东南亚和国际货物在俄厄及其他港口的交流。而这些经济联系也促进了扶南的政治、经济和文化成就向东南亚其他地区的扩散和传播，从而在该地区历史的发展进程中发挥了重要的推动作用。

[1] Kenneth R. Hall, "The Indianization of Funan: An Economic History of Southeast Asia's First State", *Journal of Southeast Asian Studies*, Vol.13, No.1, 1982, pp.81-106.

近世中日朝海禁比较

方礼刚①

【内容提要】将近世中日朝海禁问题置于东亚海域和文明冲突两个视角下进行比较，既是一个新的尝试，也有新的意义。在东亚海域视角下，中日朝海禁呈现共存、互扰和矛盾的特征；在文明冲突视角下，中日朝海禁都经历了因中华文明而禁、因西方文明而开，且在禁与开的过程中，特别是面对西方文明的冲击时所分别表现出的抵制—成功（屈服）—顺应的不同反应。由此而引出近世海禁对当代的启示。

【关键词】近世；中日朝；海禁；东亚海域；文明冲突

海禁是近世中日朝（指朝鲜半岛，全文同）所共有和特有的现象。现有的研究成果中，单一主体的序时研究较多，三位一体的比较研究较少；历史视角的研究较多，海域视角和文明视角的研究较少。经过比较研究，本文发现东亚海域视角和文明冲突视角是与海禁政策相关的两个最显著因素，也是极具时代意义和价值的因素。

本文的时间起止，采用内藤湖南的"宋代近世说"，以宋元为近世前期，明清为近世后期。②

一、基于东亚海域视角的海禁

受布罗代尔启发，日本当代历史学家羽田正将东亚海域③作为研究世界海域史的一个范式。本文亦以东亚海域为视角，对中日朝历史上海禁进行比较研究。其范围可以大致确定为日本海和我国的渤海、黄海、东海，或偶有涉及南海。文

---

① 作者简介：方礼刚，海南热带海洋学院东盟研究院副院长，副教授。
基金项目：国家社科基金一般项目"社会变迁视角下疍民'海洋非遗'初探"（项目编号：18BSH086）
② 内藤湖南：《中国史通论·中国上古史绪言》，夏应元编译，社会科学文献出版社，2004年，第5—6页。
③ 羽田正：《东亚海域史的实验》，复旦大学文史研究院编《世界史中的东亚海域》，中华书局，2011年，第5页。

中所指"朝"或"朝鲜"均为近世的朝鲜半岛，包括高丽王朝末期和朝鲜王朝，故有时将中日朝称为"三地"。

按照布罗代尔的理论，地理时间有着"共存、互扰、矛盾以及多种深广丰富的内容"。①本文将其作为对东亚海禁的分析框架，非常契合。

（一）海禁政策的长期共存性

日本学者吉尾宽认为："东亚海域世界是在其东方有'潮流（黑潮）形成的边界'的世界。"②在独木舟和小帆船时代，这片海域注定只能是中日朝共有的"地理时间"。

从1223年倭寇入侵高丽开始，朝鲜半岛的倭患始终未停。为抵御侵略，高丽王朝首先采取了"空岛措施"，朝鲜王朝再将"空岛措施"提升为"空岛政策"③。故有学者指出："朝鲜王朝对郁陵岛采取的空岛政策类似于明朝的海禁政策，其共同点在于以消极的方式达到了防御倭寇侵扰的效果。"④

共存性也表现在相互顺应，如面对宋钱输入问题，日本后鸟羽天皇⑤建久四年（1193）曾下令永远禁绝宋钱，但屡禁不绝，后来在相当长一段时间成为了日本的合法货币。"当时日本通用的货币除了宋钱和元钱外，以这一时代大量输入的明钱'永乐通宝'作为标准钱。"⑥

通过对有关史籍记载的检选，可以制作成一个"中日朝近代海禁主要内容简表"（见表1），基本能体现出这种基于"地理时间"的海禁政策的长期共存和相互关联。

---

① 布罗代尔：《菲利普二世时代的地中海和地中海世界》第1卷，唐家龙等译，商务印书馆，1996年，第4页。

② 吉尾宽：《东亚海域世界史中的海洋环境》，复旦大学文史研究院编《世界史中的东亚海域》，中华书局，2011年，第48页。

③ 姜凤龙：《刻在海洋上的韩国史》（韩文），首尔Hanerlmedia出版社，2005年，第48页。

④ 刘秉虎、王思晨：《朝鲜王朝对郁陵岛管控及与日本交涉研究》，《大连大学学报》2021年第2期。

⑤ 后鸟羽天皇为日本第82代天皇，生于1180年，1183年继位。1198年禅位，1239年逝世。鸟羽天皇为日本第74代天皇，生于1103年，1107年继位，1123年禅位，1156年逝世。

⑥ 依田熹家：《简明日本通史》，卞立强译，北京大学出版社，1989年，第98页。

表1　中日朝近代海禁主要内容简表

海禁主要内容			说明
中国	日本	朝鲜半岛	
北宋 (960—1127)	严禁铜钱流出，禁往高丽、新罗。太平兴国元年（976）"计直满百钱以上论罪，十五贯以上黥面流海岛"；雍熙二年（985）重申"禁海贾"；淳化五年（994）重申禁令。《庆历编敕》《嘉祐编敕》《熙宁编敕》《元祐编敕》复重申，最高处死刑。	藤原实赖"闭关主义"，限宋商来日，禁日商赴宋，私入宋"处徒刑"；禁宋钱输入；除入宋僧外，国人一律不准出海；实行"年纪制"，"限定年岁，给以定期之护照"。（天德四年至大治二年）	自天圣八年后，"绝不通中国者四十三年"，后时断时续。海禁措施主要是在沿海缉捕海贼、防漂流船。（高丽光宗十一年至仁宗五年）	东亚海域地缘政治格局维持期
南宋 (1127—1279)	承北宋"诏申严沿海地分铜钱入蕃之禁"，建炎四年（1130），"禁闽、广、淮、浙海舶商贩山东，虑为金人向导"；绍兴二年（1132）诏"沿海州县籍民海船，每岁一更"。	承安三年（1173）禁武器出境、禁输出西国米谷、禁输入宋钱；鸟羽天皇建久四年（1193）令禁绝宋钱；镰仓幕府限赴宋船数量。（大治二年至弘安二年）	1232年将王京迁到三面环海的江华岛，以避蒙古来袭，直到1270年还旧都；太宗时期下令禁止私自下海渔利。（仁宗五年至忠烈王九年）	东亚海域地缘政治格局维持期
元(1271—1368)	实行"官本船""禁私泛海"；战时管控"征爪哇，暂禁两浙、广东、福建商贾航海者"；大德七年（1303）"禁商下海"并取消市舶；武宗时取消市舶司，禁下番；英宗时再罢市舶司，禁下番；实行"官本船制"。	1276年起元日关系陷入低迷，无官方往来，忽必烈去世之后恢复；协助高丽禁倭寇。（文永八年至正平二十三年）	实行"空岛政策"，未经允许私闯岛屿者受100杖处罚；沿岸筑城，建立烽燧制；不断强化"海禁政策"。	东亚海域地缘政治格局维持期

续表

海禁主要内容			说明
中国	日本	朝鲜半岛	
明（1368—1644） 洪武三年（1370）"寸板不许下海"，海禁入《大明律》；金、银、铜钱、铁、锻匹、牛马、兵器等为违禁物品；禁擅造二桅以上船往番国；禁民间用番香番货；禁擅出海贸易，违者正犯处以极刑，全家充军。定"首告"制度，强迫沿岛民内迁。	助高丽、明朝平倭；"禁教"；1633—1639年5次发"锁国令"，"严禁其他船只驶往外国""如有偷渡，应处死罪"；旅居海外日人"若返抵日本，应即处以死罪"；禁西班牙、葡萄牙船。全面形成锁国体制。（庆长十七年至正保元年）	追随明朝推行海禁政策；太宗时期就下令禁止私自下海渔利。世宗五年（1422）颁布违禁下海律，针对"荒唐船"厉行海禁。（恭愍王十九年至李朝仁宗二十二年）	全球地缘政治格局变化期
清（1644—1911） 《大清律例》："若将人口、军器出境及下海者，绞（监候）。因而走泄事情者，斩（监候）"；顺治十二年（1655）颁"海禁令""无许片帆入海"；顺治十八年（1661）强推"迁界令"，沿海居民内迁三十至五十里；康熙五十五年（1716）实行南洋禁海；行"一口通商"；禁丝茶贸易。	初禁西学、禁西人来日。1825年颁《驱逐夷国船只令》，实施"锁国政策"；1858年《日美友好通商条约》签订，宣告200多年海禁政策瓦解。（正保元年至明治四十三年）	"辛酉教祸""己亥教祸""丙寅洋扰""辛未洋扰"，进一步强化闭关锁国。直至《韩日合并条约》签订，李朝亡国。（李朝仁宗二十二年至纯宗四年）	全球地缘政治格局变化期

第一，中国属于主动"海禁"，日、朝属于被动海禁。《宋史》记载："太平兴国初，私与蕃国人贸易者，计直满百钱以上论罪，十五贯以上黥面流海岛，过此送阙下。"①雍熙二年（985）重申"禁海贾"。②《庆历编敕》《嘉祐编敕》《熙宁编敕》③

① 脱脱等：《宋史》卷186，中华书局，1999年，第3055页。
② 脱脱等：《宋史》卷5，中华书局，1999年，第52页。
③ 苏轼：《苏东坡全集（下）》，邓立勋编校，黄山书社，1997年，第386页。

《元祐编敕》①又一再重申，最高可处以死刑；南宋承北宋"诏申严沿海地分铜钱入
蕃之禁"②；元朝海禁显示了对外征伐的重点特征，通过"官本船"③实行垄断经营，
实行战时海上管控；明、清海禁政策分别纳入《大明律》和《大清律例》，使海禁
政策更加法制化。这些都是历代中原王朝出于维护封建统治的主动行为。而朝鲜
半岛、日本由于资源、人口、地理条件等因素限制，较少主动寻求海禁，禁教也
多是在传教发生之后。因此，一般情况是，中国出台海禁措施，日、朝采取应对
措施。如上文所讲，中国禁钱流出，日本同时禁入，只不过禁不住的时候就干脆
让其成为法定货币。

第二，中国重在解除内忧，朝、日重在应对外患。两宋主要防辽、防金；元
朝搞垄断经营和战时海禁；明初厉行海禁，仅设宁、泉、广三个市舶司，主持"贡
市"。明朝海禁严重阻碍了正处于发展期的海上贸易，因此，"中国海盗与东洋倭
寇合流是按照'海盗、贸易、战斗'方式进行的"。④"真倭十之一、二"或"真倭十
之三，从倭十之七"这两种说法也基本成为定论。因此，明朝统称的"倭寇"本
质依然还是海寇；清朝主要是防郑成功等海上势力同国内反清势力合流。而明清
时期的朝鲜、日本则面临更严重的"外患"，即以"洋教"为先导的西方资本主义
的入侵。这一时期朝鲜的"海禁"政策体现在"锁国攘夷"；日本的"海禁"政策体
现在1633—1639年连颁5道"锁国令"⑤。

第三，中国多以法律形式出现，朝、日多以行动命令出现。宋朝发布的诏书
和历次编敕、元朝发布的诏书及《互市舶法》和"官本船制"、明朝发布《大明律》、
清朝发布《大清律例》⑥《禁海令》《迁界令》等，都相当于成文法律。日本、朝鲜
的"海禁"多以规定、命令、概念和行动的形式出现，如"锁国政策""空岛政策"，
只是后来的研究者加以概括总结的术语。

（二）海禁政策的阶段互扰性

中国在各个时段推行的海禁，并非总能达到设想中的效果，甚至事与愿违。
以明朝禁倭为例，明成祖屡次要求足利义满（生于1358年，卒于1408年，日本室

① 苏轼：《苏东坡全集（下）》，邓立勋编校，黄山书社，1997年，第387页。
② 李心传：《建炎以来系年要录》，中华书局，1988年，第168卷。
③ 宋濂：《元史》卷94，中华书局，1999年，第1952页。
④ 郑广南：《中国海盗史》，华东理工大学出版社，1998年，第178页。
⑤ 《锁国令》，张荫桐选译《1600—1914年的日本》，生活·读书·新知三联书店，1957年，第10—12页。
⑥ 《大清律例》，天津古籍出版社，1995年，第331页。

町幕府第三任征夷大将军)协助搜捕海寇,但所献倭寇"一大部分是掳获去的中国居民",所以禁倭效果不明显;永乐六年(1408)以后,继任将军足利义持(足利义满之子,生于1386年,卒于1428年,日本室町幕府第四任征夷大将军)甚至认为"支持海寇掠夺,比朝贡的利益还要大些",[①]与明朝贸易遂至中断。尽管勘合贸易持续到16世纪,但倭患屡禁不止,究其原因,除日本国内政局动荡外,或与日本统治者更看重倭寇及其非法贸易能带来丰厚的利益有关。此外,中国规定日本十年一贡、朝鲜三年一贡,并发给相应的勘合文本,但日、朝基本上都未遵守,仍然是一年一贡,甚至一年多贡,以致出现"宁波争贡"事件。

(三)海禁政策的相互矛盾性

对于他国来讲,中国的海禁政策效果有时是相反的。据《辽史·道宗纪》记载,大安七年(1091)"九月己亥日本国遣郑元、郑心及僧应范等二十八人来贡",而关于日本相应的记载是"诸卿定申,前帅伊房遣明范法师于契丹,交易货物之罪科"。[②]"明范"即"应范",一方面说明明范并非代表国家入贡,也许只能代表某个大名;另一方面,中国史书称为"来贡",而日本记载却是犯罪,这就是看法不一样了。此外,当中国严禁铜钱流入高丽、日本的时候,初期,高丽及日本或作为"时出传玩",[③]或"铸为铜器",[④]但后来都广泛使用中国货币了。这样一来,高丽、日本都需要大量的铜钱。当中国禁铜钱流出的时候,高丽、日本通过或官或私的渠道大肆收购、储备中国金属货币。这也使得中国的海禁政策大打折扣。

二、基于文明冲突视角的海禁

亨廷顿认为,中华文明是五千年来唯一连续存在的文明。[⑤]到了宋朝,"新儒学"[⑥]将"中华文明"推向了一个新的高度,促进了以"华夷秩序""朝贡体系"为规则的"东亚文化圈"的稳定性和制度化,为东亚三国的海禁、锁国、攘夷、禁烟、

---

① 李光璧:《明代御倭战争》,上海人民出版社,1956年,第20—21页。

② 本宫泰彦:《中日交通史》,陈捷译,山西人民出版社,2015年,第327—328页。

③ 马端临:《文献通考》卷325,中华书局,1977年,第2560页。

④ 曾巩:《曾巩集》,国际文化出版公司,1997年,第606页。

⑤ 亨廷顿:《文明的冲突与世界秩序的重建》,周琪等译,新华出版社,1998年,第29页。

⑥ 冯友兰:《中国哲学史(下册)》,华东师范大学出版社,2011年,第800页。

禁教等提供了理论依据和实践路径。直到中华文明"遭遇"西方文明，这种稳定性和制度化才开始动摇。

（一）因维护中华文明而海禁

亨廷顿指出："在各文明最初出现后的3000年中，除了个别例外，它们之间的交往或者不存在，或者很有限。"[①]近世东亚海域的海禁政策正是因中华文明而兴起、持续，打下了儒家文化、华夷秩序与朝贡贸易的烙印。

1. 以儒家文化为理论依据

中国的海禁于明为盛，而明朝"一宗朱子之学"[②]，程朱理学被确定为建构王朝的政治思想。在这样一个背景下，重本（农）抑末（商）成为明朝的既定国策，并体现在严厉的海禁政策上——"初，明祖定制，片板不许入海。承平久，奸民阑出入，勾倭人及佛郎机诸国入互市。"[③]中华文明视海盗为罪恶，西方文明对海盗行为多持赞美态度。德文版《18世纪海盗史》前言中说："从前，海盗行为不仅得到允许，而且得到鼓励，因为人们认为这是光荣的事。……国王和王子们也从事这一行业。"[④]

朝鲜王朝500多年间（1392—1910），儒家思想占据统治地位。在东亚三国中，朝鲜对与欧洲贸易的限制最为彻底。中国和日本都曾在实施锁国政策期间对欧洲有限开放，如明成祖朱棣派郑和七下西洋；日本也允许与信奉新教的荷兰开展贸易，限定从长崎和平户入港。只有朝鲜始终未向欧洲开放，大院君时期执行的"锁国政策"正是以"卫正斥邪"为理论指导。代表人物李恒老谓门人曰："西洋乱道最可忧，天地间一脉阳气在吾东，若并此被坏，天心岂忍如此。吾人正当为天地立心，以明此道，汲汲如救焚国之存亡，犹是第二事。"[⑤]可见其将儒家道统看得比国之存亡还重要，"事大主义确实是其'保全国家之良策'"。[⑥]

德川幕府统治时期，以儒家伦理为核心的价值观在日本占主导地位。大川周

①　亨廷顿：《文明的冲突与世界秩序的重建》，周琪等译，新华出版社，1998年，第33页。
②　陈鼎：《东林列传·高攀龙传》，广陵书社，2007年，第38页。
③　张廷玉等：《明史》卷93，中华书局，1999年，第3599页。
④　诺依基尔亨：《海盗》，赵敏善、段永龙译，长江文艺出版社，1988年，第1页。
⑤　金惠承：《大院君的国家经营：关于锁国政策之理念与历史的再探讨》，北京大学韩国学研究中心主编《韩国学论文集》第19辑，中山大学出版社，2011年，第105页。
⑥　金宗瑞：《高丽史节要》（韩文），韩国亚细亚文化发行社，1972年，转引自吕英亭：《高丽王朝与辽、宋政治关系之比较》，《东岳论丛》2004年第6期。

明在《日本文明概说》一书中说："儒学能使日本的国民道德向上，特别是在德川时代，儒学成为国民的道德并成为政治生活的至要的指导原理，诸侯恃此为则以治国，士人恃此为则以修身。"①1633—1639年德川幕府连颁5道"锁国令"，包括禁止日本船只出海贸易、禁止天主教传教活动、监控外来船只等。此后，日本的锁国体制逐渐地建立起来。

2. 以华夷秩序、朝贡贸易为实践路径

华夷秩序之所以能够持续近2000年，与西方文明最大的区别就是不靠征服。费正清指出："自古以来，中国的优势地位并非仅仅因为物力超群，更在于其文化的先进性。中国在道德、文学、艺术、生活方式方面所达到的成就使所有的蛮夷无法长久抵御其诱惑力。在与中国的交往中，蛮夷逐渐倾慕和认可中国的优越而成为中国人。"②海禁与华夷秩序有天然的联系。何芳川指出，当西扩受阻，自唐以降，"'华夷'秩序经营之重心进一步转向海路，转向东方"。③李宗勋也认为："只有东北亚这个地域条件，才具有构建华夷秩序得天独厚的自然优势。"④以儒家思想为核心的中华古典文明呈放射状散播周边各族各国，在相当长的时间里成为东北亚多数国家占统治地位的文化观念。海禁正是东方封建专制文化的产物。"就其实质来看，海禁和朝贡贸易是极端封建专制主义在对外经济活动中的体现。"⑤

唐朝开创的市舶司，本身就兼领贡舶和海禁两大任务。明承宋制，将朝贡与海禁联系得更紧密。明太祖朱元璋秉政之后晓谕"海外蛮夷之国，……不为中国患者，不可辄自兴兵"，并把朝鲜、日本等15个国家列为"不征之国"，⑥迎来朝贡秩序的全盛时期，也使日本、朝鲜进入了华夷"差序格局"核心圈。华夷秩序下的朝贡贸易更加强化了海禁。"明初海上之商业关系，已呈变态，具体表现：以市舶附于贡舶，优于贡直而免市税；有贡则许市，非贡则否；凡定期入贡，皆预给勘合，勘合不符者不受；宋元舶商之公凭公据，至明变为贡使勘合；由于倭寇

---

① 贺圣达：《东亚文化和东亚价值观的历史考察》，吴志攀等主编《东亚的价值》，北京大学出版社，2010年，第41页。

② John Fairbank, "Tributary Trade and China's Relations with the West", *Far East Quarterly*, Vol.1, No.2, 1942, pp.130.

③ 何芳川：《"华夷秩序"论》，《北京大学学报（哲学社会科学版）》1998年第6期。

④ 李宗勋：《东亚秩序与儒学的世界意义》，《延边大学学报（社会科学版）》2015年第3期。

⑤ 晁中辰：《明代海禁与海外贸易》，人民出版社，2005年，第16页。

⑥ 张廷玉等：《明史》卷208，中华书局，1999年，第5589页。

海盗剧烈，明初严禁人民下海贩易，市舶司时置时废。"①

"在华夷秩序的国际交往中，政治高于经济，名分重于实利。"②这也是朝贡贸易及其相对应的海禁政策得以长久维持的根本原因。在历朝历代海禁期间，唯有朝贡航路畅通无阻。是东亚文化铺成了这条航路，也与中原王朝时时加以培养不无关系。据《明史》记载：

> 明兴，王高丽者王颛。太祖即位之元年遣使赐玺书。二年送还其国流人。颛表贺，贡方物，且请封。帝遣符玺郎偰斯赍诏及金印诰文封颛为高丽国王，赐历及锦绮。其秋，颛遣总部尚书成惟得、千牛卫大将军金甲两上表谢，并贺天寿节，因请祭服制度，帝命工部制赐之。惟得等辞归，帝从容问："王居国何为？城郭修乎？兵甲利乎？宫室壮乎？"顿首言："东海波臣，惟知崇信释氏，他未遑也。"遂以书谕之曰："古者王公设险，未尝去兵。民以食为天，而国必有出政令之所。今有人民而无城郭，人将何依？武备不修，则威弛；地不耕，则民艰于食；且有居室，无厅事，无以示尊严。此数者朕甚不取。夫国之大事，在祀与戎。苟阙斯二者，而徒事佛求福，梁武之事，可为明鉴。王国北接契丹、女直，而南接倭，备御之道，王其念之。"因赐之《六经》《四书》《通监》。自是贡献数至，元旦及圣节皆遣使朝贺，岁以为常。③

后来程朱理学在朝鲜与佛教的斗争中取得了胜利，与明朝的影响是分不开的。明朝迁都北京时，朝鲜"事大之礼亦恭，朝廷亦待以加礼，他国不敢望也"。④正如光海君上疏言："二百年忠诚事大，死生一节。"⑤清朝入关之后，朝鲜甚至认为"唯独朝鲜才是中华文明的继承者"；⑥置身于华夷秩序中的日本在明初曾有过动摇，但到明成祖时又发生了转变。1403年朱棣改元永乐。足利义满即以"日本国王源道义"的名义遣使来贺，称臣入贡，以属国自居，称颂朱棣"明并曜英，恩均天泽，万方响化，四方归仁"，⑦表示愿意奉明"正朔"。江户儒家代表林罗山在《答大明福建都督》中写道："本国为善，久追中华风化之踪。我既有事大畏天

① 李剑农：《宋元明经济史稿》，生活·读书·新知三联书店，1957年，第160—173页。

② 陈文寿：《近世初期日本与华夷秩序研究》，香港社会科学出版社有限公司，2002年。

③ 张廷玉等：《明史》卷208，中华书局，1999年，第5543—5544页。

④ 张廷玉等：《明史》卷208，中华书局，1999年，第5547页。

⑤ 张廷玉等：《明史》卷208，中华书局，1999年，第5559页。

⑥ 高伟：《日本近世国学者的华夷论与自他认识》，社会科学文献出版社，2018年，第32页。

⑦ 何芳川：《"华夷秩序"论》，《北京大学学报（哲学社会科学版）》1998年第6期。

之心，人岂无亲仁善邻之好。"①日本重入华夷秩序圈，时时来贡。虽然明朝规定"十年一贡"，但利之所在，趋之若鹜，加之大国的怀柔，日本船队随贡使接踵而来，仅景泰四年（1454）一次到达中国的日商竟达1200人之多，甚至"掠居民货，有指挥往诘，殴几死。所司请执治，帝恐失远人心，不许"。②这说明海禁政策与朝贡贸易是搅在一起的，海禁往往服从于朝贡。

（二）因"遭遇"西方文明而开禁

亨廷顿指出："西方是唯一根据罗盘方向，而不是根据一个特殊民族、宗教或地理区域的名称来确认的文明。"③这是对西方文明最深刻的理解。亨廷顿也注意到，当中华文明"遭遇"西方文明的时候，"西方的价值观遭到不同方式的反对，但在其他地方都没有像在马来西亚、印度尼西亚、新加坡、中国和日本那样坚决"。④日本在"遭遇"西方文明初期是坚决抵制的，但有清廷前车之鉴，不久就转向了，真正最坚决的却是朝鲜。

1. 清廷：抵制——屈服

曾经漫长的时光中，中华文明沉浸在锁国体制之中自得其乐。不久，西方人来了。"最早收获成果者为葡萄牙，其次则西班牙。……及东印度航路之发现，世界历史亦为之剧变，中西交通史之新页，亦由此而揭开。"⑤

嘉靖元年（1522）中葡间发生第一次战事，是为"西草湾"事件："指挥柯荣、百户王应恩截海御之，生擒别都卢、疏世利等四十二人，斩首三十五级，余贼复来接战，应恩死之。"⑥嘉靖年间出使日本之郑舜功对葡人看得很透彻，在所撰《日本一鉴》中力阻通番："今日也说通番，明日也说通番，通得血流满地方止。"⑦这说明早期开眼看世界的中国知识分子已看清了西方文明之本质。

排外、锁国不只是后来的批评者所定性的"盲目"，也不只是中国"一味"地拒绝外来文明。曾任美国驻华公使馆代办的作家霍耳康在《中国与西方世界关系

① 高伟：《日本近世国学者的华夷论与自他认识》，社会科学文献出版社，2018年，第34页。
② 张廷玉等：《明史》卷210，中华书局，1999年，第5591页。
③ 亨廷顿：《文明的冲突与世界秩序的重建》，周琪等译，新华出版社，1998年，第31页。
④ 亨廷顿：《文明的冲突与世界秩序的重建》，周琪等译，新华出版社，1998年，第92页。
⑤ 方豪：《中西交通史》，上海人民出版社，2008年，第460页。
⑥ 方豪：《中西交通史》，上海人民出版社，2008年，第469页。
⑦ 方豪：《中西交通史》，上海人民出版社，2008年，第469页。

纲要》一书中描述了16、17世纪来中国的西方人的种种劣迹。他在书中说："他们不仅理应为帝国所拒绝，而且简直该被中国当局动手消灭掉。"①

在鸦片战争爆发前，外国商人与传教士就频繁鼓吹使用武力叩开中国的大门。"倘若我们希望同中国缔结一项条约，就必须在刺刀下命令它这样做，用大炮的口来增强辩论。"②因此，"鸦片战争"可以说是西方资本主义凭借强大的武力对东方征服的必然事件。众所周知，"鸦片战争"的结果是清廷战败，从此国门大开，逐步沦为半殖民地半封建社会。光绪帝于1893年8月4日在总理衙门送来的《请豁除旧禁招徕华民疏》奏折上批复同意"废除海禁"，标志着近世中国持续近千年的海禁从法律意义上彻底终结。同时，从另一个角度看，中国被"合并"进了世界体系，开启了后来的文明复兴之路。

2. 日本：抵制——妥协

亨廷顿分析，在应对西方的回应中，日本先是采取"拒绝主义"，③只允许有限的现代化形式，如获得火器，但严格禁止引进西方文化，包括最引人注目的基督教。西方人在17世纪中叶全部被驱逐。

日本"锁国时代"，德川幕府采取了极其严厉的手段。元和八年（1622）8月，在长崎西坂处死55名传教士和信徒，史称"元和大殉教"。宽永十四年（1637）10月以基督教徒为中心的九州"天草、岛原之乱"爆发，幕府进行了严厉的镇压，进一步强化了禁教措施。文政八年（1825）2月，幕府对沿海诸大名发布"异国船驱逐令"。天保十三年（1842），中英战争爆发，日本从中悟出了对抗的后果，外交政策开始发生根本性转变，最显著的标志就是撤销"异国船驱逐令"。

嘉永年间（1848—1854），日本发生了"黑船来航"这一划时代的历史事件。迫于压力，1854年3月31日，日本和美国签署了《日美亲善条约》。之后，幕府又先后同荷、俄、英、法签署了同样的条约，史称"安政五国条约"。不平等条约的签订迫使日本向西方国家开放，结果引起了日本政治、经济、社会的巨大变化。根据"安政五国条约"的规定，日本在1859年7月正式开港，其对外贸易由此迅速增长。同时以西乡隆盛为代表的尊王攘夷运动转向尊王倒幕运动，日本"锁国

---

① 罗冠宗：《前事不忘后事之师：帝国主义利用基督教侵略中国史实述评》，宗教文化出版社，2003年，第2—3页。

② 罗冠宗：《前事不忘后事之师：帝国主义利用基督教侵略中国史实述评》，宗教文化出版社，2003年，第16页。

③ 亨廷顿：《文明的冲突与世界秩序的重建》，周琪等译，新华出版社，1998年，第63页。

时代"正式宣告结束。日本文明终究无力抵挡西方文明,"黑船"将日本带向了资本主义世界体系。面对西方文明的"来袭",日本以微小的代价走上了发展的道路。

明治四年(1871)9月,作出决定派使节团出访欧美:一是修改条约;二是进行考察。使节团总共访问欧美12个国家,历时1年10个月。虽然修约成果不大,但考察收获颇丰。使节团成员深深认识到,整顿内政比修改不平等条约更重要。从此,日本不只开海,也开眼,开始了"脱亚入欧"的维新之路。

3. 朝鲜:抵制——暂时成功

大院君政权时期,先后发生了法国舰队占领江华岛的"丙寅洋扰"和美国的"舍门将军号事件",都被朝鲜击退,使朝鲜人更加轻视洋人。在1871年击退美军之后,大院君在全国各地树起刻有"洋夷侵犯,非战则和,主和卖国,戒我万年子孙"的"斥和碑"①,进一步强化了"锁国攘夷"政策。

鸦片战争中清廷的惨败令朝鲜上下义愤填膺,更激起了其攘外之斗志。"在丙寅洋扰高潮的十月,大院君发表三条意见,指责1860年《天津条约》和《北京条约》签订以来欧美列强在清国之恣意妄行,表明锁国攘夷之决意,号召众心之团结。"丙寅之后,朝鲜一将军言:"洋夷侵犯,列国自有之,于今几百年,此贼不敢得意矣。伊自年前中国许和之后,跳踉之心,一倍叵测,到处施恶,皆受其毒。唯独不行于我国,实是箕圣之在天阴骘也。"②朝鲜上下誓死捍卫"小中华"之尊严。朝鲜没有败于西方人之手,但最后败于"身边人"(日本)之手。

三、近世"海禁"对当代的启示

(一)以理性看待全球化

任何事物都有一体两面。近世的海禁,延缓了中国的资本主义进程或现代化的步伐,未能使中国像日本一样率先融入国际社会。但同样不可否认的是,它也延缓了中华文明失落的态势,让一度羸弱不堪的中华文明寻得了机会慢慢恢复元气,特别是通过禁教、禁烟及战争抵抗,终究避免了中国成为西教的国度和英语的天下,避免了中国人更广泛地受鸦片之危害。中华文明能够成为"唯一连续存

---

① 王明星:《韩国近代外交与中国(1861—1910)》,中国社会科学出版社,1998年,第41页。
② 金宗瑞:《高丽史节要》(韩文),韩国亚细亚文化发行社,1972年,转引自吕英亭:《高丽王朝与辽、宋政治关系之比较》,《东岳论丛》2004年第6期。

在的文明"，近世的海禁也有一份歪打正着之功劳。虽然林则徐未能在全国范围内禁绝鸦片烟，但决不能低估他的禁烟业绩。正如历史研究者认为："这次禁烟维护了民族利益，表明了中华民族的纯洁性和道德心，提高了民族自信心。禁烟运动揭开了中国人民反帝反封建民主革命的序幕。"[1]

"遭遇"西方文明，中华文明看似不堪一击，深思之，不是文明本身的缺陷，而是没有调适好。中华文明经过数千年的积淀，仁义礼智已成定式，面对西方的"炮舰文明"一时转不过弯，因为中华文明具有极大的稳定性。如沃勒斯坦所引西方人的批评"启蒙运动认为他们的稳定性是令人惊叹的"，[2]一旦受到刺激，便会很快调适过来，依然成为不可战胜的文明。历史已证明，必须自信中华文明的道德优越感。因此，既要在经济上持开放的心态，又要在文化上保持独立性。需要具备一种文化层面上的"反全球化"或"防变"意识，以"我化全球"冲抵"全球化我"。"化"在这里是影响的意思。

（二）以安全走向世界中心

20世纪初，麦金德将欧亚大陆中心称为"心脏地带"，并预言："某一新的力量代替俄国对这片内陆地区的控制，将不会降低这一枢纽位置的意义。"[3]其时日、俄强大，中国正弱。20世纪40年代，斯皮克曼进一步指出："谁控制了边缘地带，谁就统治了欧亚大陆；谁统治了欧亚大陆，谁就掌控了整个世界的命运。"[4]

中国占有了欧亚大陆从边缘到中心的优越地理条件。20世纪70年代，沃勒斯坦就已经对中国寄予厚望，断言："占人类四分之一的中国人民，将会在决定人类共同命运中起重大的作用。"[5]其后，弗兰克也指出："中国将成为这个地区最强大的国家。"[6]像这样看好中国的预言很多，相信中国也不会只是停留在预言上。此处不是要论证中国将走向中心，而是从近世海禁的比较研究中发现一个问题——一个国家的崛起，如从边缘走向中心，重点不在于是否有这个机遇，而在于如何安全地走向中心。

既是中心，必有边缘，那么边缘一定是外部力量争夺的地方，甚至文明间全

① 萧致治、杨卫东编《鸦片战争前中西关系纪事》，湖北人民出版社，1986年，第551页。
② 沃勒斯坦：《现代世界体系》第4卷，尤来寅等译，高等教育出版社，1998年，第316页。
③ 麦金德：《历史的地理枢纽》，林尔蔚、陈江译，商务印书馆，2007年，第71页。
④ 斯皮克曼：《和平地理学：边缘地带的战略》，俞海杰译，上海人民出版社，2016年，第58页。
⑤ 沃勒斯坦：《现代世界体系》第4卷，尤来寅等译，高等教育出版社，1998年，第1—2页。
⑥ 斯皮克曼：《和平地理学：边缘地带的战略》，俞海杰译，上海人民出版社，2016年，第79页。

球均势的变化也可能导致核心国家间的战争。此外,在欧亚大陆,如果一强多弱,弱国是外围争夺的对象;如果多强,强国间关系便面临被"破拆"的危机。目前,于中国而言,北边,中俄关系是西方挑拨的对象;南边,越南是西方争取、拉拢的对象;东边,有第一岛链的封锁。中国必须基于世界体系整体考虑这些问题,永远将安全放在第一位。

我们还要知道:"不管是我们所拥有的那些不证自明的真理性的原则,还是我们道德价值的神圣基础自身,都不足以确保我们的世界是遵循我们所期待的愿望来建立的。"[①] 以他者的视角思考国际安全问题,安全保障就增强了。

(三)以科技复兴中华文明

有人说,中国改革开放是最大的"开海"。这个说法是对的。但我们还得思考一些问题——我们是为什么而开海的?未来走向何方?"开"到什么程度?我们正在目睹:"由西方意识形态主宰的进步时代的结束,正在跨入一个多种不同文明相互影响、相互竞争、和平共处、相互适应的时代。"[②]文化是文明的内涵。显然,文化强大,文明必然强大。但文化又是靠什么而强大?中国作为日本的"思想故乡",其一夜之间国门洞开的现实也引起日本的反思——"何故堂堂仁义之大清国败于无礼不义之丑虏英国?""清儒学问虽考证精密,然而毕竟多纸上空谈,甚乏实用。"[③]日本人帮我们找到了答案,认为是经济、技术落伍了,当人家"用大炮的口来增强辩论"的时候,满腹经纶又有何用。

我们经常以五千年的连续文明为骄傲,也曾在"海禁"的失败和西方的入侵中感到迷茫。是文明的内涵不够吗?显然不是。以儒家文化为根基的中华文明,其道德优越感应无人置疑。现实告诉我们,如果只停留在理论和概念的不断丰富层面,这种文明一定是虚弱的,一旦"遭遇"外来不按常理出牌的"文明",会如同19世纪的情形一样不堪一击。原因还是在科技层面,过去讲"中学为体、西学为用",现在应该讲"文明为体、科技为用"。只有让中华文明披上甲胄,它才能翻开新的一页,才会永久消除陆九渊所讲的"圣人之忧"[④]。

斯皮克曼指出:"现代国家不论是在战争时期或和平时期都要以全球的观点

---

① 斯皮克曼:《和平地理学:边缘地带的战略》,俞海杰译,上海人民出版社,2016年,第1页。
② 亨廷顿:《文明的冲突与世界秩序的重建》,周琪等译,新华出版社,1998年,第92页。
③ 福泽谕吉:《文明论概略》,北京编译社译,商务印书馆,1982年,第32页。
④ 陆九渊:《陆九渊集》卷23,中华书局,1980年,第277页。

来进行政治的和战略的思考，才能保持住它们的实力地位。……缺乏实力支持的政治理想和愿景几乎没有存在的价值。"①

今天，我们正高举"人类命运共同体"的大旗，的确是站在了道德制高点，但还不够，必须以科技的强大来配合道德的力量。这才是真正强大的文明的内涵，才是儒家的不言之教，也是东亚海禁给我们的启示。

人类正在进行利用信息化技术促进产业变革的第四次工业革命，名之曰"智能化时代"。与以往三次不同的是，重点不是新技术，而是新算法，如同玩魔方，每个人手中都有一个，看每个人怎么玩。这也是一个魔幻的时代，什么奇迹都可能发生。面对这样一个没有止境、没有目标、找不到范式、无声无息的竞争时代，我们的优势是什么？窃以为依然要从中华文明中去寻找，在全社会倡导一种将儒家道德哲学、心灵哲学与第四次工业革命相结合的新思维，践行知行合一，引导全面创新，以科技强大文化，或许是中华文明的复兴之路。

---

① 吉尾宽:《东亚海域世界史中的海洋环境》，复旦大学文史研究院编《世界史中的东亚海域》，中华书局，2011年，第1—2页。

海洋历史文化

海上丝绸之路与佛教文化交流

古小松[①]

【内容提要】海上丝绸之路既是一条贸易通途，也是一条文化交流之路。在千百年的文化交流史中，佛教文化交流占有重要地位。由于海上丝绸之路的便利，古印度僧人一般取道海路。而中国僧人则有走陆路的，也有走海道的。他们大大推动了亚洲文化的发展繁荣。随着"一带一路"的推进，人们越来越重视文化交流。亚洲是主要的佛教地区。如何发挥佛教文化交流的积极作用以促进国家及人民之间的友好往来？这一问题很值得深入探讨。

【关键词】海上丝绸之路；佛教；文化交流

一、早期海上丝绸之路与佛教东渐

历史上佛教从南亚传播到东亚分为北、南两路：往北走的是陆路，往南走的是海路。随着早期海上丝绸之路的形成，佛教也循海路传播到了中国岭南地区（今广东、广西一带）。

（一）早期海上丝绸之路的形成

一般认为，海上丝绸之路形成于秦汉，发展于三国两晋南北朝，繁荣于唐宋，衰落于明清。秦朝至汉初，随着经济社会的发展，岭南地区与邻近的东南亚在海上的交流不断增加，甚至从东南亚延伸到印度和更远的西域，渐渐就形成了早期的海上丝绸之路。

海上丝绸之路形成的重要前提有两个：一是贸易需求；二是造船和航海技术。从贸易需求看，公元前3世纪到公元1世纪，处于海上丝绸之路两端的中国和罗马及沿线的印度正处于政治经济大发展时期。印度的孔雀王朝处于公元前324年至公元前188年。公元前3世纪阿育王统治时期的孔雀王朝疆域广阔，政权强大，

---

① 作者简介：古小松，广西社会科学院研究员、海南热带海洋学院东盟研究院院长。

佛教兴盛并开始向外传播。孔雀王朝灭亡后，接着就是贵霜王朝。与此同时，古罗马人征服了地中海地区，发现了利用大海季风来航行的规律。古罗马人的发现，摆脱了过去沿海近距离航行的束缚，利用季风航海可以从红海到达印度的港口。

这样，从中国到罗马，陆上丝绸之路开通的同时，海上丝绸之路也逐步连通。中国的丝织品、漆器、陶器、青铜器及其他产品销往印度、罗马等地，罗马、印度、东南亚等地的珠玑、犀角、玳瑁、乳香等产品也卖到中国来。

岭南与东南亚地区之间的海上交往在秦朝至汉初已很频繁活跃。根据出土文物及古代文献的综合研究可知，南越国已能制造25—30吨的木楼船。由于汉朝对南越国采取打压政策，南越国积极开展与海外的交往。

到西汉年间，好大喜功的汉武帝平定南越国后，即派出使者从岭南地区出发，沿着当地越人开辟的航线，率领船队往西航行。海上丝绸之路从民间发展到为官方所用。

东汉班固撰写的《汉书》是记载海上丝绸之路最早、最详细的史籍文献。写作《汉书》的班固生于32年，92年去世。他在《汉书》中描述的应是东汉时代的事情了。而最早的海上丝绸之路应该在秦统一岭南之后，尤其是南越国割据时期就已形成了。时间应该是公元前3世纪到公元前1世纪。公元前111年，汉朝平定南越国，在该地置九郡，其中合浦、交趾、九真、日南郡位于北部湾沿岸。今北部湾沿岸地区是当时中国的最南面。公元前2世纪末到1世纪初，中国的船只携带丝绸、黄金等物品，从北部湾沿岸的港口起航，途经中南半岛，前往印度，与沿途的国家交换当地及西域的产品。据《汉书》中的《地理志》记载：

> 自日南障塞、徐闻、合浦航行可五月，有都元国；又船行可四月，有邑卢没国；又船行可二十余日，有谌离国；步行可十余日，有夫甘都卢国；自夫甘都卢国船行可二月余，有黄支国；民俗略与珠崖相类。其州广大，户口多，多异物。自武帝以来皆献见。有译长，属黄门，与应募者俱入海，市明珠、璧流离、奇石异物，赍黄金杂缯而往。所至，国皆禀食为耦，蛮夷贾船，转送致之，亦利交易，剽杀人，又苦逢风波溺死，不者数年来还。大珠至围二寸以下，平帝元始，王莽辅政，欲耀威德，厚遗黄支王，令遣使献生犀牛。自黄支船行可八月，到皮宗；船行可二月，到日南、象林界云。黄支之南有已程不国，汉之译使

自此还矣。①

后人对《汉书》这一段文字进行了深入解读，可知当时从岭南到西域的很多重要信息。当时的路程大体上是岭南和越南中部到今日印度、斯里兰卡。这是比较确定的路程。而对路程经过的地点则有很多的解读。笔者认为，从中国岭南到印度，按韩振华先生的考证是比较符合历史实际的。从当时的中国徐闻、合浦一带出发，以当时的船速，约5个月到都元国。都元国很可能是今湄公河三角洲一带。然后从都元国到邑卢没国要4个月。邑卢没国即今湄南河下游地区。再从湄南河下游乘船上溯到谌离国约要2个月。谌离国即今湄南河中上游地区。再从谌离国步行10多天到印度洋沿岸的夫甘都卢国。夫甘都卢国就是今日的缅甸了。从东往西路程的最后一段是从夫甘都卢国乘船2个多月即到黄支国了。黄支国即今日的印度。②

从印度返程回中国与去程是不一样的，先是乘船约8个月从黄支国到皮宗。皮宗即今马来半岛北面的克拉地峡③地区。从陆上翻过克拉地峡后，再航行约2个月就到达当时中国的日南郡，即今越南的中部了。很有可能是由于气候风向的缘故，去程与回程的路线和所用的时间都有较大的差异。

公元前后，人们已经知道可以从海上绕过马六甲海峡到达中国与印度。然而，鉴于当时的船只小，速度慢，初始人们是溯江和沿海边而行。古人为了节省时间，早期的海上丝绸之路有两段是水陆联运的。一段是从苍梧到合浦，另一段则是克拉地峡，或今泰缅边境地区。如果乘船绕行马六甲海峡要数月的时间，而陆地穿越今泰缅边境地区只需要十来天，要是翻过克拉地峡则仅一两天的路程。从中国到西域或从西域来中国，人们沿海到中南半岛的今泰缅边境地区或马来半岛的克拉地峡后，就将货卸下，到另一边的沿江和海上港口再装船继续往前走。西方学者也认为："前往中国的旅行者途中大约在孟加拉湾马来半岛最狭窄处的克拉地峡处终止他们的海上航程，通过陆路将货物运往暹罗湾，在这里重新开始他们的

---

① 已程不国，今斯里兰卡。《汉书》记载的上述古代东南亚、南亚国家在当地的历史中并没有记载，后来的中国史籍也不再提到。其实，当时该地区存在很多曼陀罗式的社会结构，中央和周边地区关系像祭坛一般，最中央的力量最强，越是边缘的力量越弱、越松散，其外围因中央控制力的强弱而变化。当中心区域的力量强大时，外围地区会吸引更多的力量加入。而当中心区域的力量变弱时，则外围可能会被更强大的相邻的中心所吸附。力量随着距离中央的远近而变化，因此边界是模糊的。

② 韩振华：《中国与东南亚关系史研究》，广西人民出版社，1992年，第1—52页。

③ 克拉地峡（Khokhok Kra）位于泰国春蓬府（Chumphon Province）和拉廊府（Ranong Province）境内的一段狭长地带，为马来半岛北部最狭处，宽仅56千米，北连中南半岛，南接马来半岛。

海上航程。"①

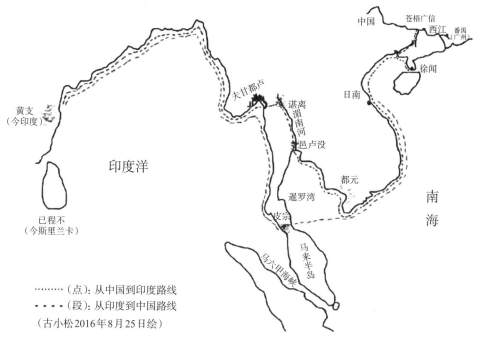

图1　早期海上丝绸之路

（图版源自古小松：《早期海上丝绸之路与中南半岛国家的建立》，《云南社会科学》2017年第3期，第95页）

　　早期的海上丝绸之路一直到晋朝以前，都是以北部湾沿岸地区作为主要起点。这里是中国与印度频繁交流的地区。到了晋朝以后，由于造船技术提高了，人们掌握了利用季风扬帆进行远距离航海的技术，可以离岸走大洋，航线出发地点从原来的北部湾沿岸往东移到了广州，从广州直航占婆及其他东南亚沿海和海岛，缩短了距离，节约了时间。中国与印度通过海上的往来和交流就更频繁了。

（二）佛教早期往东传播

　　佛教于公元前6世纪左右由释迦牟尼在南亚创立，10世纪后在本土逐步走向了消亡。佛教虽然在印度本土趋于沉寂，但在印度境外得到广泛的传播，并形成了上座部佛教、藏传佛教、汉传佛教等三大体系。

---

① 尼古拉斯·塔林主编《剑桥东南亚史》，贺圣达等译，云南人民出版社，2003年，第159页。

公元前3世纪，原始佛教传到斯里兰卡，11世纪再由斯里兰卡传到缅甸，12世纪以后传入泰国，14—15世纪再传入老挝和柬埔寨。这样，继斯里兰卡之后，在中南半岛中西部也形成了巴利语系佛教，或称"南传佛教"，也称"上座部佛教"。藏传佛教则是先兴起于中国藏区，再从藏区传到蒙古族聚居区，形成藏语系佛教。

佛教公元前后传入中国汉地（即汉族地区），再由中国传到朝鲜半岛、日本等地，形成汉语系佛教，或称"北传佛教"。佛教初期传入中国汉地分为南北海陆两个方向，北面是跨越帕米尔高原，经西域传入；南面则是经由海上丝绸之路传至中南半岛，然后北上至中国。

可见，古代佛教从海上东传，可以分为两个阶段：11世纪以前主要是循海上丝绸之路，先传到东南亚地区，然后北上到中国；11世纪之后则是从斯里兰卡传到中南半岛的中西部，形成了当今该地区的上座部佛教。

古印度文化带有浓厚的宗教色彩。公元前后佛教与婆罗门教一起传到包括中南半岛及马来群岛的广阔东南亚地区。婆罗门教及后来的印度教与佛教在东南亚地区曾同时存在。如在印度尼西亚（简称"印尼"）爪哇岛的日惹有一座世界上最大的佛教建筑婆罗浮屠（Borobudur），在离婆罗浮屠大约50千米处有一座印度教的普兰班南（Prambanan）神庙群。[①] 婆罗浮屠于750—850年由当时夏连特拉王朝（Shailendra Dynasty）统治者兴建。后来由于火山爆发，社会变迁，佛塔隐盖于茂密的热带丛林中近千年，直到19世纪初才被重新发现和清理出来。1991年联合国科教文组织将婆罗浮屠列入"世界文化遗产名录"。13世纪以后，随着航海路线的变更，大量的船只不再沿中南半岛航行，而是经南海、印尼群岛及马六甲海峡。越来越多的阿拉伯商人来到马来群岛经商，把伊斯兰教带到了该地区。从此，印尼群岛及马来半岛逐渐皈依伊斯兰教。

伴随着海上丝绸之路的连通，佛教传到东南亚后也到了中国。佛教从海路传到中国的确切时间和过程在史籍中没有记载，但佛教大体循着早期的海上丝绸之路东来是毫无疑问的。两汉及其后的三国时期，当时中外佛教交流中心在交趾。

---

① 普兰班南（Prambanan）是印尼最宏伟的印度教寺庙，曾多次因火山和地震遭受损伤，现存神庙遗址50余座。普兰班南建于10世纪左右，在建筑形式和雕塑题材上与柬埔寨吴哥窟（Angkor Wat）有许多相似之处。神庙供奉湿婆、毗湿奴、梵天等神。普兰班南神庙与婆罗浮屠一样，以火山岩建造，墙壁上布满精美的浮雕，而其内容则多取材于印度史诗《罗摩衍那》。普兰班南寺庙群也于1991年被联合国教科文组织列入"世界文化遗产名录"。

交趾后来也称"交州"或"安南"，即今越南北部和中部地区，从秦朝到宋初一直是中国的一个州郡。三国时期，交趾、九真、日南、合浦、高凉、苍梧、郁林、南海、朱崖属交州，州府先设在赢陵，也叫"龙编"，即今河内。

赢陵既是交州的政治、经济中心，也是一个佛教文化中心。印度佛教僧人往往由此从水陆两路进入两广、云贵境内。关于交州太守士燮，史载："出入鸣钟磬，备具威仪，笳箫鼓吹，车骑满道，人夹毂焚烧香者常有数十。"①这些夹毂焚香的胡人即是来自西域的僧人。"据记载，早期到赢陵传教的印度人是叩陀罗（khau da la）。""那时候的居民是自然崇拜，叩陀罗从印度带来的佛教很容易就为赢陵人所接受。"②

当时的赢陵建了很多佛寺。"寺院很快就建了起来，当时赢陵至少有供奉四佛的4座寺庙：法云、法雨、法雷、法电，以法云为中心。""桑寺即法云寺，紧靠赢陵古城而建，是2世纪末叩陀罗的修道院，今仍在。在建筑上，寺庙已有很大的改变，但祭拜石头——生殖器，即祭拜满娘（man nuong，到叩陀罗修道院修行并因此而怀孕的女孩）之习俗依然存在。同时，该佛也是人们在遇到旱灾时求雨之佛。这些都证明佛教最早传入交趾并落地生根，是从赢陵都市开始的。"③

汉末到三国初期，康僧会与牟子是岭南地区最重要的僧人和佛教人士。

据越南佛教书籍《禅苑集英》所载，康僧会是3世纪从西域来到交州的一名佛教禅师，因父经商而移居交趾。他在交趾将大量的佛教经典译成汉语。他247年到建业（今南京），在那里创建建初寺，成为江南首寺。同时还有西域高僧支疆梁接于255年在交州译出《法华三昧经》6卷。3世纪末，印度僧人摩罗耆域也经扶南到达交州。"赢陵成为最大的佛教中心，吸引了很多中国人来此学习，撰写佛教著作。2世纪末，牟子曾来赢陵学习佛经，写作《理惑论》。这是最早的汉语佛教作品。"④

264年，东吴政权分高凉、苍梧、郁林、南海四郡为广州，州治番禺，其余五郡仍称交州，州治龙编，自此交广分治。孙权任命吕岱为第一任广州刺史，戴良为第一任交州刺史。晋朝以后，由于航海技术的发展和航路的改变，广州港日臻繁荣，中外佛教交流中心由交州转至广州。

---

① 《三国志·士燮传》。
② 越南社会科学院历史研究所：《越南古都市》（越文），越南社会科学院内部资料，1989年，第85—86页。
③ 越南社会科学院历史研究所：《越南古都市》（越文），越南社会科学院内部资料，1989年，第85—86页。
④ 越南社会科学院历史研究所：《越南古都市》（越文），越南社会科学院内部资料，1989年，第85—86页。

二、海上丝绸之路的繁荣与华南、东南亚的佛教

随着东亚地区的发展变迁，中国与西域交流的扩大，海上丝绸之路出发地也从岭南西部延伸到了东部——广州作为主要的出发港。经东南亚到西域，海上丝绸之路贸易更加繁荣，文化交流也日益活跃。

(一)海上丝绸之路的发展繁荣

1.三国两晋南北朝海上丝绸之路的发展

220年汉朝结束，中国进入三国两晋南北朝时期，南方先后由东吴、东晋、宋、齐、梁、陈六朝治理，促进了南方经济社会的发展。

三国时期，吴国雄踞江东，治理中国的东南地区。魏、蜀、吴均有丝绸等手工业生产。孙吴位于长江中下游，发展环境条件好，其丝织业不断创新与发展，在技术水平和发展规模上都已远超两汉时期，不仅有民间的丝织，而且始创了官营的丝织。孙吴出于同曹魏、刘蜀在长江上作战与海上交通的需要，积极发展水军，船舰的设计与制造有了很大的进步，技术先进，规模也很大。宋朝由李昉、李穆、徐铉等学者奉敕编纂的著名类书《太平御览》中的《舟部》卷1称赞东吴"舟楫为舆马，巨海为夷庚"。可见，孙吴的造船业尤为发达，当时已经达到国际领先水平。其所造的船，主要为军舰；其次为商船，数量多，船体大，龙骨结构质量高。黄龙三年（231），孙吴派朱应和康泰出使南海诸国。《梁书》卷54《列传第四十八》记载："及吴孙权时，遣宣化从事朱应、中郎康泰通焉。其听经及传闻则有百数十国，因立记传。"

六朝政权由于与北方对峙，难以往北和西面发展，实行大力往南拓展海外贸易的政策，因而推动了海上丝绸之路的进一步延展。一方面，汉末至隋，中国动荡，六朝政权要通过海外贸易来增加财政税收，巩固统治；另一方面，由于社会不安定，弥漫着一种"今朝有酒今朝醉"的氛围，人们追逐大量的舶来品玩乐，这样也刺激了对外贸易的需求。当时南洋国家来广州贸易的商船相当大。据史书记载："外域人名舡（舶），大者长二十余丈，高去水面三二丈，望之如阁道，载

六七百人，物出万斛。"① "外徼人随舟大小，式作四帆，前后沓载之。有卢头木，叶如牖形，长丈余，织以为帆。"②

三国两晋处在海上丝绸之路从陆地转向海洋这一过程中承前启后与最终形成的关键时期。过去汉朝的都城是在长安、洛阳，主要是经长江之湘江下珠江之漓江、北流江、南流江，到合浦港，然后由此出海。六朝政权位于江南，因而通往海外的通道也发生了变化。

256 年，司马炎灭吴，以洛阳为都建立了两晋，结束了三国鼎立的局面。三国后面的其他南方政权（东晋、宋、齐、梁、陈）也一直与北方对峙，促进了南方海洋、航海技术的发展及航海经验的积累。六朝的造船业大为提升，船更大了，远航的能力更强了，推动了对外交通和贸易的进一步发展。魏晋以后，海上丝绸之路的航线逐渐有所改变，船只从广州出发，不必经过琼州海峡，而是直接走海南岛的东面，渡过七洋洲等危险水域，经西沙群岛海域，直行东南亚各地，再穿过马六甲海峡，直驶印度洋、红海、波斯湾。1974 年广东省博物馆考古人员在西沙群岛发现了不少六朝文物，说明当时有些船只是取道西沙海域南航的。据阿拉伯历史学家的记载："中国的商船，从 3 世纪开始向西，从广州到达槟榔屿，4 世纪到锡兰，5 世纪到亚丁，终于在波斯及美索不达米亚独占商权。"③

从 3 世纪 30 年代起，广州取代北部湾沿岸的合浦、徐闻，成为海上丝绸之路的主要出发港，输出的主要商品有陶瓷、丝绸、茶叶等，输入的商品则有珍珠、香药、象牙、犀角、玳瑁、珊瑚、翡翠、金银宝器、金刚石、琉璃、珠玑、孔雀、犀象、棉布、斑布、槟榔等。

2. 隋唐海上丝绸之路的繁荣

隋文帝杨坚 581 年统一中国。隋朝只有短短的 38 年，却开创了中国对外开放的新局面。隋炀帝特别重视发展对外贸易，于 607 年派出以屯田主事常骏、虞部主事王君政为首的使团，载运丝织物 5000 缎，从广州出发，到赤土国（马来半岛）招徕贸易，宣扬国威，受到赤土国国王的欢迎和款待。这是是继汉、吴出使南洋

---

① 万震:《南州异物志》。转引自《三国两晋南北朝丝路的发展——广州:岭南陆上丝路的中心》，广东省人民政府参事室（广东省人民政府文史研究馆）官方网站，发布时间:2019 年 12 月 12 日，http://gdcss.gd.gov.cn。

② 万震:《南州异物志》。转引自《中国传统船舶的特征与造船技术》，胶东文化网，发布时间:2013 年 6 月 21 日，http://cul.jiaodong.net。

③ 《古行记》，转引自王仲荦:《魏晋南北朝史》，上海人民出版社，2003 年。

诸国后又一次航海贸易壮举。赤土国国王随后即遣王子那邪迦于610年携带芙蓉寇、龙脑香等土特产来到广州，向中国朝廷进贡方物。

618年，李渊利用隋末农民起义推翻了隋朝的统治，建立了唐朝。唐朝经济发达，政治理念开放兼容，中国经济重心逐渐南移。不过，虽然唐朝国力很强盛，但是由于西域战火不断，陆上丝绸之路被战争所阻断，代之而兴的便是海上丝绸之路。唐朝时中国的造船和航海技术又有了进一步的提升，中国通往南洋、马六甲海峡、印度洋、红海的航路延伸至非洲大陆，海上丝绸之路终于替代了陆上丝绸之路，成为中国对外交流的主要通道。

根据《新唐书·地理志》记载，唐时，中国东南沿海有一条通往东南亚、印度洋北部地区、红海沿岸、东北非和波斯湾诸国的海上航路，称为"广州通海夷道"。该道从广州出发，经海南岛东南、中南半岛东面、马来半岛、苏门答腊等地，往西至印度、锡兰、阿拉伯半岛，一路上船只众多，风帆往返，相望于道。韩愈的《送郑尚书序》载："或时候风潮朝贡，蛮胡贾人舶交海中。"该航路是8、9世纪世界最长的远洋航线，全程共约14000千米，途经90多个国家和地区，用时89天（不计沿途停留时间）。相比六朝时期，船速大大加快，航行时间大大缩短，更是秦汉时期所不能比拟的。

621年，唐朝和平统一岭南，设置广州都督府，统辖岭南十三州。唐朝的外贸，以海上为重点，海上贸易大致分为交、广和楚、扬南北两线，其中以交、广为重点，而交、广又以广州为主。广州成为唐朝最大的对外贸易中心。714年朝廷在广州设立市舶使，专门管理海外贸易。市舶使一般由岭南帅臣兼任，几乎管控了全部的南海贸易。

唐朝"广州通海夷道"往外输出的商品主要有丝绸、瓷器、茶叶、铜铁器四大宗，其中又以丝织品和陶瓷量最大，陶瓷成为主要出口商品，河北邢窑、河南巩县窑、浙江越窑、湖南长沙窑、广东潮州窑等陶瓷远销世界各地，因而海上丝绸之路也称为"陶瓷之路"。此外，还有铁、马鞍、围巾、斗篷、披风、貂皮、麝香、沉香、肉桂、高良姜等。进口商品中除了象牙、犀角、珠玑、香料等占相当比重外，还有林林总总的各国特产，包括香料、花草等和一些供宫廷赏玩的奇珍异宝。

（二）华南佛教中心东移

假道海上丝绸之路往来的不只是商业贸易，还有中外文化交流，特别是佛教文化的传播。从三国两晋南北朝到隋唐，先是许多印度僧人来到广州，然后是一些中国僧人往来于从广州到印度的海上丝绸之路，广州逐渐成为佛教文化交流的中心。

据载，一些外来僧人到广州建立寺庙，讲传佛法。迦摩罗于晋武帝泰康二年（281）来到广州，是有记载最早到广州传播佛教的印度僧人。他在广州建造了三归寺和王仁寺。然后是昙摩耶舍于东晋隆安元年（397）到广州白沙寺讲传佛教，带有徒弟85人，建造了王园寺（今光孝寺）①。梁大同元年（546），客居扶南的印度高僧真谛携带经论梵本240夹经海路前来中国，因中原战乱，辗转多年后于561年12月来到广州。真谛在广州的7年间翻译出大量佛经，在数量和质量上都大大超过了此前的16年，被誉为中国佛教史上四大译经家②之一。因真谛等一批重要译经家作出的贡献，广州也成为中国古代与长安等相提并论的译经中心之一。

中外商船来广州贸易均在西来初地和坡山两个码头进出。西来初地位于今广州市荔湾区下九路西侧，因印度僧人菩提达摩初来登陆上岸而得名。据载："梁普通七年（526），达摩航海到粤，卓锡是间，为南宗初祖，广人曰其寺为西来初地，实岭南最早之刹也。"③

外国人来到广州停留、讲经，并且兴建了不少佛寺。据记载，六朝时广州等地建有佛寺37所，其中包括广州城19所、罗浮山4所、始兴郡11所。④

随着海上丝绸之路的畅通，一些中国僧人从陆路前往印度，返回时则走海道。东晋高僧法显隆安三年（399）时已经65岁了，但不顾高龄从长安出发，经西域至印度，收集了大批梵文经典，前后历时14年，于义熙九年（413）归国。法显在《佛国记》（又名《法显传》）中记载他于义熙八年（412）从印度、斯里兰卡启程回广州，途中到了耶婆提国（今印尼），在那里住了5个月，再从爪哇乘船50天，由于遇到大风，漂到了山东崂山（今属青岛市）上岸，此时已经78岁了。

到了唐朝，很多中国僧人往印度则是去程和回程都取道海上。高僧义净咸亨二年（671）从广州出发，经过西沙，直航占城，再转向室利佛逝（后称"巨港"，在今印尼）。然后从室利佛逝（苏门答腊巴邻旁，Palembang）到印度。义净两次远航印度诸国，前后历时25年。

由于海外和国内僧人进出和停留增多，广州的佛教文化日益发展，本地僧侣

① 黄权：《岭南佛教传播的轨迹》，《学术研究》1997年第8期。
② 关于四大译经家有两种说法：其一，鸠摩罗什、真谛、玄奘、不空；其二，鸠摩罗什、真谛、玄奘、义净。
③ 赵立人：《粤海史事新说》，广东人民出版社，2017年。
④ 蒋祖缘等主编《简明广东史》，广东人民出版社，1993年，第103页。

也成长了起来。唐朝高僧慧能（638—713年），俗姓卢，南海郡新洲（今云浮市新兴县）人，3岁时父母早亡，长大以卖柴维持生活。慧能从听《金刚经》开悟，后得五祖弘忍传授衣钵，建立南宗，被尊为禅宗六祖大师，有《六祖坛经》传世。慧能的功绩是改造印度佛教，使之中国化。

（三）中南半岛中西部转向上座部佛教

中南半岛因位于中国以南而得名，面积约206.5万平方千米。中南半岛横跨太平洋和印度洋——东面是太平洋，沿岸有北部湾、南中国海；西面是印度洋，沿岸有孟加拉湾和安达曼海。中南半岛的北部是云贵高原与湄公河、湄南河平原和高地之间的山区。中南半岛的山脉大多为北南走向。喜马拉雅山脉从中国西藏向东延伸，到中国云南和缅甸交界的地区后折向南行。东南亚主要的大江大河也集中在中南半岛。随着山脉走向，它们也大多从北向南流，或呈西北—东南走向，然后入海。全长4800多千米的湄公河，既是东南亚最大的河流，也是世界上最重要的国际河流之一。它发源于中国青藏高原，流经缅甸、老挝、泰国、柬埔寨，从越南入海，流经国家的数量仅次于欧洲的多瑙河。

中南半岛的主体是以泰国为中心，向四周延伸。湄公河从西北向东南贯穿而过。老挝和越南大部分位于湄公河之东岸，缅甸、泰国、柬埔寨大部分位于湄公河之西岸。湄公河入海处是中南半岛东南部的湄公河三角洲。这里也是越南的南部地区。中南半岛的南端狭长，一直延伸到赤道附近，成为马来半岛。马来西亚的西部（简称"西马"）就位于马来半岛南部。

如果从地理单元和地域文化来观察，不包括南部延伸的马来半岛，中南半岛可以划分为差异比较大的中西部地区与东部地区。中国的横断山脉无量山往南沿老越边界一直到柬越边界，形成长山山脉①，构成老越、柬越边界的天然分界线。长山以东为中南半岛的东部，地势陡峭，有越南中部沿海狭小的平原，其河流如红河等向东流入南中国海。长山以西为中南半岛的中西部，地势平缓，其主要河流有湄公河、湄南河、伊洛瓦底江和萨尔温江等，分别注入南海、暹罗湾、印度洋等。长时间以来，长山以西的老挝、柬埔寨、泰国、缅甸受到中国与印度文化的影响。而长山以东的唯一国家是越南，无论是民族，还是文化，都与中国有密切的关系。

---

① 长山山脉（Truong Son Ra）也称"安南山脉"（Annamese Cordillera），在老挝被称为"富良山脉"，全长1000多千米。

中南半岛中西部北面与中国接壤。但由于这一带是横断山脉，交通不便，中原文化很难影响到该地区。而中南半岛中西部西面与印度海陆相交，往来便利，在公元纪年后受到印度文化的多方面影响，包括宗教信仰、文学艺术等。10世纪以前，该地区主要是接受了婆罗门教及后来的印度教和大乘佛教。尤其是缅甸，与印度有共同边界，至今仍然有接近1%的人信仰印度教。印度教及《摩奴法典》①对缅甸的历法、典章制度、药典、建筑艺术、星象占卜术等有所影响。蒲甘王朝（Pagan Dynasty）时期（849—1370年）的寺庙、石窟壁画是缅甸的艺术宝库，在墙壁、立柱、拱门上绘画的内容多以佛教《本生经》故事为主。在缅甸的各类建筑中，佛塔艺术占有重要地位。缅甸、泰国、柬埔寨等国家的绘画、雕刻和建筑艺术受到古印度文化较大的影响。

在11世纪以后，南传上座部佛教从斯里兰卡先后传入缅甸、泰国、老挝、柬埔寨和中国的傣族地区。南传上座部佛教与北传大乘佛教在教义上可以说是同中有异。上座部佛教只供奉释迦牟尼这位佛教创始人，修行者穿黄色上衣。在教义和修行上，大乘佛教把佛奉为神，主张以成佛为目的，希望普渡众生，信徒通过修行来成为佛或仅次于佛的菩萨；而上座部佛教则认为佛不是神，而是一位教师，注重自我解脱，过简单平等的生活，以修成阿罗汉为正果。在佛教的语文上，大乘佛教的经典用的是梵文，而上座部佛教用的是巴利文。如果仅从僧侣的日常活动来看，上座部佛教与大乘佛教的差异——上座部佛教的僧侣日常会到外面去化缘，而大乘佛教的僧侣则主要是在寺庙内活动。

三、新时期佛教文化交流

（一）亚洲佛教文化圈

早期海上丝绸之路连通之后，佛教从海上传到了中南半岛地区及中国岭南地区。后来随着海上丝绸之路的繁荣，佛教传到了东南亚海岛地区。三国两晋南北朝及隋唐，中国岭南地区的佛教从西向东移，并向北发展，与中原地区的佛教交流融合。

---

① 古代印度有关宗教、哲学、法律的汇编之一，形成于公元前2世纪到公元2世纪。法典确认不平等的种姓制度，把"婆罗门"列为最高种姓，把"首陀罗"列为最低种姓，低级种姓要服从高级种姓的统治和奴役。据传由"人类始祖"摩奴制定，故名。

佛教从南亚传到东亚，分为北传的大乘佛教和南传的上座部佛教。北传佛教主要是在中国、日本、朝鲜、韩国、越南、新加坡、不丹。这些国家也大体连成一片。北传佛教又分为流传于中国汉地、日本、朝鲜、韩国、越南、新加坡的汉语经典系和流传于中国的藏族、蒙古族聚居区及不丹、蒙古国的藏语经典系。南传上座部佛教是流传于斯里兰卡、缅甸、泰国、老挝、柬埔寨和中国的傣族聚居区的巴利语经典系。上座部佛教是自称，有的地方称其为"小乘佛教"。目前世界上以佛教为主要宗教信仰的国家集中分布在亚洲，形成亚洲佛教文化圈，共有13个国家。其他亚洲国家及欧美国家也有一些人信仰佛教，但在其国中不占主导地位。

表1　世界各国居民信仰佛教情况

国家	人口（万）	信仰佛教人数（万）	占人口比例（%）
中国	137,000	24,660	18
越南	8,700	6,960	80
泰国	6,670	6,269	94
日本	12,800	5,734	44.8
缅甸	5,700	5,073	89
斯里兰卡	2,065	1,583	76.7
柬埔寨	1,480	1,376	93
韩国	5,000	1,125	22.5
老挝	600	552	92
蒙古	268	214	80
新加坡	508	164	32.3
不丹	69	51	74
全世界	692,3000	70,000	10.1

注：本表统计截至2010年12月30日，是一个估算数。
资料来源：《独家策划：图说世界佛教人口》，凤凰网，2015年10月23日，http://fo.ifeng.com。

上表中所列的这些国家都是以佛教为主的，但各自情况又有所区别。中国的佛教信徒占全国人口的比例不是最高的，但信徒人数是最多的，以大乘佛教为主，包括汉传和藏传佛教，在云南南部也有一些居民信奉上座部佛教。

佛教传到东亚后，在东亚各国日益繁荣，但在诞生地南亚则衰落了。如今印度只有约1%的人口信仰佛教；尼泊尔是佛教的诞生地，如今也是以印度教为主，信奉佛教的人口只占约8%。东南亚地区华人比较集中，总人数约4000万。由于来自中国的先辈是信奉儒释道的，华人依然以信奉佛教为主。如马来西亚约20%的人口以信奉佛教为主，因为华人在马来西亚占人口总数的20%以上（少部分华人信仰其他宗教）。

（二）加强交流，建设和谐世界

佛教相传为约2500年前由古印度迦毗罗卫国（今尼泊尔境内）王子释迦牟尼创立。佛教因其反对婆罗门教的种姓制度和提倡众生平等的思想而很快得以流行。佛教的基本教理有"四谛""八正道""十二因缘"等，主张依"经""律""论"三藏，修持"戒""定""慧"三学，达到消除烦恼而成佛的最终目的。

> 佛教作为海上丝绸之路沿线诸多国家居民重要的共同信仰，谱写了千古传诵的中外友好交流篇章，是增进各国人民友谊的重要渠道和主要纽带。海上丝绸之路上有着众多的佛教遗迹、佛教圣地，凝聚着佛教信徒的共同记忆和文化脉络。在历史长河中，许多中外高僧大德秉持佛教的基本教理，怀着为法忘躯的精神，用信心、勇气、智慧和坚韧，劈波斩浪、筚路蓝缕，沿着联通东西方的海上丝绸之路，传播善缘与友谊，促进了不同民族文化的交汇融合，对人类文明进步产生了深远影响。[①]

近年来，东亚地区佛教文化交流在增加，包括佛教组织之间的往来、专家研讨会，以及一般信众和游客到佛教寺庙的祭拜、参观游览等，增进了各国之间的相互了解和友好。

2005年中国发起举办了"世界佛教论坛"，以"和谐"为基本宗旨，给世界佛教徒搭建了一个平等对话交流的平台。共有50多个国家的数千位佛教界僧人学者参与论坛，研讨世界和谐发展之道。

斯里兰卡自古以来在佛教文化交流领域有着重要的地位和作用。在古代，上座部佛教经由斯里兰卡传到中南半岛。中国一些高僧去印度或从印度返回往往在

---

① 2016年9月2日，由福建省佛教文化交流中心、福建省开元佛教文化研究所、福建省圆瑛大师研究会主办，以福建省民族与宗教事务厅、福州市民族与宗教事务局为指导单位的"21世纪海丝佛教·福建论坛"在福州举行。时任国家宗教事务局副局长蒋坚永出席开幕式并致辞。此段内容为致辞原文。

此落脚。如今位于科伦坡（Colombo）的斯里兰卡国家博物馆典藏的《郑和布施锡兰山佛寺碑刻》记载了郑和受明成祖朱棣派遣向锡兰岛上佛教寺庙布施财务供奉佛祖的事迹。该碑刻弥足珍贵，是见证中斯两个古国友好交往的信物，也反映了佛教在古代海上丝绸之路中起到的重要作用。斯里兰卡驻华大使卡鲁纳塞纳·科迪图瓦库在接受中华佛文化网记者专访时说："无论是古代的海上丝绸之路，还是如今的'一带一路'，佛教交流对促进沿线国家的文化交融、民心相通起到了至关重要的作用。"①2016年到斯里兰卡旅游的中国游客数量达到了27万，其中超过1/3选择到佛教景点观光游览。

2016年5月22日，泰国举办了"海上丝绸之路与南北传佛教交流座谈会"，来自泰国、中国、缅甸、老挝、斯里兰卡、印尼、美国、匈牙利等国具有不同南北传佛教背景的僧人参加了会议。座谈会主议题为"海上丝绸之路与南北传佛教"，3个分议题为"推进南北传佛教文化交流的意义与途径""推进南北传佛教教育交流的意义与途径""推进南北传佛教艺术交流的意义与途径"。中国福州开元寺方丈本性大和尚认为：

> 南北传佛教，是兄弟姐妹，是东方智慧、亚洲文明的典型代表，南北传佛教的传承与传播，有益于世界性问题的破解，全球性危机的解决……海上丝绸之路沿线国家佛缘深厚，如能多渠道、多方式、多层面推动中国佛教与海上丝绸之路沿线国家的往来交融，定能加强中国与海上丝绸之路沿线国家人民的文化认同、信仰共鸣、民心相通，定能助益中国与海上丝绸之路沿线国家的睦邻友好。②

国之交在于民相亲，民相亲在于心相通。文化、民间的交流就是心灵的交流。佛教是世界三大宗教之一，建设"21世纪海上丝绸之路"的内容包括经贸与文化等，而佛教文化的交流是其中的重要内容之一。亚洲是世界佛教文化集中的地区，加强亚洲各国之间的佛教文化交流，将很有助于地区的和平与稳定，也将对世界的和谐发展作出贡献。

---

① 《斯里兰卡驻华大使：佛文化交流促"一带一路"民心相通》，今日头条网，2017年4月28日，https://www.toutiao.com。
② 《"海上丝绸之路与南北传佛教交流座谈会"在曼谷举行》，凤凰网，2016年5月26日，http://js.ifeng.com。

揭开道义的面纱：荷属东印度土著基础教育改革及影响

徐晓东　庞　蓉①

【内容提要】荷兰殖民政府在其所属东印度殖民地（今印度尼西亚，简称"印尼"）建立并完善的土著二轨制基础教育体系多被当时的荷兰官员、学者称之为给予殖民地的福利。掀开这层道义的面纱，殖民政府为殖民地土著提供的教育福利所固有的歧视性、欺骗性和侵略性特征一览无遗。在所谓"先进教育"的冲击下，殖民地土著社会迅速瓦解并重构。在此过程中形成的土著知识精英阶层在西方现代思想和共同语言文化的影响下，开始反思殖民地与荷兰之间的关系，逐渐塑造出反抗荷兰殖民统治的民族理念，促进了近代印尼民族主义的兴起与传播。

【关键词】荷属东印度；印尼；土著社会；民族主义；殖民教育

1945年6月1日，尚未正式成为总统的印尼独立运动领导人苏加诺（Bung Sukarno）在印尼独立筹备调查委员会（BPUPKI）第一次会议上发表了关于印尼建国原则的演讲，宣告了潘查希拉（*Pancasila*）的诞生。②民族主义作为潘查希拉的五大支柱之一（其他4个支柱为人道主义、民主协商、社会繁荣、信仰真主）被树立为印尼民族国家长远发展的基础，也被认为是统一的印尼多元文化、多元思想的重要依据。因此，研究印尼民族主义的起源是在历史视角下深入探讨印尼国内政治、民族、社会等问题的重要切入点。目前国内外既有研究在追溯印尼民族主义的兴起与发展时，或是强调包括伊斯兰教和佛教在内的宗教因素对印尼群体共

---

① 作者简介：徐晓东，华侨大学华侨华人与区域国别研究院副研究员；庞蓉，厦门大学国际关系学院/南洋研究院博士研究生。

基金项目：国家社会科学基金青年项目"19世纪以来马六甲海峡地区华侨华人经济网络研究"（项目编号：17CSS017）。

② Mulyani and V. Nurviyan, "The Analysis of Soekarno's Speech on Nation Foundation: Demystifying the Ideology of Pancasila Using Foucauldian Methods", *Ninth International Conference on Applied Linguistics (CONAPLIN 9)*, Atlantis Press, 2016, pp. 122-126.

同事业理念的塑造，①或是论述文学作品对印尼现代民族民主思想传播的促进，②或是分析在反抗荷兰和日本殖民斗争中建立的民族解放团体对民族主义的作用③，等等。其中最具创新性和影响力的研究则来自本尼迪克特·安德森（Benedict Anderson）。他认为印尼的民族主义作为一种群体的共同事业根植于群体的深层意识。当群体的归属感与促进归化的殖民政策结合起来时，荷属东印度殖民地的民族主义就被想象与塑造出来了。在印尼民族主义形成的过程中，荷兰殖民政府推行的殖民教育对近代西方思想文化在殖民地的传播、土著群体间共同语言的使用和连带感的培养发挥了重要作用。④本文即以安德森的这一观点为分析起点，进一步探讨荷属东印度时期（约19世纪前期至第二次世界大战前）殖民政府针对土著的教育改革的前因后果，以及在"道义的面纱"之下殖民教育体系对印尼土著社会变迁、民族主义兴起的影响，以期能补益学界对殖民时期印尼教育和社会的研究。需要指出的是，荷兰在东印度殖民地的教育改革是不全面的，相关政策措施集中在基础教育领域，初级和高等教育在荷兰殖民统治期间都较少被顾及，故本文的关注点集中在殖民地土著基础教育。

---

① 黄云静：《印尼伊斯兰教现代主义运动对印尼民族独立运动的影响》，《东南亚研究》1993年第4期；陈衍德：《东南亚的民族文化与民族主义》，《东南亚研究》2004年第4期；范若兰：《试论印度尼西亚民族独立运动时期伊斯兰教与民族主义的关系》，《东南亚研究》2006年第4期；范若兰：《近代以来中东地区伊斯兰思潮在东南亚的传播方式和影响（19世纪初—20世纪上半叶）》，《南洋问题研究》2008年第3期；施雪琴：《斯诺克·胡格伦治与荷印殖民政府的伊斯兰政策》，《世界民族》2009年第1期；George Mc. T. Kahin, *Nationalism and Revolutionin Indonesia,* New York: Cornell University Press, 1952; Chiara Formichi, "Pan- Islam and Religious Nationalism: The Case of Kartosuwiryo and Negara Islam Indonesia", *Indonesia*, No.90, 2010, pp. 125-146.

② 杨君楚：《从部族主义走向"大印度尼西亚"——略论印度尼西亚早期的民族主义文学》，《长春师范大学学报》2017年第7期；Esti Ismawati, "Nationalism in Indonesian Literature as Active Learning Material", *International Journal of Active Learning*, 2018, Vol. 3, No.1, pp. 33-38; A. Teeuw, "The Ideology of Nationalism in Pramoedya Ananta Toer's Fiction", *Indonesia and the Malay World*, Vol. 25, No. 73, 1997, pp. 252-269.

③ 王任叔：《印度尼西亚近代史》，北京大学出版社，1995年；马树礼：《印尼独立运动史》，正中书局，1977年；萨努西·巴尼：《印度尼西亚史》，吴世璜译，商务印书馆，1962年；Shigeru Sato, *War, Nationalism and Peasants, Java Under the Japanese Occupation, 1942-1945,* New York: M. E. Sharpe, 1994; Paul H. Kratoska, *South East Asia, Colonial History Volume IV: Imperial Decline: Nationalism and the Japanese Challenge (1920s- 1940s),* London: Routledge, 2001.

④ Benedict Anderson, *Imagined Communities: Reflections on the Origin and Spread of Nationalism*, London, New York: VERSO, 1983, p.121.

一、土著基础教育体系的建立与演变

"土荷分治"是荷兰在统治和管理所属殖民地时推行的一项重要政策。为了践行这一理念，在荷属东印度，殖民政府在地区层面设立了两套行政机构来改善其殖民地治理效率：由荷兰官员任职的荷兰行政系统（Binnenlands Bestuur），主要由驻扎官（Resident）、秘书官（Secretary）、助理驻扎官（Assistant Resident）和监察员（Controleur）组成；由土著贵族公务员任职的土著官僚机构（Pangreh Praja），主要由摄政（Regent）、行政副官（Patih）、区长（Wedana）及助理区长（Assistant Wedana）组成。[①]土著官僚机构直接隶属于各地的驻扎官或助理驻扎官监管。从1816年荷兰恢复在印尼的殖民统治起，土著就正式开始在殖民行政管理体系中发挥作用。完善土著基础教育、提升土著知识文化水平也就成为提高荷兰殖民地治理效率的重要措施。

(一)殖民地土著基础教育体系的初步建立(1848—1900)

在19世纪以前的荷属东印度，仅有极少数土著有条件前往伊斯兰学校接受教育。随着荷兰殖民统治的日渐巩固，殖民地基础教育改革亦随之展开。从19世纪中期到该世纪结束，殖民当局进行了3次改革尝试。

第一次改革发生在1848年。针对当时殖民地教育基础设施严重缺乏的问题，殖民政府在当年的殖民地预算中宣布，每年拨款2.5万荷兰盾在爪哇为土著建立学校。其中一半经费用于建设一所教师培训学校（kweek school），另一半用于建设20所小学。[②]教师培训学校于1852年在梭罗（Surakarta）建成，旨在培训土著教师，为新建小学提供师资；小学旨在为来自殖民地贵族阶层的儿童提供教育，培养殖民政府公务员的后备力量。[③]自1849年第一所小学在西爪哇的帕蒂（Pati）建成后，爪哇各地的小学陆续出现。[④]为配合招生，1853年殖民政府颁布《第125号土

---

① Peter Post, *The Encyclopedia of Indonesia in the Pacific War*, Leiden: Brill, 2010, p.61.

② 最初称为provinciale school，1863年改称为regentschaps school（governmental regency school），后又改称为lagere school。本文统一翻译为"小学"。

③ Said Hutagaol, *The Development of Higher Education in Indonesia,1920-1979*, Ph.D.Dissertation, University of Pittsburgh, 1985, p.16.

④ G. J. Thieme, *Rapport van de Commissie tot Onderzoek naar de Toestand van het Inlandsche Onderwijs op Java*, Den Haag: Gebr. Belinfante, 1870, p.25.

著教育条例》(*Regerings-reglement art.125*)，为来自土著贵族家庭的儿童入学提供便利。[①]但此次改革成效并不明显，新建小学和入学的土著学生数量极为有限。以西爪哇的勃利央安省（Priadgan）为例，1856年殖民政府新建成小学7所，土著学生116人，平均每校约17人；而同期的伊斯兰学校共224所，土著学生5128人，平均每校约23人。[②]究其原因，主要在于贵族阶层的积极性不高。他们认为其后代接受伊斯兰学校教育后，同样具备足够的知识和能力来继承父辈在殖民政府中的职位。[③]

第二次改革从1860年延续至1880年，包括4个方面的内容：一是允许土著学生就读提供荷兰语言文化学习的欧洲小学（Europesche lagere school）[④]。殖民地政府曾于1849年明令禁止土著进入欧洲小学就读，不允许土著学习荷兰语与接受西方现代教育。1864年，殖民当局认为推广荷兰语可以加速土著文明化进程，便于殖民地的行政管理与殖民统治，因而颁布法令，允许土著就读于欧洲小学。[⑤]二是颁布《教育基本法》(*grondslagenbesluit onderwijs*)，扩大小学新建规模，推广以本土语言为教学语言的大众教育。[⑥]殖民地小学数量迅速增加，仅1872—1877年爪哇的小学数量就增长了1.5倍。[⑦]三是扩大受教育对象范围，小学面向包括贵族和平民在内的各阶层土著招生。[⑧]四是改革教学内容，新的小学课程涵盖了阅读、写作、算术、地理、历史、物理、生物、农业、绘画、测量、声乐、荷兰语等几乎所有的现代学科课程。[⑨]

然而来自土著平民家庭的学生因基础薄弱无法适应驳杂的教学内容，旷课率和辍学率较高。1878—1882年印尼儿童平均每5天就有一人辍学，入学第一年辍

① Mikihiro Moriyama, "Language Policy in the Dutch Colony: On Sundanses in the Dutch East Indies", *Southeast Asian Studies*, Vol.32, No.4, 1995, pp.446-454.

② Mikihiro Moriyama, "Language Policy in the Dutch Colony: On Sundanese in the Dutch East Indies," *Southeast Asian Studies*, Vol.32, No. 4, 1995, pp. 446-454.

③ Renodidjojo Soewandi, *A Study of Occupational Education in Indonesia*, Ph.D.Dissertation, Indiana University, 1968, p.33.

④ 第一所欧洲小学于1818年建立，主要招收欧洲人家庭子女。

⑤ Christiaan Lambert Maria Pender, *Colonial Education Policy and Practise in Indonesia: 1900-1942*, Ph.D. Dissertation, Australian National University, 1968, p.13, p.20.

⑥ Mikihiro Moriyama, "Language Policy in the Dutch Colony: On Sundanses in the Dutch East Indies", *Southeast Asian Studies*, Vol.32, No.4, 1995, pp.446-454.

⑦ Mikihiro Moriyama, "Language Policy in the Dutch Colony: On Sundanese in the Dutch East Indies," *Southeast Asian Studies*, Vol.32, No.4, 1995, pp. 446-454.

⑧ M. Hutasoit, *Compulsory Education in Indonesia*, Paris: UMESCO, 1954, p.15.

⑨ Christiaan Lambert Maria Pender, *Colonial Education Policy and Practise in Indonesia: 1900-1942*, Ph.D. Dissertation, Australian National University, 1968, p.24.

学率为69.7%，第二年辍学率为19.4%，第三年辍学率为7.5%。1878年入学的学生中仅有3.4%的学生顺利毕业，获得小学文凭。[①]土著阶层的认知水平和需求差异导致第二次改革的失败。时任教育大臣认为，现存的基础教育系统应限于为土著上层子女服务并建议为中下层子女提供较为简单的学校教育。[②]殖民政府于1893年进行第三次改革，筹划为土著建立两种不同类型的小学：一类是为土著贵族子女及土著公务员中富裕家庭后代提供教育的一级学校（eerste klasse school）；另一类是为土著平民子女提供教育的二级学校（tweede klasse school）。一级学校实行五年制教学，主要课程包括算术、阅读、写作、土地测量及平整、地理等。二级学校的要求相对简单，实行三年制教学，主要提供读、写与算术课程。两类学校的教学语言皆为本土语或马来语。[③]1893年改革解决了在同一所小学中无法兼顾贵族与平民不同需求的问题，并将教育机会扩大到更广泛的土著群体。截至1899年底，爪哇及其附近地区的小学数量已极为可观，其中一级学校224所，二级学校234所。[④]

经过19世纪的3次教育改革，以本土语言为教育手段的殖民地土著基础教育体系基本建立（见图1）。该体系具有二轨制雏形，有两个鲜明特点：一是坚持本土语言教学；二是贵族和平民后代分别就读一级学校和二级学校，界限分明。

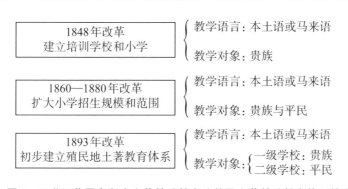

图1 19世纪荷属东印度土著基础教育改革及土著基础教育体系的建立

① Christiaan Lambert Maria Pender, *Colonial Education Policy and Practise in Indonesia: 1900-1942*, Ph.D. Dissertation, Australian National University, 1968, p.24.

② Christiaan Lambert Maria Pender, *Colonial Education Policy and Practise in Indonesia: 1900-1942*, Ph.D. Dissertation, Australian National University, 1968, p.25.

③ Christiaan Lambert Maria Pender, *Colonial Education Policy and Practise in Indonesia: 1900-1942*, Ph.D. Dissertation, Australian National University, 1968, pp.24-28.

④ *Algemeen Verslag van het Inlandsch Onderwijs in Nederlandsch Indië Lopende over de Jaren 1893 t/m 1897, met Aanhangsel Betreffende de Jaren 1898 en 1899*, Batavia: Landsdrukker, 1901, p.250.

（二）土著二轨制基础教育体系的完善（1901—1929）

从1901年起，荷兰殖民政府开始实施以"灌溉、移民、教育"为口号的伦理政策（*ethical policy*）来缓解殖民地社会矛盾、稳固其殖民统治，针对土著的基础教育改革也随之展开。开始之初，殖民地官员在具体的教育理念和政策上存在分歧。史努克·许尔赫洛涅（Snouck Hurgronje）和第一任伦理派教育部部长阿本达农（J. H. Abendanon）主张精英教育。而殖民大臣艾登伯格（Idenburg）及荷印殖民地总督范·休茨（Joannes Benedictus van Heutz）则鼓吹大众教育。[①]在此争议下，殖民政府在1893年改革的基础上进一步优化针对不同土著阶层的小学类型，完善并确立了土著二轨制教育体系：荷兰语小学主要为土著贵族阶层子弟服务，包括欧洲小学和荷印学校（Hollandsch inlandsche school）；本土语学校主要为满足大众需求，有二级学校、乡村学校（desa school）和继续学校（vervolg school）。需要注意的是，早在19世纪初，罗马天主教会及新教传教士已在东印度群岛的东部（如马鲁古群岛、小巽他群岛等地）提供基础教育服务。因此，伦理政策下的土著基础教育改革主要集中在爪哇和苏门答腊。

1.荷兰语基础教育体系改革

1893年教育改革后，土著贵族意识到缺乏荷兰语课程的基础教育无法满足其子女继续深造或进入政府机构的需求。许多土著贵族逐渐倾向于将子女送到提供荷兰语言文化及西方现代教育的欧洲小学。但殖民地官员认为土著学生能力不足，担心欧洲小学招收土著学生会降低学校的教育质量。欧洲小学因而偏向优先录取欧洲学生，对土著学生设置较高的入学门槛。1894年殖民政府规定进入欧洲小学就读的印尼子女必须来自讲荷兰语的土著家庭。[②]这一举措极大限制了土著后代接受荷兰语教育的可能性，土著学生占欧洲小学整体学生的比例相对较低。到了1905年，爪哇及其附近地区共有3935名土著学生进入欧洲小学就读，仅占学生总数的17.12%（见表1）。

---

① 梁志明：《殖民主义史·东南亚卷》，北京大学出版社，1999年，第389页。

② Christiaan Lambert Maria Pender, *Colonial Education Policy and Practise in Indonesia: 1900-1942,* Ph.D. Dissertation, Australian National University, 1968, p.108.

表1　欧洲小学土著学生数量

年份	欧洲人	土著	总计	土著学生比例（%）
1895	15553	1163	16716	6.96
1896	15840	1189	17029	6.98
1897	16163	1232	17395	7.08
1898	16523	1292	17815	7.25
1899	16725	1381	18106	7.63
1900	17015	1615	18630	8.67
1901	17341	1959	19300	10.15
1902	17802	2169	19971	10.86
1903	18275	2555	20830	12.27
1904	18602	3250	21852	14.87
1905	19049	3935	22984	17.12

资料来源：Kees Groeneboer, *Weg tot het Westen*, Leiden: KITLV Press, 1993, p.277

　　由于欧洲小学歧视政策的存在，土著的不满日益增多。为了缓解土著贵族的抱怨并解决贵族阶层后代因不懂荷兰语而导致行政效率低下的问题，殖民政府考虑将荷兰语教育引入本土。自1907年起，一级学校将荷兰语设为教学语言。荷兰语的引入被认为"为土著儿童打开了通向西方世界的大门"，[1]提升了本土基础教育的质量，同时在政治层面也象征着殖民政府开始承认土著享有欧洲现代教育的权利。但此时一级学校课程仍以本土内容为主，几乎不含荷兰文化、社会或地理。此外，学生对荷兰语的接受能力较为有限，教育改革总体上没能跟上殖民统治深化的步伐。

　　为改变这一状况，1911年起殖民政府开始对一级学校进行改革，最终于1914年将其重组为荷印学校。荷印学校的教育标准与欧洲小学相同，既缓解了欧洲小学的压力，也扩大了土著接受中级和高级教育的可能性。荷印学校有两个特点：其一，在七年制教育计划中，前两年使用本地语言进行教学，之后五年以荷兰语

① Agus Suwignyo, *The Breach in the Dike: Regime Change and the Standardization of Public Primary-School Teacher Training in Indonesia, 1893-1969*, Ph.D.dissertation, Leiden University, 2012, p.256.

为主要教学语言。其二，入学条件动态变化。在政策颁布之初，为维护土著贵族特权地位，规定"父母的社会身份与经济地位是决定能够就读于荷印学校的两大因素"；[①] 但在推行过程中，越来越多的非贵族子弟得到入学机会，阶层的限制被逐渐打破。

荷印学校的土著学生人数迅速增长。1915年土著学生约为2.2万人，1920年增加到3.3万人，1929年增长到5.6万人。[②] 荷印学校的重组获得极大成功，在一定程度上满足了殖民政府的需求，不仅缓解了欧洲小学的压力，同时培养了一批殖民地的管理人员。

2. 本土语基础教育体系改革

支持伦理改革的殖民官员认为，为土著提供大众教育符合伦理政策的目的与需求。提高土著的知识水平便于土著免受阿拉伯和中国商人的剥削以提高生活质量；便于消除乡村普遍存在的迷信风俗以增强村民的自由行为；便于改善村民的不良行为以形成聪明、勤奋、奉献和自序的公民意识。[③] 因此，本土语学校体系在这一时期也经历了深刻变化。

（1）乡村学校的建立与发展

为提高土著整体素质，1907年殖民总督范·休茨提议建立乡村学校。学校的建立与维护由土著乡村和村民负责，殖民当局提供教师和教材，并适当给予资金补贴。[④] 乡村学校为普通大众提供读、写及算术等基础教育，学制三年，以本土语为教学语言，目的是提高土著平民的识字率。但由于政府资助不力和村民态度不积极，学校发展速度较慢。

（2）推动二级学校标准化

乡村学校建立后，殖民政府对二级学校进行了再定位，认为其提供教育的标准要高于乡村学校以满足土著多样化的教育需求。1908年，二级学校的标准化改革正式完成，更广泛的基础教育及培训乡村学校教师成为二级学校的主要职责。[⑤]

---

① Christiaan Lambert Maria Pender, *Colonial Education Policy and Practise in Indonesia: 1900-1942*, Ph.D. Dissertation, Australian National University, 1968, p.129.

② Kees Groeneboer, *Weg tot het Westen*, Leiden: KITLV Press, 1993, p. 488.

③ Christiaan Lambert Maria Pender, *Colonial Education Policy and Practise in Indonesia: 1900-1942*, Ph. D. Dissertation, Australian National University, 1968, p74.

④ 梁志明：《殖民主义史·东南亚卷》，北京大学出版社，1999年，第390页。

⑤ Said Hutagaol, *The Development of Higher Education in Indonesia,1920-1979*, Ph.D.Dissertation, University of Pittsburgh, 1985, p.19.

此后，二级学校除了不提供荷兰语教学外，课程内容达到一级学校的水准；学生完成三年制学习后，经过一年额外的培训便可进入乡村学校任教。

1914年殖民地大臣普莱特（Th. B. Pleyte）建议殖民政府增建二级学校以满足土著标准化教育的需要。但迫于财政压力，该计划并未实施。1915年第一所继续学校作为替代方案得以建立，意图继续接受教育的乡村学校毕业生可以进入继续学校学习。继续学校属于本土语学校体系，学制两年，教学内容与二级学校类似。乡村学校毕业生在接受继续学校教育后达到二级学校毕业生水平。至此，土著二轨制基础教育体系已趋完善。

（三）土著基础教育的危机与调整（1930—1942）

20世纪30年代的全球"大萧条"对土著基础教育产生了极大的负面冲击。殖民地财政预算削减，教育支出比例逐年下降（见表2），土著基础教育发展面临较大困难。无论是荷印学校还是本土语小学，学校数量与学生人数增长陷入停滞甚至衰减的状态（见表3）。二级学校更是从1931—1932年的1990所急剧减少到1935—1936年的64所，学生人数相应地从341110人减少到10793人。值得注意的是，这一时期继续学校数量呈现出异常增长态势，体现殖民政府迫于财政压力逐渐淘汰二级学校而选择教学成效类似但支出更少的继续学校。

表2　1930—1936年政府对教育的支出

年份	财政支出（亿荷兰盾）	教育支出（亿荷兰盾）	教育支出比例（％）
1930	5.2	0.55	10.6
1931	4.8	0.55	11.5
1932	4.2	0.47	11.2
1933	3.8	0.39	10.3
1934	3.5	0.33	9.4
1935	3.2	0.28	8.8
1936	3.4	0.26	7.6

资料来源：Christiaan Lambert Maria Pender, *Colonial Education Policy and Practise in Indonesia: 1900-1942*, Ph. D. Dissertation, Australian National University, 1968, p. 373.

表3　1931—1936年本土基础教育学校数量与学生人数

学校类型	荷印学校		二级学校		乡村小学		继续学校	
年度	学校	学生（人）	学校	学生（人）	学校	学生（人）	学校	学生（人）
1931—1932	772	75040	1990	341110	16921	130131	1199	111525
1932—1933	746	76538	1757	316568	16075	1368692	1246	115411
1933—1934	734	76811	1208	231565	16398	1423387	1716	146722
1934—1935	723	75306	362	78950	16728	1507931	2354	185332
1935—1936	724	74803	64	10793	16962	1583236	2586	212554

资料来源：Christiaan Lambert Maria Pender, *Colonial Education Policy and Practise in Indonesia: 1900-1942*, Ph. D. Dissertation, Australian National University, 1968, pp. 372-373.

1937年，殖民地经济逐渐恢复，包括教育在内的公共支出恢复到正常水平。殖民政府试图修复经济危机对教育发展的损害。一方面，进一步向普通土著群体普及荷兰语。1938年教育大臣伊登堡（Philip J. Idenburg）向总督指出，尽管在大萧条期间荷印学校的发展受到限制，土著对这类学校的需求并未因此削弱。他认为荷兰语教育的目的不只是满足社会经济的发展，还应致力于提高印尼土著的知识水平。伊登堡建议在继续学校为殖民地土著提供荷兰语教学。这一建议得到了采纳。另一方面，殖民政府主张恢复本土学校教育。经济危机对本土语小学的冲击最为严重。经济恢复后殖民地政府极力推进本土语学校改革。1940年伊登堡提出一项扩大本土学校的五年制计划。第一步是建立5所五年制及50所两年制教师培训学校。从1942年起，每年新建1000所乡村学校来接收当年完成学业的两年制教师培训学校的毕业生。从1945年起，每年新建150所继续学校以接纳当年完成学业的五年制教师培训学校的毕业生。但因经费不足，该项计划在1941年陷入了困境，当年仅建立了3所五年制及40所两年制教师培训学校。每年计划建立的继续学校和乡村学校的数量也分别调整为200所和800所。[1]但随着1942年太平洋战争的爆发，该计划被迫终止。

---

[1] Christiaan Lambert Maria Pender, *Colonial Education Policy and Practise in Indonesia: 1900-1942*, Ph. D. Dissertation, Australian National University, 1968, p. 410, pp. 416-418.

二、荷属东印度土著基础教育体系的基本特征

近代西方在殖民地推行教育改革是极为普遍的现象。殖民地土著基础教育改革既具备这些改革活动的普遍性特征，也带有鲜明的地方性色彩。改革建立起来的二轨制基础教育体系成为了荷兰殖民政府所粉饰的给予土著的"福利"，被披上了一层"道义的面纱"①。但这层"虚幻"的面纱无法掩盖土著教育体系以殖民利益为导向的本质特征。

(一)西优东劣的种族歧视性

与英国在印度"培植在血液和肤色上是印度人，而在趣味、观念、道德与知识上是英国人的独特阶层"②无异，荷兰在其殖民地推行的土著基础教育改革也是为土著官员和公务员成为"棕色皮肤的荷兰人"做好准备。这一理念无疑默认了西方较之土著在知识文化上的优势。在殖民教育推行过程中，荷兰语开始取代本土语，各类西方课程开始取代土著传统课程，荷兰不自觉地用"先进的"西方文明取代"落后的"土著文化。进入殖民政府建立的学校就读的土著从入学之日起就不得不接受西方文化知识，土著的无意识认知实际上默认了西方文明对土著文明的歧视。荷属东印度的荷兰教师公开认为，荷兰语是土著精英的科学语言，甚至认为Indonesia一词是野蛮的象征。③马来语被视为在街上和当地市集上所讲的低级语言，而精通荷兰语的人则有机会与欧洲商人甚至政府打交道。④殖民政府通过教育向印尼人的意识中注入了西方优越的观念，逐渐侵蚀土著自立更生的理念，使得他们相信自己的无知，并怀疑自身的能力，最终实现殖民统治的目的。

此外，荷属东印度二轨制基础教育体系在确立之初便体现出歧视性与不平等特征。本土语教育系统只存在于基础教育，中学乃至大学教育属于荷兰语教育系统。这意味着荷兰语基础教育是土著接受进一步教育的基础与前提。荷兰语小学

① 除了"伦理的"之外，Ethical一词有"道德的，道义的"之意。
② 张力:《印度近代民族主义意识与西方教育》,《南亚研究季刊》1989年第3期。
③ Djoko Sanjoto, "Verwijderd Wegens Wangedrag: Derita Tak Kunjung Habis", Gema, No.4, 1991, pp.2-11.
④ Matthew J. Schauer, *Custodians of Malay Heritage: Anthropology, Education, and Imperialism in British Malaya and the Netherlands Indies 1890-1939*, Ph. D. Dissertation, University of Pennsylvania, 2012, p.306.

是高等或特殊教育的起点，而不是土著教育的终点。[①]殖民政府虽然在1921年建立衔接学校（schakel school），为有能力的本土语学校毕业生打开了中高等教育之门，[②]但衔接学校成效不大，不仅就读人数有限，而且毕业难度极大。衔接学校以荷兰语为教学语言则进一步体现出土著学生唯有接受荷兰语教育才能接触"上层"文明。殖民政府企图通过西方的语言和行为文化对本土文化的渗透，确立起殖民宗主国的"先进性""现代性"与殖民地的"落后性""附属性"之间的二元对立，反映了荷兰殖民政府的文化沙文主义和功利主义倾向。

在这种形式更为舒缓的殖民渗透过程中，土著开始形成一种错觉：只有荷兰语才是通往现代和真知的高级语言，西方教育才是获得至高名誉的桥梁。因此，土著贵族阶层纷纷将其后代送进荷兰语小学接受教育，一些中下层土著也在潜移默化中受到西方"先进"文明影响，被"上层"地位吸引，寻求荷兰语教育的可能性，认为西方教育是摆脱原先身份和困境从而跻身上流社会的主要途径。实际上，通过接受荷兰语和西方现代教育的人群成为殖民政府制造的所谓"上层"人士后，即便得到名义上的"荣誉欧洲人"身份，但依旧因肤色、种族等因素受到欧洲人歧视。在"西优东劣"思想的影响下，这些所谓"西化"的"上层"人士甚至不被允许相互间使用荷兰语交流。殖民政府认为土著使用荷兰语是"有损荷兰语纯正及荷兰人优越"[③]的行为。对于殖民政府而言，土著只是通晓双语的办事员大军，充当了宗主国和殖民地之间的语言媒介。[④]"土著"这一暗含着种族歧视烙印的身份使得这些所谓的"上层"人士被禁锢在殖民机构中的下层职位难以突破。他们追求的欧洲人所拥有的地位和权力更是遥不可及。

（二）激化土著社会矛盾的欺骗性

殖民教育体系的二轨制特征表面上体现了基于土著因材施教的理念，但在这极具迷惑性和欺骗性的面具下隐藏了殖民政府刻意制造土著社会内部矛盾的用意。一方面，为培养亲荷土著，殖民小学号称向所有土著敞开，但荷兰人心里依

① Said Hutagaol, *The Development of Higher Education in Indonesia,1920-1979*, Ph.D.Dissertation, University of Pittsburgh, 1985, p.19.
② Renodidjojo Soewandi, *A Study of Occupational Education in Indonesia*, Ph.D.Dissertation, Indiana University, 1968, p.41.
③ G. H. Bousquest, *A French View of the Netherland Indies*, Oxford : Oxford University Press, 1940, p.88.
④ Benedict Anderson, *Imagined Communities: Reflections on the Origin and Spread of Nationalism*, London, New York: VERSO, 1983, p.115.

旧排斥土著，不愿他们取得与其平等的地位和对等的待遇。由于这种矛盾心理作崇，荷兰殖民教育政策极端保守，教育改革的成效也局限在基础教育。1900—1904年，平均每年接受基础教育的土著为2987人，这一数字到1928年激增到了74697人。[1] 到1940年，数百万人接受了本土语小学教育。与此相反的是，殖民地超过7000万土著人口中，读大学的土著只有637人，仅有37人拿到学士学位。[2] 尽管土著上层贵族和精英基于经济许可下前往荷兰留学，但人数极少，1924—1940年共为344人。[3] 显然，真正能获得有限教育机会的只能是土著上层阶级，高等教育仍然是荷兰人和少数印尼人的特权。普通平民只能接受以扫盲为目的的本土语教育，依旧被禁锢在社会底层。从就业前景看，接受本土语教育的平民阶层在毕业后一般务农或成为劳工、小商贩等，被限制在一个由农场和小商店组成的土著世界；[4] 而贵族阶层的后代在完成荷兰语小学教育后可以进一步接受中学和大学教育，成为土著社会政治和经济领域的管理人员。从就业待遇看，在政府或欧洲企业工作的土著与其他土著之间存在巨大矛盾，工资收入水平存在极大差异。[5] 1926年，佃农、苦力和农场工人每年平均收入为100—120荷兰盾。[6] 同期，下层公务员和西方企业的低级管理人员每年收入为300—400荷兰盾，中层管理人员甚至高达1200—1500荷兰盾[7]，是普通百姓的10倍以上。土著社会内部不同阶层之间的矛盾因教育机会的不均等而激化。

另一方面，成为殖民社会知识精英的西化贵族被荷兰殖民政府树立为"进步"

[1] George McTurnan Kahin, *Nationalism and Revolution in Indonesia*, New York: Cornell University Press, 1952, pp.31-32.

[2] Henk Laloli, *Technisch Onderwijsen Sociaal-Ekonomische Verandering in Nederlands-Indie en Indonesie, 1900-1958*, Scriptie Vakgroep Economische en sociale geschiedenis Universiteit van Amsterdam, 1994, p.50; George McTurnan Kahin, *Nationalism and Revolution in Indonesia*, New York: Cornell University Press, 1952, pp.31-32.

[3] Van der Wal, *Some Information on Education up to 1942*, The Hague: Netherlands Universities Foundation for International Cooperation, 1961, p. 7.

[4] Willy Rothrock, *The Development of Dutch-Indonesian Primary Schooling: A Study in Colonial Education*, Master, The University of Alberta, 1975, p.126.

[5] Henk Laloli, *Technisch Onderwijsen Sociaal-Ekonomische Verandering in Nederlands-Indie en Indonesie, 1900- 1958*, Scriptie Vakgroep Economische en sociale geschiedenis Universiteit van Amsterdam, 1994, p.50.

[6] Meijer Ranneft, J.W. en W. Huender, *Onderzoek naar den belastingdruk op de Inlandsche bevolking van Java en Madoera*, Weltevreden: Landsdrukkerij, 1926, p.10.

[7] Henk Laloli, *Technisch Onderwijsen Sociaal-Ekonomische Verandering in Nederlands-Indie en Indonesie, 1900-1958*, Scriptie Vakgroep Economische en sociale geschiedenis Universiteit van Amsterdam, 1994, p.51.

阶层。他们在成为荷兰文化附庸的同时逐渐形成对"落后的本土文化"的认识，开始萌生对本民族语言文化的自卑心理，导致他们与本土文化的决裂。正如哈达所言，二轨制教育系统分离了西化精英与土著。[①]这些所谓"先进"的西化精英认为他们比未受西方思想影响的土著要强，逐渐与一般百姓相隔离，使得歧视风气在土著社会盛行。为粉饰自身，受过西方教育的爪哇人在与欧洲人交谈时，趋向坐在椅子上与他们握手，而不是在象征地位仪式化的遮阳伞下（payung）盘腿坐在地板上用爪哇敬语去交谈。[②]此外，土著在接受现代化思想和理念后，开始反思某些"传统的""落后的"风俗习惯，要求以"新的""先进的"方式来定义自身，其中最为明显的便是称呼方式的转变。例如乡村教师们拒绝被称为"乡村教师"（guru desa），认为这是落后的，更喜欢被称为"人民教师"（guru rakyat）。[③]"懂荷兰语言文化、现代的、先进的"西化精英阶层和"无知的、传统的、落后的"土著下层之间的矛盾日趋明显。可以说，二轨制教育的推行虽然明面上是为了提升土著整体的文化水平与素养，但由于"精英"得到"教化"，荷兰文化得以通过"精英"的权力和影响自上而下地渗入土著社会，基础教育实际成为激化土著社会矛盾的潜在力量。

（三）本质上的侵略性

二轨制基础教育的实质是殖民教育，深层目标是维护荷兰在印尼的殖民统治和权力，体现了其本质上的侵略性。

1. 为殖民政府提供社会和政治的管理人员是教育改革的重要推力

印尼群岛岛屿众多、面积广阔，对于荷兰而言通过武力征服来巩固统治难以为继，文化怀柔和精神征服才是更为现实的手段。荷兰殖民者也曾赤裸裸地表达这一意图。荷兰著名东方学者及土著事务顾问史努克·许尔赫洛涅曾提到："为了建立一个地理上分离、精神上团结，由在西北欧和在东南亚这样两个部分构成的荷兰帝国，我们必须在领土兼并之后进行精神兼并。"[④]史努克·许尔赫洛涅认为：

---

① M. Hatta, "Jong-Indonesie", *Hindia Putra* (Rotterdam), 1931, p.91.

② Arnout van der Meer, *Ambivalent hegemony: Culture and power in colonial Java,1808–1927*, Ph.D. Dissertation, New Brunswick-Rutgers University, 2014.

③ Tom Hoogervorst, "Urban Middle Classes inColonial Java (1900-1942): Images and Language," *Humanities and Social Sciences of Southeast Asia and Oceania*,Vol. 173, No. 2, 2017, p. 452.

④ C. Snouck Hurgronje, *Nederland en de Islam,* Leiden: Brill, 1911, pp.79-88.

"几个世纪以来我们剥夺了土著独立政治或独立民族的可能性，因而我们必须通过教育的方式促使土著参与殖民地的政治和社会生活。"[①] "精神兼并"是通过教育提供更多的西方技能和文化，在满足土著对西方教育渴望的基础上，在荷兰和土著社会建立文化联系。通过教授荷兰语等现代技能及进行人格建设向当地学生灌输荷兰人的工作伦理、个人纪律、理性和现代生活等新观念。[②] 这些教育政策的产生是为了将更多的土著居民置于帝国政府的控制之下，使他们更充分地融入帝国经济，并为他们最终成为荷属东印度的领导人做好准备。[③] 在巴达维亚（今雅加达）服务的政府官员科恩·斯图尔特（J. W. T. Cohen-Stuart）和福克（D. Fock）也曾提到，有必要扩大土著教育以提供必要的人员来管理扩大的殖民地。[④] 荷印学校建立的最初目的是培养逐渐融入西方文化的富裕阶层儿童成为东西方交往的中间阶层。[⑤] 因此，荷属东印度基础教育的目的是希望培植亲荷土著领导人，并逐渐担任荷兰人到目前为止所担任的职务，以便更好地为殖民当局服务。可以说，教育改革是为少量殖民者提供"资源"来控制和管理殖民地事务，企图实现土著社会与荷兰社会的"联合"，体现其殖民特征。

2. 殖民教育体系是为荷兰的经济利益服务的

一方面，世界近代以来西方国家在东南亚地区的殖民教育政策和治理理念与其经济直接相关。在缅甸、新加坡和马来亚等英国殖民地，公共教育的唯一目标是为贸易、农业和制造业培养低技能的劳动力。[⑥] 在美国统治下的菲律宾公共教育系统，从鼓励农业生产转向与小型和大型工业、制造出口产品相协调的职业培

① C. Snouck Hurgronje, *Nederland en de Islam,* Leiden: Brill, 1911, p.85.

② Willem Otterspeer, "The Ethical Imperative," in Willem Otterspeer, eds., *Leiden Oriental Connections 1850-1940*, Leiden: E.J. Brill, 1989, pp. 219-225.

③ Matthew J. Schauer, *Custodians of Malay Heritage: Anthropology, Education, and Imperialism in British Malaya and the Netherlands Indies 1890-1939*, Ph. D. Dissertation, University of Pennsylvania, 2012, p.161.

④ J.W.T. Cohen-Stuart, "Oprichting van Inlandsche Rechtscholen", *Indische Gids,*1907, pp.1332-1333; Fock,D, "Beschouwingen en voorstellen ter verbetering van den economischen toetand der inlandsche bevolking van Java en Madura", The Hague,1904, p.2.

⑤ Director of Education, 28 November 1938, in Van der Wal, *Het Onderwijsbeleid in Nederlands-Indië: Een Bronnenpublikatie*, Groningen: J.B. Wolters, 1963, p.606.

⑥ G.Y. Hean, *The Training of Teachers in Singapore, 1870-1940,* Singapore: Institute of Humanities and Social Sciences, Nanyang University, 1976; F.W. Hoy Kee, P.C. Min Phang, *The Changing Pattern of Teacher Education in Malaysia,* Kuala Lumpur: Heinemann, 1975; J.S. Furnivall, *Colonial Policy and Practice: A Comparative Study of Burma and Netherlands India*, Cambridge: University Press, 1948, p.376.

训。①尽管并非所有的殖民战略都能按计划实施，但殖民教育政策的设计无疑体现了殖民经济再生产的愿景。同样，荷属东印度政府认为公共教育是生产廉价和有效劳动力的经济资产。②弗尼瓦尔提到，荷属东印度殖民地的公共教育与缅甸殖民地一样，目的是培养低级技术劳动者。③因而，学校教育起着一种工具性的作用，殖民当局将一套既定的价值观强加于土著，使其形成服从殖民者的心态，在殖民者所构建的框架下创造劳动价值，最终实现发展殖民经济的目的。

另一方面，二轨制教育体系形成的一个重要原因是殖民政府财政无法负担在全印尼实行荷兰语教育。殖民官员认为给印尼各阶层提供与欧洲小学相当的荷兰语教育在经济上是行不通的。④欧洲小学教育投资过大，史努克·许尔赫洛涅等人主张为原住民建立荷印小学，以较低成本培植为殖民政府服务的土著西化精英。殖民地总督范·休茨同样基于经济的考量，认为给平民提供教育的二级学校支出过大，并不适合广大人民群众的教育需求，因而积极引进乡村学校，将教育成本分摊到普通百姓身上。弗尼瓦尔提到，政府薄弱的财务状况是乡村学校建立的原因。二级学校的一个学生平均每年花费25荷兰盾。在一个具有500万小学适龄人口的土著社会，仅土著的小学教育费用就将达到1.25亿荷兰盾，而财政每年收入不到2亿荷兰盾。乡村学校的财政支出比二级学校要少得多，社区和村庄提供了校舍，每年捐助大约90荷兰盾。⑤因而，乡村学校和继续学校纷纷成立，减轻二级学校建设的经济负担，这一举措估计每年节省4700万荷兰盾。⑥同样，在二轨制基础教育体系完善与调整期间，殖民政府为了节省教育开支逐渐让花费更低的继续学校取代二级学校。可以说，二轨制基础教育体系的建立是殖民政府以最低成本获得最大成效的重要举措，体现出殖民教育体系为殖民经济服务的特性。

① Douglas Foley, "Colonialism and Schooling in the Philippines, 1898-1970", in Philip G. Altbach and Gail P. Kelly, eds., *Education and the Colonial Experience: Second Revised Edition*, New Brunswick and London: Transaction Books, 1984, pp.33-53.

② Agus Suwignyo, *The Breach in the Dike: Regime Change and the Standardization of Public Primary-School Teacher Training in Indonesia, 1893-1969*, Ph. D. Dissertation, Leiden University, 2012, p. 42.

③ J.S. Furnivall, *Colonial Policy and Practice: A Comparative Study of Burma and Netherlands India*, Cambridge: University Press, 1948, p.376.

④ Christiaan Lambert Maria Pender, *Colonial Education Policy and Practise in Indonesia: 1900-1942*, Ph. D. Dissertation, Australian National University, 1968, p.138.

⑤ J.S. Furnivall, *Netherlands India: A Study of Plural Economy*, Cambridge: Cambridge University Press, 1939, p.367.

⑥ Dr. I. J: Brugmans, *Geschiedenis van het Onderwijs in NederlandachIndie*, J. B. Wolters' Uitgevers Maatschappij, N. v., Groningen-Batavia, 1938, p. 316.

正如尼尔（Wilfred T.Neill）所言："每个时期的政治、经济和社会条件在很大程度上取决于当权者的利益。"①荷属东印度教育的发展作为殖民社会生活的一个方面，自然无法脱离殖民当局利益的影响。因此，针对土著的基础教育普及不过是荷兰政府一个精心的安排，其实质在于调和殖民地土著与荷兰殖民政府之间的对抗关系，以实现对殖民地各领域的侵入和控制，巩固荷兰殖民者的政治和经济利益。

三、二轨制基础教育体系对土著社会的影响

殖民政府在不断的实践中确立了二轨制基础教育体系。由于改革规模庞大、内容复杂，以及部分土著贵族抵触等因素，改革带来的成效未能达到殖民政府的预期。随着1929年大萧条的开始，直至1942年太平洋战争的爆发，土著基础教育改革也随同荷兰殖民统治的崩溃而落下帷幕。改革对土著社会产生的冲击远甚于对殖民政府的影响。尽管土著不是改革的主导者，受益于改革的土著学生数量依然有限，受惠学生文化水平的提高还是从整体上提高了土著的综合素质和土著社会的福利水平。少数出类拔萃的聪明人成为精英，或是积极投身公共政务，或是有机会受雇于公务部门和商业企业。但在殖民政府精心编织的"道义的面纱"之下，土著社会的既有结构受所谓的"先进教育"的冲击而瓦解并重组。新知识分子阶层的崛起推动了萌芽于20世纪初的印尼民族主义的进一步发展，为战后印尼民族国家的建立和建设提供了支撑。

（一）土著社会的重构

整个荷属东印度是一个由土著、华人、欧洲人等组成的多元社会。②若借用弗尼瓦尔的这一概念，土著社会内部也呈现出明显二元或多元特征。其一，爪哇人、巴厘人，甚至苏门答腊的达雅克人、米南加保人等族群，都是土著社会的有机组成部分，各有民族认同及传统；其二，在传统而固化的社会中，土著贵族阶层与普通平民阶层虽然属于本土语言社群，但彼此间交流极为有限，存在较为明显的隔阂。随着二轨制基础教育体系的推广，西方文化和意识形态通过教育这一媒介

---

① Wilfred T.Neill, *Twentieth Century Indonesia*, New York: Columbia University Press, 1973, p.3.

② J. S. Furnivall, *Colonial Policy and Practice: A Comparative Study of Burma and Netherlands India*, New York: New York University Press, 1948, pp.304-305.

进入土著社会，冲击了既有的社会传统，导致不同族群和阶层之间的交流日益密切，土著社会内部开始出现流动与分化。

　　一方面，重组后的荷印学校放宽了对学生的入学条件限制，除了来自贵族家庭的儿童，平民阶层，甚至贫困家庭的各土著族群的后代也获得了不少机会，打破了早前的一级学校被土著贵族垄断的情形。虽说在荷印学校建立之初，父母的身份地位是土著学生入学的标准，但随着教育改革的深化，这一标准并未完全适用。[1]1926年，荷兰独立教育委员会（Hollandsch Inlandsch onderwijs-Commission）出台了一份调查报告，显示荷印学校92%的学生来自月收入低于250荷兰盾的家庭，45%来自月收入低于75荷兰盾的家庭，[2]大约有2/3的学生来自中下阶层。[3]经济危机期间，殖民政府进一步调整学费与学生的入学标准以适应社会发展的需要。私营雇员每月收入50荷兰盾和公务员每月收入35荷兰盾的家庭的孩童可以进入荷印学校就读。[4]不仅如此，不少平民父母意识到荷兰语学校是攀登经济和社会阶梯的通道，比以往将孩子送往西方学校就读的愿望更为强烈。[5]此外，土著学生，尤其是平民学生认为西化教育是他们摆脱父母的传统职位获得更多经济报酬的重要途径。[6]因而，在入学标准下降及父母和孩童渴望接受西化教育愿景的作用下，进入荷印学校的平民学生人数越来越多。荷印学校不再是一所贵族精英学校。[7]荷印学校中的贵族和土著平民的后代接受同质教育，相同的课程内容及共同的语言逐渐消弭了彼此之间的差异。这种消弭的形式既表现为来自平民阶层的学生开始接受贵族子弟的学习生活方式，也表现为来自不同土著族群的学生在日常的交流中逐渐融合。在20世纪的土著社会里，荷印学校的文凭被认为是贵族地

[1] Paul van der Veur, *Education and Social Change in Colonial Indonesia*, Athens: Ohio University Center for International Studies, 1969, p.16.

[2] Paul van der Veur, *Education and Social Change in Colonial Indonesia*, Athens: Ohio University Center for International Studies, 1969, p.3, p.16.

[3] M. J. Schauer, *Custodians of Malay Heritage: Anthropology, Education, and Imperialism in British Malaya and the Netherlands Indies 1890-1939*, Ph.D.Dissertation, University of Pennsylvania, 2012, pp.176-177.

[4] Director of Education, 28 November 1938, in Van der Wal, *Het Onderwijsbeleid in Nederlands-Indië: Een Bronnenpublikatie*, Groningen: J.B. Wolters, 1963, p.606.

[5] J. Lelyveld, *G.J. Nieuwenhuis*, np:np, 198x, pp.8-9. np表示出版地和出版机构不详；198X表示出版时间为20世纪80年代，具体年份不详——笔者注。

[6] Henk Laloli, *Technisch Onderwijsen Sociaal-Ekonomische Verandering in Nederlands-Indie en Indonesie, 1900-1958*, Scriptie Vakgroep Economische en sociale geschiedenis Universiteit van Amsterdam,1994, p.47.

[7] Director of Education, 28 November 1938, in Van der Wal, *Het Onderwijsbeleid in Nederlands-Indië: Een Bronnenpublikatie*, Groningen: J.B. Wolters, 1963, p.605.

位的象征，符合条件的土著平民转型为土著社会中的新贵族乃至知识精英，形成了从下往上的阶层流动。[1]

　　另一方面，来自贵族阶层的学生在入学前由于家庭的因素已经开始学习荷兰语。因此，在荷印学校中，来自贵族家庭的学生总体上成绩更为优异。20世纪初，思想开明的土著贵族意识到接受新式教育是贵族子弟维持其固有威望的必由之路。越来越多的来自贵族家庭的学生进入西式学校接受教育，甚至前往荷兰留学。他们成为了近代殖民地社会的第一批土著知识分子。1914年荷印学校改革完成后，更多贵族后代进入学校就学，甚至进一步深造。[2]在知识和文化的交往过程中，他们的思想与习惯日益受到西方影响。这些西化的精英专注于荷兰文化，为自己接受的荷兰教育感到自豪，并经常在家中用荷兰语交流。[3]在西方文明的影响下，无论来自上层贵族，还是来自中下层贵族及富裕家庭，他们之间的交流交往日渐频繁，彼此的认同日渐增加。这些"贵族中的精英毕业生"逐渐形成一个新的流行讲荷兰语的土著社群。随着荷印学校毕业生的逐渐增多，该群体也不断壮大。当时土著贵族几乎没有意识到将孩子送到学校接受现代教育会摧毁旧社会及其文化。[4]但现实情况是，接受了西方教育的贵族子弟与他们讲本土语的父母亲戚之间的隔阂日益扩大。不少学生离开了那个只有国王、教士和农民的世界，[5]接触并接受西方的思想和行为方式，睡觉穿睡衣，睡前说"晚安"（wel te resten），夜间关灯，改变了原本的用餐礼节和习俗。[6]土著贵族离开了传统的生活环境，受到了新生活习惯的冲击，自然形成与原本社群相对立的生活模式。在西方学校的环境中，年轻土著发现这里的生活与原先的环境迥然有别，生理及心理环境都开始发生微妙的改变。他们逐渐将自己定义为新时代的人，并认为旧的文化无法满足他们新一代人的需求，对其传统文化持有怀疑态度，拒绝承认传统的土著价值观和思想理念。这些西化贵族更希望后代通过学习荷兰语来提高他们的社会经济地

[1] Robert van Niel, *The Emergence of the Modern Indonesian Elite*, WW Hague: W. van Hoeve, 1960, p.29.

[2] 1913年，荷属东印度仅有4019名土著在荷兰语小学就读。到了1915年，在荷兰语小学就读的土著增加到了24119人。参见K. Groeneboer, *Weg tot het Westen*, Leiden: KITLV Press, 1993, p.484, p.488.

[3] Henk Laloli, *Technisch Onderwijsen Sociaal-Ekonomische Verandering in Nederlands-Indie en Indonesie, 1900- 1958*, Scriptie Vakgroep Economische en sociale geschiedenis Universiteit van Amsterdam,1994, p.62.

[4] Ailsa Zainu'ddin, "Education in the Netherlands East Indies and the Republic of Indonesia", *Melbourne Studies in Education*, Vol.12, No.1, 1970 ; S. T. Alisjahbana, *Indonesia: Social and cultural revolution*, Oxford University Press,1966, p. 24.

[5] 阿德里安·维克尔斯：《现代印度尼西亚史》，何美兰译，世界知识出版社，2017年，第67—68页。

[6] A. A. M. Djelantik, *The Birthmark: Memoirs of a Balinese Prince*, Singapore: Periplus, 1997, pp. 60-66.

位，并进一步融入更有利可图的现代殖民经济之中。因而，不少家庭的父母要求他们的孩子用荷兰语交谈，禁止使用爪哇语，以便为他们的入学做好准备。①当他们的后代入学时，家庭的影响使得这些"第二代"使用荷兰语的自觉性比本土语更强烈，欧洲小学及荷印学校成为其优先考虑的对象。接受西方现代教育的贵族学生开始从传统贵族阶层分化出来，形成一个讲荷兰语的新贵族社群，反映了土著社会内部从传统贵族到新知识精英的转型。

　　无论是平民到贵族或精英的向上流动，还是传统贵族到新贵族的转型，都反映出一个现象：在西方化和现代化的影响下，土著社会出现解构和重塑。传统土著社会中贵族和平民对立的二元结构转型为包含彼此界限更为模糊的平民、传统贵族和新贵族（或新精英）的三元社会结构。

（二）土著民族主义思潮的发展

　　荷兰殖民主义者所施行的一切政策都是"极端卑鄙的利益所驱使"，但实施的结果却客观地促进了当地社会、经济和文化的变动与发展，甚至推动了前所未有的"社会进步"。在促成殖民地民族主义兴起中扮演独特角色的是殖民地的学校体系。包括教会学校、私立学校和殖民当局建立的小学在内的殖民地教育机构成为了向殖民地输送西方价值观和西方知识的渠道，激发了被殖民者的思想意识的解放。土著逐渐形成一种新视野，对于他们在整个社会中的角色产生了新的认知，推动了土著民族主义思潮的发展。

　　首先，基础教育的现代化改革推动了民族主义思想的兴起与传播。一方面，随着基础教育的推广，前往城市甚至西方学习的土著学生数量日渐增多，土著知识分子阶层开始形成并壮大。民族主义是一种只有在城市中才能形成的理念。在新的城市环境中，土著学生摆脱了传统的生活和权威人物；在充满现代性的国内外城市里，他们使用共同的语言、阅读同样的报纸资料，接触到了不同社会、种族背景的其他人，接触到了充满革新性的新观点、新思想和新制度，改变了他们看待社会的眼光，提高了他们分析社会问题的能力，进而在土著群体中形成一种彼此类似的社会信念，萌发民族统一感和利益一致感。不少土著开始对荷兰殖民统治产生质疑，逐渐意识到作为被殖民者、被压迫者及被羞辱者的命运，并且试图破坏、改变现存的社会秩序，使印尼重生，土著民族主义情绪高涨。因此，教

---

① "Interview of Purbo Suwondo, Jakarta, August 30, 1999," Cited in Rudolf Mrazek, *A Certain Age*, Durham: Duke University Press, 2010, p.157.

育改革可能非但没有培养出亲荷的知识分子，反而促成了印尼近代中产阶级知识精英的形成，为印尼创造出更多的民族主义者。[1]另一方面，西化教育加重了知识精英文化认同感的缺失。许多西化土著已经失去了对本民族文化根源的固有依恋，但并未挤入欧洲文化社群。接受了西方教育并掌握了西方文化的知识精英认为自己与欧洲人处于平等地位。然而，现实是欧洲人（尤其是荷兰人）依旧处于殖民社会的顶层。尽管西化土著和欧洲人均被视为殖民地的精英阶层，但人种和肤色的差异标志着土著精英处于从属地位——他们从未被欧洲文明真正接纳。这些文化认同感迷失的人们更易"倾向于民族主义者的革命宣传"，[2]甚至成为民族主义活动家，积极宣传民族主义思想。他们不再过分关注自己的垂直流动及社会地位的提高，更多关注的是社会的变革活动。这些新精英阶层愿意为实现印尼人民的进步、繁荣和独立而奋斗，以反对歧视、剥削和压迫的殖民制度，逐渐成为现代民族主义运动产生的载体。他们在"想象的共同体"中企图建立一个平等和自由的社会制度。

其次，二轨制基础教育体系影响下建立起来的私立学校（wilde scholen）是传播印尼民族主义思想的重要场所。二轨制基础教育过度割裂本土文化和西方文明。为维护本民族文化并接受西方先进文明的熏陶，一些西化的土著精英开始反思现有基础教育，积极推动建立一个东西方文化综合教育体系。其中，1922年由西化的爪哇贵族苏瓦尔迪·苏亚宁拉（Soewardi Soerjaningrat）创立的"学生花园"（Taman Siswa）运动是私立学校的典型。"学生花园"把爪哇本土文化与现代西化课程相结合，体现教育融合原则。印尼儿童的中小学拥有与荷兰语学校相同质量的课程、教学方法和结构，但要建立在土著民族文化的基础上，使用印尼语作为教学语言，教学材料和教学方式适合印尼社会的"灵魂、品格和文化"。[3]私立学校的数量持续增长，并快速蔓延到城镇和农村地区。1928年"学生花园"学校有20所，到了1932年经济危机期间增加到166所，共有学生1.1万人；1939年增加

---

① 阿德里安·维克尔斯：《现代印度尼西亚史》，何美兰译，世界知识出版社，2017年，第26—66页。

② Nota Van der Plas 7 December 1927, in Van der Wal, *Het Onderwijsbeleid in Nederlands-Indië: Een Bronnenpublikatie*, Groningen: J.B. Wolters, 1963, pp.438-441.

③ Agus Suwignyo, *The Breach in the Dike: Regime Change and the Standardization of Public Primary-School Teacher Training in Indonesia, 1893-1969*, Ph.D.Dissertation, Leiden University, 2012, p.127.

到205所，共有学生1.45万人。① 私立学校的发展意味着土著对荷兰文化的反思及对荷兰殖民统治的思考，导致了教育和政治发展的新变化，成为向印尼青年传播民族主义思想的重要场所。② 私立学校的教师充当了印尼民族主义思想传播的主要推手。不少对殖民政府不满的知识分子前往私立学校任教，宣传与发展民族主义。③ 对这些人而言，积极参与民族主义活动和组织是一种有意识的选择。他们有意离开曾经生活过的社会和经济地位稳固的生活，去追求他们认为更高的另一种理想。④ 普拉姆迪亚·阿南达·杜尔⑤的父亲便是很好的例子。他放弃政府的工作前往私立学校任教。在历史课程的教学上，他不再使用《荷兰历史》或《东印度荷兰人历史》将荷兰的历史和文化价值观灌输给学生，⑥ 而是注重讲述印尼人的历史。不仅如此，他生动描述并创作歌曲歌颂抗荷民族英雄，并将歌曲教授给学生。⑦ 甚至，在这些私立学校教师的影响下，荷印学校等公立学校的土著教师开始"隐蔽地"追随着私立学校老师的思想认知和前进步调，逐渐违背殖民政府建立基础教育学校的初衷。⑧ 荷印学校教师认为："荷属东印度的学校教育并未提高土著儿童的自主性，我们的许多孩子上学是因为他们想成为政府官员和行政人员，但这只是'自讨苦吃'，我们必须教育我们的孩子，让他们成为自己的主人。"⑨ 即便是殖民政府也不得不承认私立学校教师在激发土著民族主义思想意识层面的有效性。殖民政府监禁的许多民族主义活动家是来自私立学校的教师。⑩

① Kenji Tsuchiya, H.B. Jassin, *Demokrasi dan Kepemimpinan: Kebangkitan Gerakan Taman Siswa*, Jakarta: Balai Pustaka, 1992, p.137; Lee Kam Hing, "Taman Siswa in Post-War Indonesia", *Indonesia*, Vol. 25, 1978, pp.41-59.

② Said Hutagaol, *The Development of Higher Education in Indonesia,1920-1979*, Ph.D.Dissertation, University of Pittsburgh, 1985, p.25.

③ George McTurnan Kahin, *Nationalism and Revolution in Indonesia*, New York: Cornell University Press,1952, p.52.

④ Agus Suwignyo, *The Breach in the Dike: Regime Change and the Standardization of Public Primary-School Teacher Training in Indonesia, 1893-1969*, Ph.D.Dissertation, Leiden University, 2012, p.178.

⑤ 印尼现代著名小说家，代表作有《人世间》《黎明》等，注重揭露现实。

⑥ Ann Gregory, *Recruitment and Factional Patterns of the Indonesian Political Elite: Guided Democracy and the New Order*,Ph. D. Dissertation, Columbia University, 1976, p.149.

⑦ Adrian Vickers, *A History of Modern Indonesia*, New York : Cambridge University Press, 2013, p.84.

⑧ Agus Suwignyo, *The Breach in the Dike: Regime Change and the Standardization of Public Primary-School Teacher Training in Indonesia, 1893-1969*, Ph.D.Dissertation, Leiden University, 2012, p.70, pp.186-187.

⑨ "Pembitjaraan Kita", *Aboean Goeroe-Goeroe*, No. 7, Tahoen XI,1931, pp.130-131.

⑩ Soewarsih Djojopoespito, *Buiten het Gareel: An Indonesische Roman*, 's-Gravenhage: Nijgh & Van Ditmar, 1940, pp.227-228.

最后，殖民教育改革并未真正解决土著的晋升与发展问题。殖民政府企图通过教育增加土著精英获得政府工作的机会，通过培养"西方印尼人"来缓和与控制土著的民族主义。但实际上，殖民教育并未解决土著的实际问题，反而激起土著的不满情绪。

一方面，殖民政府机构及西方企业的职位需求始终未能跟上教育规模扩大的步伐。据1928—1929年的政府调查报告显示：政府职位的供应每年增长不超过2%，而受西化教育的印尼人口每年增长率为6.7%。[1]教育扩展的速度远超过社会发展的速度。许多接受西式教育的土著知识分子原本企图通过接受西化教育获得更多机会，但事实上不少新精英在激烈的竞争中无所适从。以巴达维亚为例，在20世纪20年代，拥有西方教育文凭的土著失业率达16.5%。[2]1929年，9120名讲荷兰语的印尼毕业生中甚至有超过一半的人无法进入政府或西方企业部门。[3]由于殖民政府机构职位有限、西方企业雇员需求增长缓慢、就业竞争激烈，许多接受教育的知识分子就业前景黯淡，逐渐对殖民统治产生不满。此后爆发的大萧条使得毕业生的就业前景愈发恶化。正如荷兰政府官员在报告中提到，教育改革创造了一批"无产知识分子"，因政府提供了获得晋升资格的机会却没提供就业的可能性而对政府产生不满，很容易成为煽动的目标。[4]中下阶层的父母为使其后代接受荷兰语教育而负担了极大的经济牺牲。[5]他们的收入水平与殖民地荷兰家庭和土著上层贵族家庭完全不同，但他们仍然希望自己的孩子走上西化的道路。除了金钱上的牺牲外，上层阶层的父母甚至愿意放弃自己的文化和语言。[6]但很明显，"这些牺牲都是无效的，然后失望与愤恨开始形成"。[7]上到新精英，下到普通民众，民族主义产生于不满之中。

---

[1] George McTurnan Kahin, *Nationalism and Revolution in Indonesia*, New York: Cornell University Press, 1952, pp.33-34.

[2] H.Fieves de Malines van Ginkel, *Veralag van den economische toestand der Inlandsche bevolking*, Eerste deel, 1926, p.242, p.266.

[3] Christiaan Lambert Maria Pender, *Colonial Education Policy and Practise in Indonesia: 1900-1942*, Ph. D. Dissertation, Australian National University, 1968, p.294.

[4] Resident van Besoeki aan den Gouvernuer-Generaal, 7 Novemver, 1924, No.60, Koloniaal Archief, Mailrapport 70x/25.

[5] J. Lelyveld, *G.J. Nieuwenhuis*, np:np, 198x, pp. 8-9. np表示出版地和出版机构不详；198X表示出版时间为20世纪80年代，具体年份不详——笔者注。

[6] Rudolf Mrazek, *A Certain Age*, Durham: Duke University Press, 2010, p.156.

[7] Christiaan Lambert Maria Pender, *Colonial Education Policy and Practise in Indonesia: 1900-1942*, Ph. D. Dissertation, Australian National University, 1968, p.296.

　　另一方面，殖民地社会的种族歧视和政治压迫处处为土著知识分子设置关卡和障碍。印尼人在职位竞争中处于劣势。殖民当局于1913年宣布政府职位面向所有种族开放，强调教育资格和经验是唯一的评判标准。[①]但实际上，大多数政府部门的雇佣政策明确表示荷兰人在职位竞争中比土著更具优势。[②]那些获得就业资格的印尼人在寻求工作机会时受到歧视，即使他们的表现优于荷兰人和华人，依旧很少受雇。[③]1939年，同等数量的欧洲人和印尼人应聘进入政府学校任教，结果录取人数中欧洲人是印尼人的8倍之多。[④]同样，西方企业机构往往倾向于招聘欧洲人与印欧混血儿，私人企业甚至歧视印欧混血儿而唯独喜欢欧洲人。[⑤]印尼人的就业机会常常低于具有类似造诣的荷兰人。[⑥]即使是那些成功就业的学生，同样发现自己从事的工作低于他们的学历所能保证的职位，而获得相同学历的荷兰同学却占据着高等职位。殖民机构的高等职位由荷兰人垄断，土著只能担任下层职位，且升迁机会寥寥。据统计，到1940年，殖民机构98.9%的下层职务由土著担任，92.2%的上层职务则由欧洲人担任。[⑦]寻求未来出路的愿望导致土著极度反感荷兰人的垄断地位，土著知识分子的反抗情绪在压制与歧视中不断酝酿。在殖民教育体系中耳濡目染的西方进步观念使得这些对未来充满迷惘的土著不断坚定了要求变革社会的决心。部分失意的土著知识分子回到家乡，任教于当地的伊斯兰学校，不少人成为了当地的政治和宗教领袖，宣扬反殖民思想和立场。另有部分失业者前往私立学校任职。而这些私立学校往往又是民族主义思想的聚集所与播种场。在这里，他们成为民族主义思想的传播者与领头人，成为印尼新知识分子阶层的基础，并影响印尼社会的发展与历史进程，催化民族主义运动的形

---

① Robert van Niel, *The Emergence of the Modern Indonesian Elite*, Hague: W. Van Hoeve, 1960, p.180.

② George McTurnan Kahin, *Nationalism and Revolution in Indonesia*, New York: Cornell University Press,1952, p.33.

③ Renodidjojo Soewandi, *A Study of Occupational Education in Indonesia*, Ph.D.Dissertation, Indiana University, 1968, p.90.

④ George McTurnan Kahin, *Nationalism and Revolution in Indonesia*, New York: Cornell University Press,1952, p.54.

⑤ George McTurnan Kahin, *Nationalism and Revolution in Indonesia*, New York: Cornell University Press,1952, p.32.

⑥ L.H.Palmier, "TheJavaneseNobilityundertheDutch," *Comparative Studies in Society and History*, Vol.2, No.2, 1960, p.222.

⑦ 马树礼：《印尼独立运动史》，正中书局，1977年，第23页。

成。①1926年的共产主义运动很好地说明了这一点。对此次运动的150名领导人教育背景的调查显示，其中11.3%的人是文盲，5.1%的人识字但没有接受过正规的学校教育，42.3%的人进入本土语言学校，剩下41.3%的人来自荷兰语学校；同时，据说有55%的领导者在完成正规教育后没有找到工作。②

接受西方教育的年轻土著所受影响尤其深刻。他们成为20世纪上半叶印尼重要民族解放团体的主要创建者。不少团体名称带有"青年"（Jong）一词，如Jong Java，Jong Ambon，Jong Islamientenbond，Jong Minahasa等，体现出殖民基础教育在他们身上留下的烙印。殖民教育，尤其是殖民基础教育，可能在塑造土著群体共同目标和意愿、推动印尼民族解放团体的建立、促进印尼民族主义的兴起与发展中发挥了潜移默化的作用。

四、结　语

在1945年印尼独立之前的殖民政府中，超过90%的公务员都是土著。印尼独立后，他们又延续其职责为新的政府服务。③这一群体在印尼独立后的去殖民化进程中扮演着重要角色，也是现代印尼民族主义思想传播与发展的基础。但显然，这些管理精英的思想、技能和经验都形塑于荷兰殖民政府的伦理政策改革时期。他们所接受的殖民土著基础教育是他们从政治国的重要基石。殖民教育对印尼的深远影响让荷兰殖民者始料未及。

1848—1942年，在不断的实践和调整中，荷兰在所属东印度殖民地确立了土著二轨制基础教育体系，即建设荷印学校为土著上层贵族阶层及富裕家庭提供荷兰语精英教育，建设二级学校、乡村学校及继续学校为土著中下层阶级提供本土语大众教育。土著基础教育改革的初衷是培养能够了解殖民地社会经济的亲荷土著公务员，根本目的则是调适土著与荷兰殖民者之间的矛盾，进而提高殖民地治理效率并巩固荷兰的殖民统治。掀开"道义的面纱"，殖民政府设计的土著基础教育体系所固有的歧视性、欺骗性和侵略性特征一览无遗。荷兰殖民者精心策

① L. H. Palmier, "The Javanese Nobility under the Dutch", *Comparative Studies in Society and History*, Vol.2, No.2, 1960.

② Christiaan Lambert Maria Pender, *Colonial Education Policy and Practise in Indonesia: 1900-1942*, Ph. D. Dissertation, Australian National University, 1968, p.288.

③ B. Anderson. "Indonesian Nationalism Today and in the Future", *Indonesia*, No.67, 1999.

划的殖民地与宗主国"文化相连"计划的成效远低于荷兰殖民政府的预期。相反，在所粉饰的"先进教育"的冲击下，荷属东印度土著社会瓦解并重构。殖民教育所灌输的西方近代知识及普及的荷兰语言文化让部分土著青年学生开始反思殖民地与荷兰之间的关系，逐渐塑造出反抗荷兰殖民统治的共同理念，促进了近代印尼民族主义意识形态的兴起与传播。殖民地土著基础教育改革"破坏"了印尼旧的土著社会结构，为"建设"新的社会奠定了知识基础，印证了马克思提出的殖民主义所具有的"双重使命"。

深化文史研究　增进睦邻友好

——东南亚历史文化研讨会暨《从交趾到越南》发行仪式综述

方礼刚　古小松　马俊洁　蒋甲蕾①

【内容提要】　由海南热带海洋学院主办的"东南亚历史文化研讨会暨《从交趾到越南》发行仪式"于2022年7月3日在美丽的三亚市以线上线下相结合的方式举行。来自北京、河南、福建、广东、广西、重庆、云南、海南等8个省市的高校、科研单位和出版社的20多名专家参加了本次会议。会上各位学者围绕东南亚历史文化、南海与海洋历史文化、中国与东南亚文化交流，以及《从交趾到越南》的写、编、读等主题进行了认真、深入的研讨。当天，海南省南海文明研究基地学术委员会正式成立，20位专家受聘为首批学术委员会委员。

这是一次从海上面向东南亚前沿研究的短而精的盛会。各位学者的无私奉献和智慧火花，使会议精彩纷呈。首先，会议精干高效，亮点突出，时间很短，只有3个小时，但形式多样，内容丰富，观点和内容都很有学术价值和现实意义，使与会者从不同的角度获益匪浅。其次，东南亚历史文化主题突出，区域国别研究与世界格局研究相结合，重点是研究越南，然后扩大至东南亚及南海，并且将其置于中美大国关系的大格局之下，使我们对东南亚、南海，尤其是对越南的历史文化有了更多、更深的了解和认识。最后，务虚与务实相结合。会议有两位专家就南海文明研究基地如何建设提出了很好的设想和建议。还有出版社的知名编辑对于如何策划编辑一本好的历史文化书籍做了很具体的技术和学术指导。

【关键词】东南亚；睦邻友好；《从交趾到越南》；综述

---

①　4位作者所在单位均为海南热带海洋学院东盟研究院。

致谢：参加会议的志愿者同学为记录专家发言作出了贡献。

一、加强海南的东南亚问题研究

海南地处南海，是我国海上面向东南亚的最前沿，正在建设自由贸易港和国际旅游岛。海南的自由贸易港与国际旅游岛首先应面向东南亚，增进与东南亚国家的交流合作，因此要加强对东南亚政治经济、历史文化的研究，为国家（海南）的对外开放服务。

本次会议的东道主海南热带海洋学院副校长廖民生在致辞中强调了东南亚研究的重要性及海南在这方面的优越性。他指出：东南亚与中国海陆相交，近年来中国与东南亚各国双边友好关系不断发展，2020—2021年东盟首次超越欧盟和美国，成为中国最大贸易伙伴。这反映出中国与东盟贸易的活力及中国与东盟关系的重要性。中国与东盟的双边关系2021年已升级为全面战略伙伴关系。海南与东南亚海山相连，自古以来往来密切，文化相通、血缘相近，各层面合作关系紧密。为服务海洋强国战略和"一带一路"建设，海南热带海洋学院于2016年成立了海南省南海文明研究基地，于2020年成立了东盟研究院，于2022年成立了海南省重点新型培育智库"海南热带海洋学院海上丝绸之路研究院"。这次召开的"东南亚历史文化研讨会"，正是加强东南亚研究和海上丝绸之路智库建设的一项重要工作。

中国人民大学金灿荣教授注重从宏观上对中外关系进行战略研究，在会上作了题为"中美关系对中国东盟关系的影响"的发言。他认为：在百年大变局面前，中外关系，特别是中国与东南亚的关系需要动态关注和重点发展；国际关系总体是"东升西降"，中国的崛起在美方眼中是"原罪"，美国将中国定义为对手，而且是第一对手，未来中美之间将是长期竞争关系。他还认为：亚洲有三支重要力量——东亚、东北亚、东南亚，其中东南亚需要重点关注。一方面，中国与东南亚在经济上有很大的合作空间；另一方面，东南亚在南海问题的安全布局上也有重要影响。在这样一种新形势下，海南热带海洋学院重视对东南亚的研究是非常准确和重要的定位。美国国务卿布林肯在讲话中指出，中美竞争的两个主要方面是投资和协同。投资方面的竞争就是投资美国国内的教育、基础设施、新能源等，形成与中国的竞争力；协同方面的竞争主要指的对东南亚与印度的争取。因此，在东南亚地区，中美竞争会加强。中美在东南亚的竞争中都有着一定的优势和劣势。优势方面，中国与东南亚是近邻，可以发挥地理位置优势、经济优势与人文优势。劣势方面，东南亚国家在历史上与中国有些不同的认识，在价值取向上存在一定的差异。总而言之，在中美关系竞争加剧的情况下，扬长避短，处理好中国与东南亚国家的关系，加强对东南亚的研究，很有必要，也很有希望。

世界知识出版社副总经理汪琴在致辞中指出：对于越南这样一个重要的友邻，要理清其历史脉络，以一个公正客观的历史观解读其历史，方能真正做到习近平总书记在2017年于越南《人民报》发表署名文章中提到的"互通互鉴"；进行这样的国别史基础研究工作，亦是为中国做好周边外交工作打下良好的基础。

二、中国与东南亚文化交流

近年东南亚政治经济问题的研究比较多，东南亚历史文化研究略显不足。这次会议正是在这方面做了努力。

中国社会科学院韩锋教授作了题为"文化与东南亚研究"的发言，提出了个人对东南亚文化研究逻辑的理解：首先，要界定什么是文化。由于科技和全球化的发展，文化的内涵和外延往更宽的领域扩大。其次，要界定什么是东南亚文化。虽然文化之间的差异与摩擦也导致了地区之间的不稳定和冲突的发生，但不可忽视的是东南亚文化的相融和理解也在日益增加。这与东南亚地区的历史、政治是紧密相连的。东盟的成功建立也与文化有着不解之缘。最后，在制度文化上，东盟是模仿欧洲重要的组织而建立的，但又大有不同。东盟前秘书长提出东盟的建设方式是花园式的，以友好的环境为基础，而不是像欧洲似的建设房子并要求房子里的人按照统一的规则来行事。东盟的发展与机制化和地区建设是综合性的。

国之交，在于民相亲；民相亲，在于心相通。中国与东南亚的民间文化交流很重要。中山大学国际关系学院院长牛军凯在会上作了题为"中国与东南亚民间文化交流的越南视角"的发言，认为从中国与东南亚的民间文化与交流展开研究，更能深刻地理解中国与东南亚关系史或交通史。首先，民间信仰习俗对我国与东南亚的影响十分深刻。如越南民间的风水文化是越南文化的一部分，但大部分来自于中国。一些北客（华侨）风水师到越南进行风水勘探的同时也将中国的风水文化传入越南。直至今日，越南人家家户户都知道风水文化，越南人建造房子、墓地选址都会进行风水勘探。其次，民间信仰对我国与东南亚的影响也很广泛。这与中国历代重要的历史人物息息相关，如赵佗、吕佳、杨太后等。越南在历史上有过上千座杨太后庙，而中国境内却屈指可数。中国高山大王的庙宇遍及越南北部，而中国人却不知高山大王是谁。最后，中越之间的道教科仪联系密切。道教科仪广泛分布在越南的中南部，其仪式与中国西南地区的几乎一模一样。因为中国与越南的特殊关系，越南即使独立后依旧吸收了中国的文化，并且与越南本土的京族文化进行了很好的融合。总之，中国与东南亚各国都存在基于民间文化视角的独特的交通史，其中很多并非宏大叙事，而是具体而细微的点滴事件、民间故事、民间文化与交流，需要从小处着眼，不断地加以研究发掘，使之成为中国与东南亚关系发展的新助力。

三、南海及海洋历史文化

南海海域及周边国家的历史文化很值得深入研究。正如专家们所言，南海及海洋历史文化的研究与传统的历史文化研究相比较，有着鲜明的海洋特色。它不应是静态的和点上的研究，而是把中国与东南亚诸国联系起来，进行动态的和整体的研究，是对南海海洋文化圈的研究，是一部中国与东南亚交通史的研究，因而研究的内容相当广泛。历史学家方豪从总体上对中西交通史的研究内容做了一个高度概括："民族之迁徙与移殖；血统、语言、习俗之混合；宗教之传布；神话、寓言之流传；文字之借用；科学之交流；艺术之影响；著述之翻译；商货之交易；生物之移殖；海陆空之特殊旅行；和平之维系（使节之往还、条约之缔结等）；和平之破坏（纠纷、争执与大小规模之战斗等）。"与会专家的研究与讨论正是这些内容的证实与延伸。

暨南大学高伟浓教授在会上作的题为"海南省南海文明研究基地建设与东南亚历史文化研究的刍想"的发言中指出：海南省作为全国沿海地区一个单独的省份，一个重要的特征就是海重于陆。海南省所指的区域不只是海南岛，还包括南海这片海洋。海南热带海洋学院作为一个新建的大学，完全可以从零开始，通过对南海文明研究基地、东盟研究院、海上丝绸之路研究院这些有关东南亚研究基地、平台的持续建设，树立东南亚研究学科领域在全国的优势。海南省历史上的对外关系，特别是与周边地区的关系应成为研究的重点。在南海文明研究基地建设方面，各位学者应该要围绕一个目标来进行。过去的很多基地建设聘了许多全国各地的学者，研究方向可能会比较分散，成果并不明显，需要我们警惕。他还强调：《更路簿》不只是海南渔民的航路图，再深入研究应该可以发现其中含有很多不同学科的内容，甚至《更路簿》也不会只是海南所独有。南海文明研究基地应当在这方面有所发掘。

广东省社会科学院海洋史研究中心李庆新研究员在会上作的题为"海洋考古发现与东南亚历史研究浅议"的发言提出了一个研究南海文化与文明的新视角。海洋考古是近十几年来才兴起的新学科,概念与内涵都还在发展之中,其研究对象主要是海洋历史文化遗存,如沉船、沉物、被海水淹没的港口和城市,以及作为一种宗教信仰的祭祀和墓葬。他重点介绍了港口考古和沉船考古。港口考古是一种对海洋空间的考古。港口、港口城市及其所依托的湾区还有相关的半岛、海岛,都是港口考古研究的海洋空间。这些海洋空间都处在海上丝绸之路重要的贸易节点,拥有非常大的(考古)研究价值。目前,从中南半岛沿海到东南亚的海岛沿海海域,都发现了海下遗址。这对研究东南亚的古迹、古国非常有帮助。因为东南亚古籍文献少,文物、遗址的发掘就凸显出重要性。这些海洋考古发现也有利于呈现东南亚古代人的物质生活与精神生活,因为涉及外交、文化、宗教等诸多领域。而沉船考古则是与海洋更密切的一种考古。东南亚大陆和海岛地区都广泛分布着沉船。从最早出现在8世纪的波斯船开始,一直有大量沉船被发掘出来。这些沉船不仅满足了考古方法上的需求,也提供了证据上的支撑。海洋考古可以与东南亚历史文化有机结合起来。他的观点与方豪先生的观点如出一辙,更是对方豪先生提出的中西(西洋)交通史研究范式的具体实践。

郑州大学于向东教授在会上作了题为"南海文明与越南"的发言。他表示:在南海文明问题的研究上,首先要探讨、认识南海文明的内涵,找到南海文明与南海文化的关系。文化应该是一个基础,文明是文化的积累、叠加。就海洋研究而言,海洋文化并不一定就意味着有海洋文明,海岛国家不一定就是海洋国家。南海文明产生的时间早晚、范围管辖、南海文化内涵,等等,在不同的国家、不同的历史进程中需要进行区别研究。中国在历史上是最早认识、开发、经营、经略南海的国家;中国对南海的认识有着一个历史发展的过程——从局部到全面。因此,中国对于南海诸岛有着不可否认的主权。这种观点应随着对南海文明研究的深入,以及史实、史观的呈现而不断强化。

广东外语外贸大学东方语言文化学院院长刘志强在会上作了题为"近年来史学界关于南海问题与中越关系的一些思考"的发言。他指出:过去几年越南史学界关于南海问题与中越关系存在4种倾向——学术政治化、政治学术化、政治学历史学化、历史学政治学化。主要可以从3方面看出:一是近年来有关南海的相关历史依据先入为主,先各表政治立场;"学为官用",借学术之名,行政治之实。

二是越南出版社近年来出版的《越南历史》（15册）以越南史料为主，没有体现出学术交流的作用。三是2020年再版的陈重金著《越南通史》存在严重的问题。国内外史学界应该冷静下来，平等地交流、探讨。中国学者应率先为范，巩固好自己的学术阵地。

海南省南海文明研究基地主任方礼刚向各位学术委员和与会专家介绍了南海文明研究基地目前的主要研究领域：海洋文化、海洋社会学与旅游社会学、海上丝绸之路文化、对外关系、本土文化等。他指出南海文明研究基地今后的重点研究方向是围绕国之大者开展智库研究：南海海洋（丝绸之路）文化存量资源研究；南海文化的数字化传播研究；中国（海南）与东南亚关系研究（菲律宾、越南）；海南岛旅游研究（重点关注三亚西岛海洋文化旅游区）；自由贸易港建设中的社会治理研究；南岛民族研究；海南地域文化研究（东坡文化、黎族文化、苗族文化、回族文化等）。他还就南海文明的概念、核心、精髓、空间范围，南海文明的创造、创新与传播，南海文化共同体、海洋命运共同体的建设，以及后疫情时代南海文明的特征等理论问题，与各位专家进行了探讨，并指出南海是"地理上的热带、话题中的热点、研究者的热土"。

四、越南历史文化研究

与会专家也达成了两个方面的共识：其一，东南亚研究内容十分广泛，不同地区研究应有所侧重，突出重点才会有所收获，然后再在此基础上寻求新的突破，寻求面上拓展。其二，海南是海上面向东南亚的前沿，南海局势与中越关系息息相关，史学界一直都在密切关注，越南历史文化的研究应成为重点，但越南近代史研究还是个薄弱环节，需要深入研究。

广西民族大学梁茂华博士（《从交趾到越南》作者之一）在会上的发言题目是"浅谈近现代越南民族主义史观的形成及其影响"。他探讨了越南的国民心态及因此而产生的国家意志。他指出：经过法国半个多世纪的研究、引导和灌输，许多越南史学精英将越南传统史学打造成了民族主义史学，并成功地将民族主义史观刻印在越南国民的心中。首先，民族主义史学体现了如下逻辑范式：其一，始终强调越南本民族的优越性；其二，善于叙述和强调历史上本民族与强大邻国交往过程中的不幸与合法性；其三，激发国民对本民族或本国的骄傲与自豪感，激起本国民众对他国的敌意，乃至仇恨；其四，为了服务于自己的领土扩张，把现有国土说成自古以来的合法领土；其五，对一些不利于本民族史学的语境进行改写或扭曲，否定过去，并且沉浸其中无法自拔。其次，关于越南民族主义史学的影响，有以下几个方面：其一，以民族、民族国家和民族主义的思维模式看待越南千年郡县时代的历史；其二，全面否定越南旧史关于若干重要历史人物与事件的叙述和定性；其三，选择性地叙述和渲染古代中越关系史中的中国形象；其四，在越南近现代史的构建与叙述中，选择性地忽略或隐藏中国因素；其五，人为地拔高重要历史人物诗文的地位。最后，梁博士以此抛出几个引人深思的问题：我们该如何看待越南民族主义史学对中越关系发展的影响？在历史关系层面，中越两国的史学家能否在某些层面展开坦诚的对话或研究合作，弥补认知鸿沟？在发展对越友好合作过程当中，如何规避民族主义的负面影响？

湘潭大学碧泉书院教授、《原道》创刊主编陈明在题为"儒学——东南亚与中国的文化纽带"的发言中认为：东南亚研究亦不能只聚焦大事件，应该以小搏大，小中见大，大认识往往体现在小事件之中。他以二征起义为例，认为对于这一重要事件，中越两国的论述有差异，越南的预设显然是不成立的，实际上这个冲突在国际上是非常普遍的现象。应当讲清楚，要重视基于国际法和国家建构视角的历史观的研究，在这一点上不能含糊，不能送人情，讲情面，也不能认为是小事件而忽略不计。

云南师范大学越南语系主任熊世平（《从交趾到越南》作者之一）在会上作了题为"对近代越南抗法运动的思考"的发言。他认为：我国目前对于越南近代史方面的研究仍然比较落后，特别是对于越南抗法斗争的认识很少。而越南在这方面的研究起步较早，较为翔实和系统，集中在越南近代史领域。但越南的研究也存在一些问题——对近代越南抗法斗争的成果普遍过于乐观，忽略中国在越南近代史及近代抗法斗争中的角色。越南学界认为近代越南抗法运动呈现出明显的阶段性特征：第一阶段（1858—1884年），是阮朝的抗法运动；第二阶段（1885—1911年），主要是勤王运动、农民起义、潘佩珠等人领导的维新运动（东游运动、东京义塾、中部抗税运动）；第三阶段（1912—1929年），学习辛亥革命的越南民族民主运动（越南光复会，越南国民党在其国内的活动）；第四阶段（1930—1945年），无产阶级领导的抗法独立运动（越南共产党、越盟的活动）。但在这各个阶段的研究中，越南学界有意忽略了中国因素。如中国将领冯子材以近70高龄，"奉旨急命"重跨战马，作为主帅奔赴抗法前线，率领前线军民英勇抗敌，在8天时间里歼灭法军1000多人，取得了镇南关（今友谊关，属中国）——谅山（越南）大捷，也是越南抗法战争史上决定性的一役。但越南抗法史却装聋作哑，只强调越南方面的功绩。因此，在历史研究方面，我们不要看别人眼色，要争取主动，以唯物史观指导我们的研究，还原历史本来面目。

四川外国语大学东方语学院院长罗文青在会上的发言题目为"越南历史人物人名汉译与历史问题"。她以"越南历史人物人名汉译与历史问题"为视角，说明了语言在双边关系中的重要性。她指出：越南历史人名汉译混乱现象给两国交往带来了困难和障碍，亦对学习越南语专业的学生及从事越南语研究的相关学者产生严重影响和危害。了解历史、尊重历史、回归历史才能教好学生，做好翻译。她通过对越南历史人物人名汉译问题的分析提出了以下思考和建议：应该重视人名翻译，营造人名翻译研究的氛围；高等院校越南语专业应开设与越南历史等相关的课程；译者要提高自身素质。她还提出了一个重要的问题：在人名翻译等历史研究中，如何将历史的客观性、民族性与主体意识紧密结合？

五、关于《从交趾到越南》的写作、编辑与阅读

与会专家指出：国别研究亦应成为中国与东南亚关系研究的重点领域和突破口。专家们认为新近出版的《从交跤到越南》一书是国别研究中寻求学术突破和学术创新的成功范例，解决了一些过去悬而未决或悬而不决的问题，在越南历史研究中变被动为主动，掌握了话语权，强化了主体意识，突出了研究重点，弥补了国别史研究的不足，其研究范式值得借鉴。各位专家籍由《从交趾到越南》一书的出版发行，碰撞、生发了许多新的观点。于向东认为《从交趾到越南》不论是书名还是内容的章节、结构、叙述的角度，切入点很有新意，为大家认识越南、了解越南的历史提供了一份很有价值的参考资料。

《从交趾到越南》的第一作者、海南热带海洋学院东盟研究院院长古小松在会上分享了创作该书的初衷：一是在现有研究上理清越南历史的思路、基本内容；二是在一些基本问题上，包括简单的概念，努力确立一个符合历史本来面目、客观的历史观；三是在书写上努力奉献给读者（尤其是大学生）一本简明的越南历史读本。该书以史为据，解释了中越关系之所以不容易改善，主要是对历史观认知的差异，即越南人一直对中国有戒备心，对其独立建国前那段历史有严重的误解。因此，要讲清楚968年以前今越南地区没有建立过国家，该地区所发生的事件是中国国内问题，而不是国际问题，不是中国侵略越南，不存在2000年前中国就

入侵越南一事，让人们了解越南10世纪独立以前的客观历史，尤其要减少越南人对那段历史的误解。

出好一本书，需要作者与编辑的共同努力。《从交趾到越南》成功出版发行，凝聚了编辑的大量心血和汗水。世界知识出版社编辑余岚在会上作了题目为"一次愉快的编辑之旅——编辑《从交趾到越南》有感"的发言，以编者的视角，指出了《从交趾到越南》体现了国别研究成果表现形式的最佳技术路线：全书叙述正确且重点突出，用流畅清晰的语言描绘了越南的发展历史。全书的前三章没有开篇就切入正题，而是先介绍了越南的基本情况，使读者对越南的历史有了更加立体的认识，带给读者很好的阅读体验，一定程度上填补了出版社在东南亚史研究上的空白。在本书的编辑校对过程中，3位作者都一丝不苟，对于其中出现的问题会在核对相关史料后第一时间给予修正，从中可以看出3位作者对待研究的认真与严谨，以及对学术抱有极大的热情。余岚认为：《从交趾到越南》这一成果的产生，为东南亚国别研究提供了重要参考和启示。

《从交趾到越南》出版发行后得到了同行专家学者的重视。华侨大学特聘教授曹云华在会上作了题为"浅谈加强对越南的研究——《从交趾到越南》的读书心得"的发言。他以读者的视角总结了《从交趾到越南》的两个特点：既具有正确的历史观、厚重感，又具有创新性的内容。他还提出了三点思考：其一，在地缘上中国与越南是邻居，必须加强对越南的认识、了解和研究。越南历史博物馆中的一个展示是抗击北朝的侵略，北朝在越南历史上指的是中国。在越南历史的理解中，历史上中原王朝是压迫性的存在。正因为双方在历史的认识上具有价值上的差异，更有必要加强对越南的了解。其二，越南在东南亚国家中有强劲的发展势头，可以说是一个正在崛起的中等强国。其三，中国过往对越南的研究虽然很多，但在越南的民族文化、民族性格和民族心理方面的研究不足。要从社会学、民族学等方面加强对越南的研究，培养懂越南语的复合型人才是基础性工作。

基于《从交趾到越南》一书的出版，与会专家认为，国别研究应当重视一个问题，即对外翻译出版，特别是当事国的语言翻译出版或英语翻译出版。只有这样，我们的观点才能为当事国所了解，才能为国际学术界所了解。这便是历史文化研究与交流的重要功能与意义所在。

海外交流合作

浅谈中国—东盟人文交流的若干问题

曹云华①

【内容提要】在全球化时代，世界越来越像一个地球村，不同国家、不同民族、不同文化的人们之间的接触和交往越来越多。这其中有不同文明之间的矛盾与隔阂，甚至冲突，但更多的是不同文明之间的对话与交流及融合。近年来，随着中国与东盟经济贸易往来日益频繁，双方的人文交流逐步加深，且取得了重大进展，各种层面的文化交流活动非常频繁，相互派出的留学生人数剧增，人民之间的接触也逐年增加，如中国已经连续多年成为东盟外国游客的最大来源地。然而，与不断高涨的经济贸易及投资活动相比，双方的人文交流仍然相对不足。显然，双方仍然需要付出更多的努力，进一步加强人文交流活动，更多地增进人民之间的相互了解与认知。

【关键词】中国—东盟；人文交流；若干问题

一、正确认识东南亚文化

当代东南亚文化有什么特点？一般认为，当代东南亚文化具有如下几大特点：其一，外源性，东南亚文化的发展具有明显的外源性，即从外部传入的文化占支配地位。其二，多样性和异质性，东南亚11个国家都有自己独特的文化，每一个国家内部不同的民族又有自己的文化。以新加坡为例，虽然只有500多万人，但三大民族（华人、马来人、印度人）都有自己独特的文化，即使在同一个民族内部，因为不同的历史与文化教育背景，也会有独特的文化。其三，不平衡性，各个国家及各个国家内部的不同地区不同民族之间的政治经济发展是不平衡的。它决定了各个民族之间的文化发展的不平衡性。其四，政治性，东南亚的文化在反对殖民斗争中赋予以民族主义为中心的政治色彩。

笔者认为，东南亚文化的最大特征就是各国文化的异质性、多样性。这个特

---

① 作者简介：曹云华，暨南大学国际关系学院/华侨华人研究院教授，华侨大学华侨华人与区域国别研究院特聘教授。

征是由东南亚各国民族与宗教的多样性所决定的，也是由东南亚特殊的地理环境所决定的。那么，东南亚文化是否存在整体性呢？有人认为是有的，也有许多学者不同意这个观点。例如，贺圣达认为：

> 某个历史时期在政治上、经济上具有共同性的地区和国家，在文化上就不一定具有共同性。狭义的印支即越南、老挝、柬埔寨，在很长一段历史时期（尤其是法国殖民统治时期）在政治、经济上是有比较强的共同性的，但在文化上却是差异性很大的。越南、老挝、柬埔寨的文化各有特点，尤其是深受中国文化影响的越南文化与深受印度文化影响的柬埔寨文化在19世纪末20世纪初（以及此前与此后）仍然具有极大的差异，并不具有文化上的整体性。……就东南亚而言，一些学者笼统地提出的东南亚历史和文化整体性的看法，或仅仅根据东南亚文化的某些"特质"就确定其文化整体性的看法，都是值得商榷的。①

我们还必须以变化和发展的观点来看东南亚文化。进入后冷战时代，东南亚文化在往什么方向发展？以笔者长期的跟踪和观察，进入后冷战时代的20多年来，从发展的观点看，今后随着东南亚区域一体化程度的提升和东盟共同体的建成，东南亚地区的政治经济和文化整合正在提速。今后有没有可能出现一个统一的东南亚文化呢？我想这个可能性是存在的，但必须承认，这是一个相当长期和曲折的过程。也有学者担心，在全球化的浪潮下，作为一种弱势国家和民族的文化，东南亚文化会在西方强势文化的裹挟下失去自我，甚至消亡。文莱达鲁萨兰大学的学者A. K. M. Ahsan Ullah和Hannah Ming Yit Ho就表达了这种担忧。全球化带来了世界同质化的风险。这种风险通过模糊传统的独特性来消除文化的多样性。全球化进程将消费者束缚在品牌产品和其他物质属性上，剥夺了他们的休闲时间。全球化带来的消费主义时代驱使人们追求有形的成功产品，而不是保留文化中无形的价值。这种向全球文化转变的一个后果：年轻一代开始根据他们的消费品来定义自己。这种试图融入全球潮流而不是自己成为潮流引领者的做法，可能会导致身份的丧失。在文化传播方面，西方拥有雄厚的资金、强大的传播工具等优势，使东南亚文化处在一种被动和边缘化的状态；加上长期的殖民统治历史，西方文化对东南亚本土文化有一种历史形成的优越感。

在本土文化的传播和保护上，全球化并非一场公平的游戏。拥有更

① 贺圣达：《东南亚历史和文化的整体性与多样性——兼评几部国外名著对这一问题的看法》，《东南亚南亚研究》2014年第4期。

多资金并推动全球主导前景的媒体机构往往更有影响力；资金较少且在新闻宣传上重视地方或区域的小国，较难在努力争取更好的经济地位的同时，通过报道本国人民的土著故事以履行维护当地文化身份的职责。东南亚的文化、传统和价值观在追求经济发展和全球化带来的政治影响力方面有所妥协。由于东南亚的后殖民国家不制定全球化的规则，这些国家在参与全球化进程的同时保持批评立场是至关重要的。目前主导全球文化平台的西方帝国主义引起了对"西方化"或"西方中心主义"的恐惧。这种焦虑反映在被视为最发达国家的新加坡——它的"亚洲价值观"国家意识形态起到了保护作用。受新加坡的启发，其他东南亚发展中国家也采取了类似的防御措施，以保护当地文化为中心。文莱的马来伊斯兰君主制民族精神（MIB）是平衡当今全球化所追求的"物质领域"、守护构成该国"精神领域"的当地文化的又一例证。这些国家寻求通过全球文化经济来遏制现代化的破坏性影响，方法是积极整合地方特征，并在民族意识中保留地方价值观。

　　全球化为文化多样化提供了巨大的机会。这是一个公认的事实。但一些发展中国家并不应该忽视本国文化的保护。在边界消融的时代，文化同质化在某些地区可能会成为一种风险，因为通过原始文化形成的身份保留了自我、社会和国家的外表。①

东盟已经意识到了这个问题的严重性。建立东盟社会文化共同体正是基于对这个问题的反应和采取的一个共同立场。东盟领导人希望通过加强东盟各成员国在文化方面的合作，最终建立一种共同意识和共同文化体，以抵制西方文化对东南亚文化的侵蚀，阻止东南亚文化正在被削弱和被边缘化的趋势。东盟社会文化共同体就是要充分发挥每一个公民在文化方面的潜力，弘扬东南亚文化。东盟领导人于2015年11月22日在马来西亚吉隆坡举行的第27届东盟峰会上通过了愿景文件《东盟2025：携手前进》。该愿景文件规定在社会和文化方面的目标：

　　　　一个忠诚、参与，对社会负责的社区，造福东盟人民；

　　　　一个包容性的社区，促进高质量的生活，人人平等地获得机会，并

　　促进和保护人权，促进社会发展和环境保护的可持续发展；

---

① A.K. M. Ahsan Ullah, Hannah Ming Yit Ho:《全球化与东南亚文化：消亡、分裂、转型》，转引自欧亚系统科学研究会（Eurasian System Science Research Association）官方网站，https://www.essra.org.cn，访问时间：2022年5月10日。

一个充满活力的社区，具有增强适应和应对社会与经济脆弱性，以及灾害、气候变化和其他新挑战的能力；

一个和谐的社区，了解并以其身份、文化和遗产为荣。

为实现上述目标，成员国正在开展广泛的合作，包括以下领域：文化和艺术、信息和媒体、教育、青年、体育、社会福利和发展、性别、妇女和儿童权利、农村发展和消除贫穷、劳工、科学、公务员制度、环境、阴霾、灾害管理，以及人道主义援助和公共卫生健康。其中许多问题，如人力资本开发、社会保护、流行病应对、人道主义援助、绿色就业和循环经济，在性质上是跨部门的。为了提升凝聚力和管理跨部门问题，已经开发了两个平台：ASCC理事会，由ASCC高级官员会议（SOCA）支持；ASCC协调会议（SOC-COM）。

2017年11月13日，东盟各国领导人在马尼拉举行的第31届东盟峰会上通过了《东盟倡导构建和平、包容健康、有活力与和谐社会的文化宣言》，以建立一个和平、包容、健康、有活力与和谐的社会。这包括制定一项东盟行动计划，以促进宣言所载的六大要点：其一，和平文化和文化间谅解；其二，尊重所有人的文化；其三，各级善政文化；其四，有活力和关爱环境的文化；其五，健康生活方式的文化；其六，支持节制价值观的文化。

东盟在这方面的努力是令人鼓舞的，但前景并不乐观，也许要经过长期的努力才能收到成效。曾经有学者对东盟各国民众做过关于东盟意识的问卷调查，得出的结论有点悲观——东盟各国大部分民众对东盟这个组织及其功能与作用都缺乏认识。这个研究结果表明：目前乃至今后相当长一段时间内，东盟意识和东盟共同文化还只是东盟国家少数政治家的共识，而广大民众缺乏这方面的认知。

综上所述，与世界其他区域文化一样，东南亚文化也受到全球化的深刻影响。在这个过程中，传统的本土文化正在加速消失，西方化（包括日本）的影响进一步彰显，印度的影响也在提升。与此同时，中国在东南亚地区的文化影响力也处于上升的过程中。然而，我们必须正视，中国对东南亚文化影响力的提升与中国经济贸易影响力的提升不成正比，与欧美日的文化影响力的提升也不成正比。

二、正确认识中国对东南亚的文化影响力

10多年前，笔者参加新加坡东南亚研究所举办的一场国际学术会议，会议主席、著名华人学者王赓武先生说了如下一段令笔者记忆犹新的话："在历史上，

中国文化对东南亚贡献良多。但在近代以来，中国在东南亚的文化影响力很弱，远远不如欧美和日本，甚至也不及印度。"这些话引起笔者的深思：我们的老祖宗曾经对东南亚文明作出过重大贡献。迄今为止，东南亚的历史学家撰写他们的历史，还必须从我们中国的古籍中查找文献资料。郑和七下西洋，在东南亚留下了许多动人的历史故事；还有3000多万华人在东南亚各国长期定居，繁衍后代，传播中华文化。这些都值得我们为之自豪。但细想，在最近几十年，我们却做得不多。与我们光辉灿烂的文明相比，与我们的老祖宗相比，与我们迅速崛起的经济实力相比，我们在东南亚这个地区的人文交流与合作却是相对滞后的。

中国文化对东南亚的影响历史悠久，源远流长。中国文化对东南亚的影响几乎遍及物质文化、精神文化和制度文化的各个领域。以农业为例：

> 古代东南亚农业的发展与汉文化是分不开的。越南史学家明峥指出，公元1世纪初，中国的两位太守锡光和任延分别驻交趾和九真，把中国的耕作经验介绍到越南，在当地推广了铁犁和耕牛的使用，灌溉技术也大大提高了生产率，农业生产力状况焕然一新。在菲律宾，菲人的农业方法，完全是中国的一套。直到现在，菲人所使用的耕种工具，如犁耙铲镰刀等物，还和中国的农人所用的同一模样。缅甸的许多蔬菜和果木的新品种都是从中国传入的。缅甸人民为了纪念中国人民给他们带来可口的蔬菜和水果，便在那些蔬菜、果木的名称前面加上缅语"德由"（意为中国）或直接借用汉语音译，成为新的缅语词汇。①

古代中国在东南亚的文化存在和影响力主要表现为如下两个方面。

（一）中国文化精英对中国—东南亚人文交流的贡献

三国时期，东吴孙权曾经派康泰和朱应两人出使南海诸国（243—252年）。两人在南海居住多年，归来后写有《吴时外国传》和《扶南异物志》两本著作，详细地记述了南海诸国的情况。在魏晋南北朝时期的中外交往中，西去东来的僧侣起了很大的作用，促进了中国人对周边国家的了解和认识。例如，东晋时期的法显和唐朝高僧义净（俗名叫"张文明"）等人。到了宋朝，中国和东南亚各国人民的友好往来和经济文化交流比前代更为频繁。宋朝有不少记述东南亚的书籍，如周去非的《岭外代答》（共10卷）中就有1卷记载越南、柬埔寨、缅甸、印度尼西亚

---

① 孔远志：《中国与东南亚文化交流的特点》，《东南亚之窗》2009年第1期。

（简称"印尼"）等国。赵汝适的《诸蕃志》也记载了东南亚各国的风土物产。元朝的周达观于元贞观元年（1295）随使团往真腊（今柬埔寨）访问，前后达三年，著有《真腊风土记》。

（二）华人对中国—东南亚人文交流的贡献

从19世纪中叶开始，中国人大量移民到东南亚各国。至今，东南亚仍然是华人聚居最多的地区，有3000多万人。由于长期的历史积淀，在大多数东南亚国家，华人已经成为一个稳定的民族——华族。华族作为东南亚当地国家一个重要的民族，与当地民族之间形成了相对稳定的关系。华族特有的中华文化，尤其是中华传统文化深刻地影响着东南亚文化的形成和发展，甚至可以说，当代东南亚文化中有许多重要的中华文化的因素。以语言为例：

> 东南亚各国的语言中有相当多的汉语（尤其是方言）借词这一事实，最能反映中国在精神文化方面对东南亚的影响。马来语中的汉语借词有1200多个（其中闽南方言借词约占90%）；泰语中的汉语借词，每千字中至少有300个；菲律宾学者指出，在他加禄语词汇中，约有2%可能来自汉语。[①]

上述情况表明，东南亚当地民族在与华人深入接触的过程中，语言与文化的交流是最为普遍的。华人对东南亚文化的影响主要体现在中华传统文化方面，具体体现在民间信仰、价值观、习俗等。从外部表达方式看，主要包括遍布各地的唐人街、节庆活动、节日民俗、宗教庆典、服饰和饮食文化等。

然而，我们必须承认，由于许多复杂的历史原因，加上当地民族统治精英的刻意打压，华人缺乏本民族文化精英的引导，不可能形塑出能够代表先进生产力的先进文化。因此，华人对东南亚文化的影响力是有限的，一般只停留在比较低层次的民俗文化上面。尽管如此，华人对中国—东盟人文交流的贡献与地位是必须充分肯定的。我们还是必须承认，如果没有华人的努力，中国在东南亚的文化存在和影响力就不可能有今天的成就。

在谈到中国—东盟人文交流的发展历史时，我们还必须承认这样一个历史事实，那就是相互的人文交流曾经被中断。中国与东南亚友好交往的历史曾经两次被打断：一次是在16世纪西方殖民主义者入侵和占领东南亚之后，中国古代与

---

① 孔远志：《中国与东南亚文化交流的特点》，《东南亚之窗》2009年第1期。

东南亚长期存在与发展的友好往来被西方殖民主义者粗暴地中断了，中国古代在东南亚的存在和影响力几乎被西方殖民主义者全部抹平；另一次是在冷战时期，中华人民共和国受到西方国家的封锁，与西方国家和东南亚国家几乎断绝了一切往来，直到20世纪70年代中期之后，与东盟各国的关系才逐步恢复和正常化。在经历了这两次中断之后，中国对东南亚地区的文化存在和影响力微乎其微。可以说，中国与东盟的正式交往，是从20世纪90年代才正式开始的，在过去30多年间实现了突破性的发展。然而，与经济贸易关系不同，文化的存在和影响力及其他软实力却不是一夜之间能够建立起来的，需要一个长期耕耘的过程。

上述历史原因，造成当今中国—东盟人文交流出现如下两大缺失：一是缺少政治文化精英之间的交流。长期以来，东南亚地区的政治文化精英一般只热衷于与欧美日进行交流，与中国的政治文化精英的交流受到了历史的分割及意识形态等的限制；二是多停留在低层次的人文交流上面，如物质文化、传统文化、民俗文化等方面。约20年前，笔者在泰国朱拉隆功大学做访问学者，当时一个深刻的印象：美国文化在泰国的影响几乎是一边倒的，影院和电视台播放的故事片清一色是美国的好莱坞大片，其次是印度和日本的影片。20年后的今天，笔者在泰国玛希隆大学做访问学者，留意了一下曼谷影院和电视台播放的故事片，仍然和20年前的情况差不多，只有泰国MONO29台电影频道播放过一部中国大陆与台湾地区合拍的电影。

表1　曼谷各大影院2019年1月31日至3月6日上映的影片

影片名称	生产国别/题材	上映日期
《惊奇队长》	美国动作/科幻/冒险	3月6日
《阿丽塔：战斗天使》	美国/加拿大/阿根廷动作/科幻/冒险	2月13日
《娜迦鬼》	泰国惊悚/恐怖	2月21日
《朋友界限》	泰国剧情/爱情	2月14日
《触不可及》	美国喜剧/剧情	2月21日
《宠儿》	爱尔兰/英国/美国传记	2月21日
《神童》（The Prodigy）	中国香港/美国惊悚/恐怖	2月21日
《八级大地震：命悬一劫》	挪威剧情/灾难	2月21日
《驯龙高手（3）》	美国动画/奇幻/冒险	1月31日

续表

影片名称	生产国别/题材	上映日期
《在咖啡冷掉之前》	日本剧情/奇幻	2月21日
《乐高大电影（2）》	美国/澳大利亚/挪威/丹麦喜剧/动画/冒险	2月7日
《沟壑男孩》	印度剧情/喜剧/冒险	2月14日

资料来源：蓝天（泰国玛希隆大学中国研究中心硕士研究生）根据当地影院放映节目单（泰文）翻译整理。

表2　泰国主要电视台播放的电视剧节目单（2019年2月）

节目名称	播出频道	播出时间
《坏女人》（泰剧）	泰国七台	每周一、二20：30
《鬼玩偶》（泰剧）	泰国三台	每周一、二20：20
Super Mum（泰国综艺）	泰国workpoint台	每周二20：15
《妒海》（泰剧）	泰国one台	每周一至周四20：10
《制造者之战》（泰剧）	泰国one台	每周一、二20：10
新闻	泰国Amarin台	每周一至周五20：10至22：30，每周六、日20：10至22：00
《情人》（泰剧）	泰国GMM台	每周一、二20：10

资料来源：蓝天（泰国玛希隆大学中国研究中心硕士研究生）根据曼谷各大电视台节目单（泰文）翻译整理。

表3　泰国MONO29台电影频道2月22日（周五）播放的节目

节目名称	国家	播出时间
《尖峰时刻2》（电影）	美国（中国演员成龙、章子怡主演）	08：30
《天赋异禀》（电影）	美国	10：30
《痞子英雄2：黎明升起》（电影）	中国	11：20
《重返犯罪现场》（电影）	美国	14：05
《小鬼当家3》（电影）	美国	15：25
《驯龙高手》（动画片）	美国	17：25
《第一滴血3》（电影）	美国	18：00

续表

节目名称	国家	播出时间
《刀锋战士3》（电影）	美国	20：40
《美国骗局》（电影）	美国	23：00

资料来源：蓝天（泰国玛希隆大学中国研究中心硕士研究生）根据曼谷各大电视台节目单（泰文）翻译整理。

把中美日印几个大国在东南亚的软实力进行比较，也可以发现，中国在东南亚的软实力仍然有较大的提升空间。几年前，笔者带领的团队完成了一个就中国、美国、日本和印度在东南亚的软实力进行比较的课题。就总体而论，美国在东南亚的综合软实力是最强的，日本次之，中国第三，印度第四。由于历史、宗教、文化传统、现实的政治经济等因素的综合作用，中美日印在东南亚各国的软实力各有相对的优势。就综合软实力而言，美国在菲律宾强于其他三国；而在泰国和新加坡，中国的优势则表现得比较明显。研究发现，尽管近年来中国在软实力资源方面有着较大的投入，由于参与主体太过单一，软实力资源使用不当等，中国实际软实力的增长非常有限，目前仍落后于美国和日本在该区域的软实力。

就经济软实力而言，日本近30年来的"精耕细作"使其在东南亚的经济软实力居四国之首；美国、中国在东南亚的经济软实力紧随其后；印度目前的经济软实力相对较弱。就文化软实力而言，美国居于四国文化软实力之首；日本、中国和印度依次居第二、第三和第四。就政治与制度软实力而言，美国依然居首，日本紧随其后居第二，中国和印度不及前两者。就外交软实力而言，四国在东南亚的排位依次为美国、日本、中国、印度。整体而言，中国在软实力的4个维度上均居第三，不及美国和日本，高于印度。

就东南亚的国别情况而言，四国在东南亚各国的软实力也存在较大的差异。美国在印尼、菲律宾的软实力居领先地位；日本在越南、马来西亚、缅甸的软实力具备优势；而中国在泰国、新加坡的软实力有较好的表现。整体而言，美国和日本在东南亚各国中的软实力都得到较高的认可；而中国在东南亚各国的软实力则表现出明显的国别差异；印度在东南亚各国的软实力普遍较弱。

1. 印尼

整体分析比较中美日印在印尼的软实力，美国得分最高，其次为日本，紧接着是中国，而印度在所有指标中的得分都排在最后。美国在人力资本和政治方面得分最高，而在经济影响和吸引力方面得分稍逊于日本，在文化和外交软实力方面得分低于日本和中国。排在美国之后的是日本，其每个指标的排名都居第一或第二，经济、文化和外交得分居第一，而人力资本指标的得分则与美国差距较大。中国软实力得分居第三，其中文化和外交表现较好，两项得分都居第二，排在美国之前。而印度在印尼的软实力得分整体落后于以上三国。

2.菲律宾

总体来讲，美国在菲律宾的政治软实力最强，日本在经济软实力方面稍微领先美国。在外交软实力方面，中国虽然落后于美国和日本，但是差距并不是非常大。在文化软实力方面，美国和日本的影响最为强大，尤其是在流行文化方面。而中国文化与菲律宾文化的相似性虽然得到菲律宾人（包括菲籍华人）的高度认可，但并没有明确的证据说明这种文化相似性已经转化为现实的影响力。印度除了在政治制度的某些方面稍微领先中国外，在所有其他的领域都落后于中美日三国。这说明，印度在菲律宾的软实力非常微弱。

3.越南

总体而言，中、美、日、印四国在越南的软实力有比较明显的差别，日本的软实力最强，其次是美国，再次是中国，印度排在最后。虽然中国与越南结成"同志加兄弟"的特殊关系，在历史上也对越南提供过大量援助，两国目前的经贸往来也非常紧密，但是我们的问卷调查发现，越南人对中国总体的评价并不高。

4.泰国

本课题组的调查显示，中国在泰国的软实力有较好的表现，在经济软实力、文化软实力、外交软实力和政治软实力等4个方面都排第一；而日本在4个方面均排第二；美国的经济软实力和政治软实力排在第三，文化软实力和外交软实力排在最后；印度的文化软实力和外交软实力排在第三，经济软实力和政治软实力排在最后。泰国调研数据的反馈出乎我们的预料，这可能与泰国本身较为中庸平和的外交定位有关。[①]

因此，我们对中国—东盟人文交流的历史与现状应该有一个正确的认识。在

---

① 详见曹云华主编《远亲与近邻——中美日印在东南亚的软实力》，人民出版社，2015年。

这个基础上才能对当前中国在东南亚的文化存在和影响力有一个正确的估计。妄自菲薄，看不到成绩是不对的；盲目乐观，过分夸大我们的存在和影响力，同样也是不可取的。笔者认为，经过长期的历史积淀，加上最近几十年来的耕耘，中国在东南亚的文化存在和影响力取得了了不起的成就。但我们必须承认这样一个现实：当前中国在东南亚的文化存在和影响力与一个世界大国的地位是不相称的，与中国在该地区的经济存在和影响力也是不相称的，与中国的大国责任也是不相称的。

我们常常说，中国是一个文明古国，拥有博大精深的文化。然而，在长期以来的对外交往中，我们的文化优势并未充分发挥，反而处处显得被动和劣势。尤其在近代以来，中国在东南亚的文化影响力很弱，远远不如欧美和日本，甚至也不及印度。细想，在最近几十年，我们也做得不多，与我们光辉灿烂的文明相比，与我们的老祖宗相比，与我们迅速崛起的经济实力相比，我们在东南亚地区开展的人文交流与合作却是相对滞后的。

三、中国在东南亚的文化耕耘需要精耕细作

国家间关系的发展，在很大程度上更多的还是依赖双方政府和人民的相互信任及共同利益的维系，其中最为关键的还是人文交流。只有不断深入、没有障碍的人文交流，才是国家间关系发展最坚实的基础。在过去一段时间，我们在东南亚的文化耕耘长期停留在广种薄收的方法，投入不少却收效不大。现在要改变过去那种粗放型的方法，要精耕细作，在提高效益上下功夫。当前，我国对东南亚的人文交流与合作存在诸多问题，笔者将之概括为"四重四轻"。

（一）重引进，轻教育

这几年，我们吸收的东南亚各国留学生逐年增多，且今后还有大幅增加的趋势。据统计，2010—2014年，东盟国家来华留学生累计达301379人，中国赴东盟国家留学生达125456人。在 2010年，中国与东盟提出"双十万学生流动计划"，目标是争取在2020年东盟来华留学生和中国到东盟的留学生都达到10万人左右。在2013年，中国政府又表示，未来3—5年，中方将向东盟国家提供1.5万个政府奖学金名额，并在华建立更多面向东盟国家的教育中心。从上述数据看，中国这几年在引进东南亚国家留学生方面的确是不遗余力。但如何加强对他们的教育，

如何加强对他们的转化工作，中国做的却不多，远未达到预期。根据调查，越南留学生在华留学一年之后，对中国的好感非但没有增加，反而出现更多的负面评价，这是我们始料未及的。[①]

（二）重政府行为，轻民间沟通

约瑟夫·奈在近期的一篇关于中国软实力的文章中提到，中国软实力战略的最大错误是认为政府是提高中国软实力的主要力量。[②]可以说这个评价还是非常中肯的。当前中国有很多能够产生软实力的资源，但政府几乎是中国软实力转化的唯一主体。无论是文化外交、孔子学院、国家形象宣传片、对外援助，还是经济外交，几乎全是政府包揽，甚至近年来开始探讨的公共外交和民间外交也成为了中国政府对国外非政府行为体的外交。与日本和美国的软实力相比，中国的软实力完全依靠政府在"单打独斗"，非政府行为体，如企业、非政府组织、个人、志愿者团体等几乎都无所作为。软实力面对的国外客体是一个多元、多层次的复杂社会，以一个一元的政府试图面对国外多元的社会来实现软实力的提高，效果肯定不尽如人意。中国的软实力战略应该是政府主导、社会各界多元参与的格局，只有形成多主体的参与，才能面对国外的多元社会。

（三）重传统文化，轻创意与创新

中国现在能够提供给外国人的文化产品太过单一与单调，除了中医中药、中餐馆、武术、京剧等传统文化之外，几乎没有新的东西可以提供给外国人。这一点与美国等西方国家相比有很大的差距，甚至连日本和韩国也不如。在当今全球化、都市化的时代，人们更喜欢、更迷恋的可能是各种流行文化，各种与现代生活密切相关的都市文化。美国人为全世界提供了好莱坞大片，印度人提供了宝莱坞，韩国人提供了韩剧，日本人提供了动漫，而中国人提供了什么？除了传统文化以外，我们还真没有什么值得称道的。我们自己常常说中华文化源远流长，但能够像韩剧、日本动漫那样流行的现代文化作品确实不多见。20世纪70、80年代，我国的港台文化曾经在东南亚华人中风靡一时，但很快就被其他西方流行文化挤到一边去了。我们现在常常说中华文化也要走出去，其实，我们的中华文化早就

---

① 详见曹云华主编《远亲与近邻——中美日印在东南亚的软实力》，人民出版社，2015年。

② Joseph S. Nye, What China and Russia Don't Get About Soft Power, http://www.foreignpolicy.com/articles, 发布时间：2013年4月29日。

走出去了，那是随着我们的几千万华人走出去的。一种文化的生命力，其历史渊源当然很重要，但一旦离开了创新，再古老、再源远流长的文化也会出现危机，甚至是被淘汰。

（四）重形式，轻实效

文化输出的过程中急于求成、不求实效、假大空的现象比较突出，导致出现如下三多三少：一是多重视硬件建设，少过问软件建设。中国经常援助外国建设大型的文化馆、博物馆、国会大厦。但这些东西建设好之后如何更好地发挥作用？如何更好地利用这些东西来开展中外人文交流？这些问题没人过问。二是多重视与外国上层进行交流，少与中下层人民进行交流。三是过多地追求速度和数量，而较少过问质量与效益。

四、思考和建议

（一）以侨为桥，充分发挥东南亚各国华人的作用

目前，东南亚各国有3000多万华人。他们既是中外人文交流的主体，又是客体，是促进中外人文交流的桥梁。正因为有了他们的参与，中外人文交流才显得有声有色，卓有成效。华人在促进中国—东南亚人文交流与合作方面可以发挥的重要作用体现在如下几个方面。

第一，华人是中华文化的海外传播者、耕耘者和守望人。在世界各国（新加坡除外），华人虽然是少数民族，但是在保留和坚守本民族文化方面非常执着与顽强。他们通过办华文学校、办华文报纸和各种传媒、保留中国传统节日等多种多样的形式，传播中华文化，让中华文化在海外得以生存、弘扬和发展。

第二，华人是沟通中国与当地国家的桥梁和使者。华人与当地民族长期在一起生活，为各国的发展和繁荣共同奋斗。尤其是在泰国、菲律宾等国，华人与当地民族已经完全融合在一起，成为当地人民了解中国和中华文化的桥梁和使者。当地人民也正是通过华人首先认识中国和中华文化。

第三，华人的生活方式、价值观、传统文化深刻地影响着当地人民，影响着当地国家的现代化进程。长期以来，华人的勤劳、节俭、勇于进取和开拓，以及华商的企业家精神，都是当地人民学习和效法的榜样。当地许多家庭经常会以某

个成功的华商为榜样，鼓励自己的子女向他们学习。

第四，从中外人文交流的客体看，华人是中国海外文化输出的主要对象，东南亚3000多万华人是中国当前文化产品输出的主要市场。中国今后会有越来越多的文化产品、文化服务向海外输出，华人是其最重要的消费群体。他们是中文电影、中文文艺作品、中国书法、中国武术等的最重要的读者群。通过他们，这些中国文化产品还可以发挥溢出效应，向其他民族和文化群体传播。

中国要大力支持东南亚的华文教育、华文传媒和华人社团。这是华人赖以生存和发展，赖以保存和弘扬中华文化，赖以保存自己民族的根的"新三件宝"。这方面的工作既要大力开展，又要注意方式和方法，要做得合情、合理、合法，不要大张旗鼓，而是要巧妙。尤其是要注意两点：一是不要带有意识形态色彩；二是不要带有浓厚的官方色彩。例如，海外华文教育要坚持本土化、民间化和基层化的原则。我们在海外推广华文教育是一件具有深远意义的事情。与外国的大学合作办孔子学院，走精英教育这条路线，是必要的。但我们也要考虑到一些地区和国家的特殊性。从20世纪50年代起，东南亚各国（马来西亚除外）华文教育已经被关闭了半个多世纪，在一些国家，如缅甸，华文教育虽然发展迅速，涌现了许多华文学校，但政府原来发布的禁令却一直没有明令取消，政府对目前出现的华文教育热潮只是睁一只眼、闭一只眼。因此，在海外推广华文教育，不能只走精英教育这条路线，还要关注那些生下来就没有机会接触华文的华人子弟，给他们提供学习华文的机会。因此，我们应该投入更多的人力物力和财力，资助幼儿园和中小学的华文教育，从小抓起，可能会收到更好的效果。例如，在印尼一些华人比较集中的地方，开办了许多"三语"幼儿园、"三语"学校等。[①]笔者曾经去考察过这些学校，办得比较好的"三语"学校，多是因当地有较强力量的社团和华商动员华人捐资办学。我们应该根据各国的特殊情况，通过当地政府和华人社会，鼓励更多的政府公立幼儿园和中小学开设华文课程，效果可能会更好。

伴随着中国与东盟经济关系的不断升温与中国综合国力的强盛，东南亚地区的华文教育热潮一浪高过一浪。当前，东南亚华文教育热潮中出现了一个新的现象——当地非华人子女非常热衷于就读华文学校，学习华文；在一些边远地区的华文学校，当地非华人学生人数占的比例相当高，甚至超过华人。最近几年，笔者曾经多次到泰国北部地区进行田野调查，对该地区蓬勃发展的华文学校与华文教育有深刻的印象。以泰北地区的清莱府为例，该府只有100多万人，但华文学

---

① 即同时教授印尼文、华文和英文的学校。这类学校在印尼各地越来越多，有很强的生命力。

校却有66所，遍布全府各地，尤其是在山区，其中高中4所、初中17所，其余是小学（大多数小学还包括幼稚班），共有648位华文教师，各级各类学生15000多名，其中只有一部分是华人学生，大部分均为当地非华人学生。[①]对这个现象我们一定要引起高度重视，要千方百计地采取措施，切实改进与提升东盟各国华文学校的硬件和软件，大力提升华文教育的水平，让更多的非华人子女进入华文学校学习华文。这些从小就到华文学校接受华文教育的非华人子女，应该就是今后中国—东盟人文交流的主力，因为他们在接受华文教育的过程中逐步地认识和接受了中华文化。

（二）培育更多的政治文化精英

所谓政治文化精英，是指国家领导人、外交家及各类专业工作者。一国之政治文化精英在国家之间的人文交流中能够起到引导与示范的作用。他们的一举一动都会对国家间的人文交流产生重要的影响。遗憾的是，东盟各国大多数政治文化精英一般都接受英文教育，在欧美日留学，价值观和思想感情更多地倾向于西方国家，对中国仍然缺乏认知和了解。即使他们对中国有一些认知和了解，一般都是通过欧美日的媒体，通过西方的各种途径，间接地认识中国。长期以来，西方眼中的中国一般都是扭曲、变相的形象。大多数东盟政治文化精英对中国的认知和了解一直都停留在这个阶段，脑海中充斥着西方给他们灌输的先入为主的中国印象。加上许多历史和现实的因素，他们中的许多人对中国的态度都是比较负面的，甚至是排斥的。贺圣达也认为：

> 在西方对东南亚文化的影响方面，美国的影响起主要作用。……由于长期以来美国在政治、经济和文化上与该地区的密切联系，以及美国文化的强势地位，一些东南亚国家，尤其是菲律宾、泰国，受美国文化的影响很大。一些美国学者也认为，东南亚占主导地位的上层接受了西方，尤其是美国的价值观。[②]

不可否认，近年来，中国对东盟的文化存在和影响力也正在超越传统文化，逐步上升到一些思想、价值观等方面。然而，与美国等西方国家在这方面的影响力相比，中国的影响力仍然是有限的。

---

① 2018年12月14—16日，笔者在赴清莱皇太后大学参加"第一届泰北华人文化国际研讨会"期间访问了长期在泰北地区工作的泰国清莱中华文化教育协会理事长柯保合先生。此数据由他提供。

② 贺圣达：《后冷战时期东南亚文化的发展模式和趋向》，《和平与发展》2007年第3期。

(三)鼓励更多的海外中资企业创造中国人自己的品牌

国家之间的人文交流，并不完全靠说什么或宣传什么，而更多地是靠做什么或如何做。中国现在是世界贸易大国，但并没有硬的自主品牌，都是生产和出售别人的品牌。中国在国家之间的人文交流中严重缺乏自己的品牌文化，生产和出口一个过硬的品牌产品，比说一万个道理都强。在东南亚，一说起日本，马上就会联想到满大街跑的各种日本品牌汽车，如本田、丰田、日产等，而中国有什么？东盟国家的民众一说到中国制造的产品，马上就会联想到各种廉价商品。对此，泰国泰中罗勇工业园的董事徐根罗先生深有感触地说："中国在泰国有几千家企业，但真正有自己品牌的企业屈指可数。我们拿什么跟人家进行交流？"[1]

(四)克服大国沙文主义思想，尊重其他民族文化

这几年，随着综合国力的提升，加上受历史上的"华夷秩序"的思想观念影响，一些人的大国优越感，或者叫大国沙文主义思想，也有所抬头。这种思想意识在国家之间的人文交流中的具体表现就是看不起东南亚各民族的文化，总认为中国文化是最优秀的，其他小国、其他少数民族的文化都是劣等的。东南亚各国在与中国进行人文交流的过程中也存在自卑的心理。我们如果不注意这一点，自觉或不自觉地表现出各种优越感，那就会人为地制造一些障碍，不利于开展人文交流。吴晓玲以越南民众为例，从受众方的心理角度分析东盟国家民众对中华文化的态度。她在论文中指出：

> 中国在与东盟进行人文交流的过程中往往只注意了传播方，而忽视了接收方。这是严重的缺失。它的弊端也是显而易见的——其一是对东南亚各国、各区域之间的平衡性和文化接受心理差异的忽视；其二是对双方文化合作案例对中华文化传播的启示的研究不够；其三是忽视对作为文化接受方的东南亚的主体性的研究。
>
> ……
>
> 越南人排斥的不是中华文化，而是在中华文化面前被动的接受地位。他们希望能有自己的文化选择权。但与此同时，社会秩序又离不开中华文化的支撑。正是这种矛盾的现实和接受心理，使得越南面对中华

---

[1] 2019年1月2日，笔者随泰国玛希隆大学(Mahidol University)中国研究中心代表团赴泰中罗勇工业园考察，徐根罗先生在介绍工业园情况时如是问道。

文化时要么处于一种迷茫状态，要么干脆不接受中华文化新一轮的传播。

……

在面对中华文化的传播时，越南人反感的并不是中华文化的传播，而是担心在接受中华文化时自己的文化不被尊重，担心过多地接受外来文化而失去了自己的文化自主选择权和文化特色。

……

越南人在面对中华文化时，其接受心态是非常复杂的。一方面，希望接受和学习中华文化；另一方面，又惧怕中华文化成为一种压倒性的强大话语。一方面，不希望外来文化对自己的发展横加干涉；另一方面，又意识到学习外来文化的必要性。这种矛盾的心态，使得他们在面临外来文化时，在接受心理上接纳和拒绝并存。[①]

因此，在新的历史时期，中国—东盟的人文交流应该更加注重平等对话，更加强调双向交流合作，更加尊重接受方的心理、文化和价值观。

(五)加强对东南亚来华留学生的工作

据统计，近年来东盟每年来华留学的学生人数已经达到6万，中国到东盟国家的留学生人数每年也有2万—3万。这是一股潜在的力量。如果把这些人的工作做好了，就可以影响一大片，包括他们的兄弟姐妹、家人和亲戚朋友。我国的留学生教育与管理存在许多需要改进的地方。例如，过分偏重于传授中国传统文化知识；许多学校专门建留学生楼，对他们进行封闭式管理，不让他们与中国学生接触，不让他们了解真实的中国。在这个方面，我们应该借鉴美国、英国等国家留学生教育的成功经验与做法，尤其是要让外国留学生与中国学生广泛接触，交朋友，还要创造条件，让他们去中国的农村、工厂和居民生活区，更多地了解真实的中国，对中国有一个全面、正确的认识。

(六)改进对东南亚的文化传播工作

要多在文化创新上下功夫，多推出一些新鲜的和有竞争力的文化产品到东南

---

① 吴晓玲：《从〈河内，河内〉看中华文化传播中越南的接受心理》，泰国玛希隆大学中国研究中心编《"2018新丝路和东南亚华侨华人：投资、新移民、文化认同"国际学术研讨会论文集》，出版机构不详，2018年，第278—282页。

亚去。我们要研究东南亚文化传播对象的新情况和新特点，有的放矢地做工作。当前东南亚的文化传播对象有哪些新情况和新特点呢？简单地来说，就是由于全球化、区域化和都市化的影响，东南亚人民的生活方式发生了很大的变化，原来那种与农业生产方式相适应的慢节奏的田园诗般的文化产品，已经不适合新一代东南亚人的需求。新一代东南亚人，包括华人青少年一代，需要与城市生活相适应、短平快、享受型的文化产品。这就是韩剧和日本动漫能够快捷地占领东南亚市场的主要原因。因此，在我们对东南亚的文化传播工作中，除了继续向受众宣传中国传统文化之外，更重要的是创新，提供更多样化、更形象生动、更有活力的新文化产品。

东盟国家蓝色经济发展及其与中国合作研究

杨程玲①

【内容提要】东盟国家海洋资源丰富。海洋作为一种资源，在经济增长中扮演着越来越重要的角色。经济增长需要发展海洋产业，但海洋产业发展会带来资源破坏和环境污染。因此，需要协调好海洋经济与资源环境的关系，实现可持续发展的蓝色经济，构建新型的中国与东盟"蓝色伙伴关系"，丰富"人类命运共同体"理论与实践构想，推进"人类命运共同体"的建构。

【关键词】东盟；海洋经济；"蓝色伙伴关系"；海洋命运共同体

东盟国家（除老挝外）均为海洋国家，海域辽阔，海岸线漫长，海洋资源丰富。东盟国家的海岸线总长度约为17.3万千米，约占世界海岸线总长度的18%，大陆架占世界的19%，200海里经济区占世界的10.86%。距离岸线100千米范围的人口约占总人口的71%。21世纪初，世界上18个人口超过1000万的最大城市中，就有4个在东盟。②该地区是全球海产品主要的出口地区，泰国、越南的海产品总量分别位列海产品出口国的第二名和第三名；世界港口前100名中有9个在东盟国家；③海洋产业的增加值占东盟国家国民生产总值（GDP）的7%—30%。④

随着东盟国家海洋产业的附加值占GDP的比重越来越大，海洋资源环境问题日显突出。⑤因此，东盟国家海洋经济面临的一个严峻问题就是如何充分利用海洋资源环境禀赋，协调好经济增长、环境污染和海洋经济之间的关系。"蓝色经

① 作者简介：杨程玲，汕头大学马克思主义学院讲师。
基金项目：教育部人文社会科学基金青年项目"粤港澳大湾区海洋产业协同创新机制探索与实证研究"（项目编号：20YJC630184）；广东省哲学社会科学"十三五"规划学科共建项目"创新网络视角下广东海洋产业转型升级的影响因素及路径研究"（项目编号：GD18XYJ31）
② 数据来源：World Factbook, 2017; PEMSEA, *Framework for National Coastal and Marine Policy Development*, No.14, 2005, p.75.
③ Whisnant R., & Reyes, *Blue Economy for Business in East Asia: Towards an Integrated Understanding of Blue Economy*, Quezon City: PEMSEA, 2015, p.69.
④ PEMSEA, *Blue Economy Growth in the East Asian Seas Region. State of oceans and coasts*, Quezon City: PEMSEA, 2018.
⑤ Sosmena G C., "Marine health hazards in South-east Asia", *Marine Policy*, Vol.18, No.2, 1994, pp.175-182.

济"的提出正是从经济的角度看海洋经济和海洋自然资本，利用海洋促进经济增长的同时实现健康海洋和可持续发展的目标。2012年7月，10个东亚国家部长在韩国昌原（Changwon）签署《昌原宣言》。正如《昌原宣言》所示，蓝色经济提供了一个有效的框架和组织原则，在促进经济增长的同时实现沿海和海洋资源的可持续发展。[1]

当前，我国海洋经济运行与海洋产业发展表现出与东盟国家相似的特征：海洋经济发展速度过快，海洋经济与海洋资源环境失衡日趋严重，过度依赖资源型海洋产业，等等。我国提出海洋强国的发展战略以来，海洋经济发展速度超过任何一个时期，未来中国经济发展需要向海要空间。习近平总书记于2018年对葡萄牙进行国事访问前夕表示，中葡两国要积极发展"蓝色伙伴关系"；李克强总理于2019年出席第二十二次中国—东盟领导人会议时表示："中方愿与东盟加强海洋生态保护、海洋产业、海洋科技创新等领域务实合作，促进海洋经济可持续发展。"[2]因此，本文主要分析东盟国家海洋经济对经济增长的贡献，各国在可持续发展的理念下将海洋经济转向蓝色经济的政策及措施，以及当前东盟国家蓝色经济面临的问题及困境，分析中国提出的"人类命运共同体"与东盟蓝色经济的契合发展，并在此基础上提出构建新型的中国与东盟海上合作伙伴关系，丰富"人类命运共同体"理论与实践构想，推进"人类命运共同体"的建构。

一、东盟国家海洋经济贡献分析

（一）海洋经济贡献

根据经济合作与发展组织（Organization for Economic Co-operation and Development）的统计，2030年全球海洋经济将翻一番，预计高达3万亿美元，就业率也将翻一番，超过4000万人将在海洋产业工作。从东盟各国海洋经济贡献来看，如表1所示，该地区7个国家的海洋经济生产总值（GOP）约为4200亿美元。其中，泰国的GOP占其GDP的比重为30%；印度尼西亚（简称"印尼"）、马来西亚、越南的GOP占其GDP的比重均超过20%，分别是28%、23%、20.8%；柬埔

① Ebarvia, Maria Corazon M., "Economic Assessment of Oceans for Sustainable Blue Economy Development", *Journal of Ocean and Coastal Economics*, Vol.2, 2016.
② 《李克强在第22次中国—东盟领导人会议上的讲话（全文）》，新华社2019年11月3日电，转引自 https://baijiahao.baidu.com，2019年11月4日。

寨的GOP占其GDP的比重为16%；菲律宾和新加坡的GOP占其GDP的比重均为7%。海洋经济的发展也吸纳了该地区超过2000万的劳动力从事涉海活动，其中印尼涉海工作人数约为600万，泰国也解决了超过400万人的就业和生计问题。①

表1　2015年东盟国家海洋经济贡献统计表

指标	柬埔寨	印尼	马来西亚	菲律宾	新加坡	泰国	越南
海洋经济总值（十亿美元）	2.39	182.54	63	11.81	2.16	120.39	38.23
GOP/GDP	16%	28%	23%	7.0%	7.0%	30%	20.8%
涉海工作人员数量（百万人）	3.2	5.96	0.57	2.15	0.17	4.07	/

数据来源：东亚海环境管理伙伴关系组织（PEMSEA），其中GOP为海洋经济总值，GDP为国民生产总值。

（二）海洋产业的经济贡献

近年来，东盟各国海洋产业结构不断优化和升级，海洋第二产业和新兴产业在海洋经济中发挥着越来越重要的作用。2015年，在印尼海洋产业中，海洋建设、海洋工业（制造业）、海洋矿业（矿业、石油、天然气）、海洋国防（政府服务）、滨海旅游业、海洋渔业、海洋运输业依次占其GOP的35%、21%、12%、12%、11%、8%、1%。泰国的海洋制造业占其GOP的42%。此外，渔业、滨海旅游业、港口运输业、离岸石油和天然气也是泰国主要的海洋产业。越南海洋经济集中在以下行业：近海油气（36%）、渔业（32%）、滨海旅游（14%）、鱼类加工业（8%）、制造业和海洋建设（5%）、海洋运输（5%）。以上行业经济贡献占该行业增加值的98%以上。马来西亚的海洋产业及经济贡献分别为港口和船运（39%）、滨海旅游（26%）、渔业（21%）、海洋研究与教育（9%）、离岸油气（4%）、海洋制造业（1%）、海洋建筑业（0.12%）。②菲律宾主要的海洋产业为滨海旅游业（25%）、渔业（20%）、海洋制造业（19%）、海港及海洋运输业（12%），以及电力、天然气和水供给（11%），离岸油气（7%），公共管理和防御（4%），建筑业（1%），沿海保险（1%）。柬埔寨的海港和运输业、渔业、滨海旅游业总产值占GOP的比重分别为51%、46%和3%。新加坡的海洋产业主要由航运、港口、近海和海洋工程、海

---

① *Blue Ecnonmy Growth in the East Asian Seas Region, State of Oceans and Coasts*, Quezon City: PEMSEA, 2018.

② 这一组数据相加超过100%，系各项统计略有误差所致。

事服务组成。新加坡的航运业产值占其GOP的7%。目前，东盟国家已形成了以海洋渔业、海洋运输、海洋能源、滨海旅游为主导的海洋产业部门，而新兴的海洋产业呈现出不断扩大的趋势。

表2 2015年东盟国家四大海洋产业占GOP总量的比例

国家	柬埔寨	印尼	马来西亚	菲律宾	泰国	越南	新加坡
滨海旅游	3%	11%	26%	25%	20%	14%	—
海洋运输	51%	1%	39%	12%	9%	5%	7%
海洋渔业	46%	8%	21%	20%	2%	32%	
海洋能源	—	12%	4%	18%	5%	36%	—
MPI	—	47%	5.7%	12%	5.46%	40.3%	100%
ICM	0.5%	5.8%	2.3%	2.5%	5.2%	1.8%	1.5%

数据来源：东亚海环境管理伙伴关系组织（PEMSEA）。ICM为海岸带综合治理占海岸线长度的比例；MPI为海洋保护区占内海面积的比例。

（三）海洋生态系统服务的经济贡献

东盟国家是世界上海洋资源最丰富的地区之一，也是最具生物多样性的地区。这一区域的湿地生态系统主要包括滩涂、红树林、海草床和珊瑚礁。东盟拥有世界上最广泛多样的珊瑚礁，数量约占世界总量的34%。该地区有约600个珊瑚物种和1300多个珊瑚礁鱼种，其中珊瑚三角区（包括印尼、马来西亚、菲律宾，以及巴布亚新几内亚、所罗门群岛、东帝汶的海洋水域）珊瑚物种数占所有已知总数的76%。东盟国家珊瑚礁是高效的生态系统，为当地居民提供各种有价值的资源与服务，其中包括沿海保护、渔类栖息地、娱乐和旅游的地方。该地区红树林数量占全球总量的30%。据联合国环境规划署的数据显示，东盟国家共有1230片红树林，其中67%的红树林物种分布在印尼、马来西亚和菲律宾，印尼红树林数量占东盟国家总量的72%。[①]这些海洋生态系统提供了供给（渔业和水产养殖、木材燃料等）、调节（如气候调节、废物同化、风暴保护等）、文化（旅游和娱乐活动）和支持（如初级生产、大气氧气生产、养分循环、水循环、栖息地供应、苗圃渔业等）的服务，但通常不包括在日常海洋经济价值评估之中。

---

① *Sustainable Development Strategy for the Seas of East Asia (SDS-SEA)*, Quezon City: PEMSEA, 2015.

在东盟国家中，印尼的海洋及海岸生态系统服务的经济价值高达1050亿美元，占GOP总量的50%。马来西亚生态系统服务经济价值则为177亿元，占GOP总量的30%。菲律宾生态系统服务经济价值约为170亿元，是GOP总量的1.5倍。泰国生态系统服务经济价值是菲律宾或马来西亚的2倍左右，高达360亿元，更是其GOP总量的3倍。海洋经济已经成为经济增长的重要动力，从解决生计问题的小规模捕捞业，到各种各样的海洋工业，再到已成为服务业中最大部门的滨海旅游业，等等，吸纳了该地区庞大的劳动力。但东盟海洋经济的发展受到不可持续的海洋资源开发与利用的挑战。近年来，东盟国家积极创新蓝色产业的发展模式，推动海洋资源的开发与利用。

(四)海洋产业向蓝色产业的转变

沿海管理问题是跨部门的。传统的管理方法是各个部门单独解决自己部门的问题，通常不足以解决沿海地区复杂的问题。纵观蓝色经济产业，行业之间存在着一些积极的和消极的联系，例如：水产养殖，如果没有正确分区，会影响船舶航行路线和旅游景点；渔业和旅游业可以从海洋保护区妥善管理中受益；石油和天然气与海洋运输公司在防备溢油上具有共同的利益和响应措施；沿海开发和制造能破坏和污染旅游景点；海洋技术提供商可以帮助渔业打击非法捕捞。海洋可再生能源可以为众多行业提供能量，但其基础设施会与其他行业竞争海洋空间。也正是因为这样，针对资源重复利用的冲突，东盟多数国家已经实施海岸带综合治理（ICM）。海岸带综合治理注重跨部门、跨地区、跨学科，基于生态系统的方法，对沿海和海洋生态系统进行治理，包括海洋空间规划（MSP）。[①]此外，建立海洋保护区（MPI），将海洋保护区作为旅游目的地加以管理。印尼和泰国有最大的海洋保护区，而菲律宾则有时间最长的海洋保护区。2002年，东盟通过了"东盟海洋遗产地标准"和"国家海洋保护区标准"，对现有和新建保护区进行指定和管理。东盟海洋遗产标准包含6个主要标准和4个附加标准。而东盟国家海洋保护区标准大致分为社会、经济、生态、区域和务实五大指标体系。在东盟国家，全球性的海洋保护区包括科摩多自然公园（印尼）、Tubbataha礁石自然海洋公园（菲律宾）、Ujung自然公园（泰国）和下龙湾（越南）。区域的海洋保护区有Lampi海洋自然公园（缅甸）和Tarutao自然公园（泰国）。

---

① *Blue Ecnonmy Growth in the East Asian Seas Region, State of Oceans and Coasts*, Quezon City: PEMSEA, 2018.

综上所述，海洋经济对东盟国家的GDP增长贡献较大。虽然各国资源和发展水平不一，使得各国海洋产业发展各具特色，但海洋渔业、海洋能源、海洋运输和滨海旅游已成为东盟国家主要的海洋产业部门，并对各国经济增长作出重要的贡献。不过，在过去几十年里，海洋经济增长一直伴随着自然资源和生态系统服务的下降。蓝色经济提倡低碳环境影响下的增长战略，将成为未来东盟国家海洋经济可持续发展的方向。

二、东盟国家蓝色产业发展途径分析

(一)滨海旅游

2014年，东盟旅游业创造了7.6万亿美元产值，占世界GDP总量（79.3万亿美元）的9.6%，并为1/11的人口提供了就业机会。许多人到东南亚地区旅游，亚太地区国际旅游业比世界其他地方有更强劲的增长，增长率为6%左右。[1]世界旅行和旅游理事会预测，2025年旅行及旅游业占GDP的比例增长最快的国家包括中国、泰国和印尼。[2]80%的旅游业发生在滨海地区，海滩和珊瑚礁是最热门的景点。滨海旅游能增加地区收入。如表2所示，2015年，滨海旅游业占各国GOP的比例从柬埔寨的3%到马来西亚的26%。旅游业高度依赖于环境质量以吸引游客，但旅游业的发展会带来环境问题：由于旅游基础设施而导致宝贵的栖息地（如珊瑚礁、湿地和红树林）的损失；当地现有食物和清洁水资源的显著性消费；未经处理的污水和大量固体废弃物的排放导致的污染；大量的能源消耗引起的气候变化和二氧化碳的排放。[3]邮轮业和航运业面临着类似的挑战，如从燃烧的燃料直接排放至空气，通过压载水导致入侵物种的转移，等等。旅游业越来越易受气候变化影响，并需要与不断变化的气候相斗争。

为了实现滨海旅游业的可持续发展，东盟各国一个重要的发展战略是发展生态旅游，要求当地社区提供可持续的生态旅游选择。例如，2010年，由VISA和

① *UNWTO annual report 2013*, 2014, p.84, http://www2.unwto.org/sites/ all/files/pdf/unwto_ annual_report_ 2013_ 0.pdf. 2015-06-05.

② *Exports from international tourism rise to US$ 1.5 trillion in 2014*, http://media.unwto.org/ press-release/ 2015- 04- 15/exports-international-tourism-rise-us-15-trillion-2014.2015-06-05.

③ *Sustainable coastal tourism: An integrated planning and management approach,* 2009, p.154, http://www. unep.fr/ shared/ publications/pdf/ DTIx1091xPA-Sustainable CoastalTourism-Planning.pdf.

太平洋亚洲旅游协会进行的一项调查发现，游客对环境友好的旅游和文化洗礼项目的选择倾向性越来越高。联合国世界旅游组织秘书长认为该部门的未来依赖于可持续旅游。①2010年，菲律宾巴拉望岛（Polawan island）的爱妮岛（El Nido）度假村利用自身的先进设备——最先进的污水处理厂，确保没有任何未经处理的污水排入海中。加上其他可持续的做法，如海水淡化、雨水集水、节约淡水等，使得度假村赢得了无数的奖项，提升了其地位和价值，为旅游者提供了另一种层面的体验。

（二）海洋运输

世界上90%的商品贸易都要通过海洋运输。海洋运输业的经济增长速度将超过世界经济平均增长速度。海洋运输业确实推动了东盟地区经济增长，港口周围的基础设施建设也有助于提高海港附近居民的生活水平。从表2可知，新加坡的海洋运输创造的产值占新加坡GOP的7%，就业人数超过17万。柬埔寨海洋运输创造的产值占GOP比重高达51%。这一项数据在马来西亚也高达39%。这一行业除了容易受到国际经济和政治条件的影响外，还面临着一系列的环境风险：港口出货不对的做法导致的石油泄漏可能会使得沿海和海洋地区环境退化；废物，如板载污水和舱底水倾倒；有毒化学品释放；通过压载水转移入侵物种；鲸鱼和其他海洋生物因锚、噪声、干扰波和敲打而受到物理伤害。②尽管这些潜在的风险显著，根据2013普华永道的报告，只有27%的航运公司报告其可持续性绩效。③如何使海洋运输业转型成功成为"蓝色经济"的巨大引擎，成为各地政府需考虑的问题。

为应对以上挑战，东盟国家海洋运输业从5个方面进行转型：绿色船舶、绿色港口、绿色技术、绿色意识、绿色能源。其中，绿色港口政策被绝大多数东盟国家采纳。2009年，东盟启动了"东盟国家港口可持续发展（SPD）"项目。这个项目由德国技术合作公司（GTZ）与东盟港口协会（APA）合作，旨在协助选定港口和码头，使之符合国际安全、健康和环境的相关法规和标准，提高安全和环境

---

① UNEP, "Tourism.", In *Green economy and trade – Trends, challenges and opportunities* (Chapter 7), 2013, pp.259- 291. http://www.unep.org/greeneconomy/Portals/88/GETReport/pdf/Chapitre%207%20Tourism.pdf.

② WWF. Marine problems: Shipping,2015., http://wwf.panda.org/about_our_earth/blue_planet/problems/shipping.

③ PwC. "Still battling the storm: Global shipping benchmarking analysis 2013", p.46, https://www.pwc.com/en_GR/ gr/publications/assets/shipping-benchmarking-2013.pdf. 2015-06-01.

管理水平。^①为了实现港口可持续发展，东盟港口协会采用港口安全、健康和环境管理系统，对港口业务进行管理。参与的港口包括菲律宾的伊洛伊洛（Iloilo）和卡加延德奥罗港（Cagayan deoro）、泰国的曼谷和林查班、柬埔寨的西哈努克（Sihanoukville）和金边（Phnom Penh）、越南西贡港（Saigon）、印尼的丹戎普里奥克港（Tanjung Priok）、马来西亚沙巴（Sabah）和柔佛港（Johor）。^②为了教会港口当局如何实施PSHEMS，2016年，Pemsea与德国开发署（Giz）合作，为港口管理人员制定了一个"可持续港口发展（SPD）培训计划"。亚太经合组织（APEC）港口服务网络（APSN）已经建立了自愿参与的绿色港口奖励制度（GPAS），对港口进行排名，通过自我评估和专家的表现评价鼓励它们提高绿色环保水平。目前，东盟有6个经认证的GPAS港口（2个在新加坡，2个在马来西亚，1个在泰国，1个在菲律宾）。非政府组织运行的绿色奖励计划向具有更高安全和环境标准的船只颁发证书。这个证书不只是荣誉的象征——得到证书的船队将有权享受港口入口费15%的折扣。

（三）海洋渔业

2013年，世界对鱼类产品的消费量为人均19.7公斤，东盟国家为35.1公斤，接近世界人均消费量的2倍。因此，渔业是东盟国家一个重要的产业，除了满足人们对食品安全和营养的需求，还可以获得持续的收入。^③2015年，柬埔寨、越南、马来西亚、菲律宾、印尼和泰国海洋渔业占其GOP总量的比重分别为46%、32%、21%、20%、8%和2%。从渔民数量上看，这6个国家的总数超过600万人，占世界渔民总数将近20%。近年来，全球市场对鱼类和渔业产品的需求不断增长，加上捕捞技术的提高，导致东盟国家海洋渔业资源的过度开发。非法、未报告、未管制（IUU）^④捕鱼，加上水质污染、生态破坏和海洋污染，使得未来东盟国家的海洋捕捞数量将受到制约。据估计，东盟国家海洋渔业储存量大约仅是十年前

---

① Mr. Hector E. Miole, "Partnerships at Work: Local Implementation and Good Practices", Workshop on Greener Ports in the ASEAN Region the East Asian Seas Congress 2009, Manila, November 23-27, 2009.

② Lawan., "Oungkiros proceedings of the Special Workshop on Green Ports: Gateway to Blue Economy", The East Asian Seas Congress 2012, Changwon, July 9-13, 2012.

③ SEAFDEC., *Southeast Asian State of Fisheries and Aquaculture*, Bangkok:Southeast Asian Fisheries Development Center, 2017, p.142.

④ IUU捕鱼存在于所有类型和规模的渔业中，发生在公海和国家管辖区内的区域。其涉及捕捞和利用鱼类产品的所有方面和阶段，有时可能与有组织犯罪相关。

的1/10，并以惊人的速度继续下降。水产养殖虽然发展较快，曾经被认为将弥补海洋捕捞渔业需求与供应之间日益增长的差距，但也受到许多因素的限制，包括可用水、土地和饲料的限制。2016年的一项研究发现，红树林向水产养殖场的转变是东盟国家森林砍伐的主要原因。因此，如何确保东盟，甚至是世界的粮食安全，实现渔业的转型是政府一项迫切的需求。[①]

东盟从区域性和国家性层面制定法规和政策确保渔业可持续发展。东盟渔业发展中心（SAEFDEC）致力于形成一个有关渔业管理的数据平台，以便为更有限的鱼类资源作出更有效的管理决策。菲律宾在2015年通过了《共和国法案》（Republic Act No. 10654），修订了《菲律宾渔业法》（Philippine Fisheries Code），增加了对IUU违反者的处罚，并对所有悬挂菲律宾国旗的船只实施MCS[②]。泰国建立了一个打击非法捕鱼的指挥中心，对泰国的渔业码头进行检查。东盟国家开展海洋区域和国际合作可以获得渔业发展的资金、技术和经验，还可以获得捕捞、养殖场地准入许可，提高渔业管理的标准化。印尼主要参与了珊瑚礁管理和重建项目、珊瑚三角倡议，以及孟加拉湾大海洋生态系；同时，加入欧盟的IUU认证，与区域渔业管理组织合作，共同管理高度洄游鱼种。马来西亚参与由联合国粮农组织主持的项目"孟加拉大海洋生态系"海湾可持续管理（2009—2013年），从澳大利亚、加拿大和挪威等国获得对水产养殖、海洋渔业、海洋捕捞渔业的监测和控制，以及在海洋公园管理中利用遥感进行珊瑚礁评估的援助。此外，东盟国家不断探索对环境更友好，更智能、更可持续的水产养殖业，包括一些国家投资企业和研究实验室探索可持续、有营养的替代品；同时为水产养殖提供一些硬标准，控制投入的营养物质和化学物质。

(四)海洋能源

2020年，亚洲的一次能源需求将上升40%，将导致2022年亚洲在能源领域的投资达到10万亿美元。化石燃料将继续作为能源的主要来源。据估计，到2035年，东南亚的一次能源总需求增长83%。[③]全球范围内，2025年，海上油田

① Fisheries and Aquaculture Department., FAO Fishery and Aquaculture Country Profiles., Indonesia /Mayasia /Philippines/Vietam/Thail, https://www.fao.org/.
② 即渔船监测、控制、监督系统（monitoring, control, and surveillance system of fishing vessel）。
③ International Energy Agency, Economic Research Institute for ASEAN and East Asia., *Southeast Asia Energy Outlook: World Energy Outlook Special Repor*t, France: International Energy Agency, 2013-09, https://www.iea. org/publications/freepublications/publication/SoutheastAsiaEnergyOutlook_WEO2013SpecialReport.pdf.

可能占全球原油产量的34%，中国南海被认为是海底石油储量的重要来源。[①]而东盟国家如印尼、马来西亚、泰国、文莱、越南、缅甸和东帝汶，位于巽他陆架（Sunda Shelf），已有丰富的海底油气。[②]该地区石油和天然气产业正在大规模增加，而适当的环境管理是保持其有效运行的关键。对于许多石油和天然气公司来说，近海和深海勘探、生产，港口码头运输量，炼油业务，通过管道运输的石油和天然气等，都存在环境风险。例如，2015年初，在新加坡的东北部，一艘油轮和一艘货船相撞，从而造成估计4500吨原油溢入海洋。[③]推动海洋能源向蓝色海洋的转变，是东盟国家非常关注的问题。

一方面，东盟能源结构将越来越多地依赖可再生能源，如风能和太阳能。海上风能发电是海洋最成熟的一种可再生能源形式。印尼已经在日惹（Jogyakarta）利用植物开发波浪能，在东龙目岛（Lombok island）开发潮流能，在巴厘岛（Bali Island）探索海洋热能转换（OTEC）。2018年，菲律宾计划开设首家海洋能源工厂。[④]该地区利用的生物燃料将继续上升，基于生物燃料的使用比例上升。即使是航空业也开始投资生物燃料，如印尼鹰航空公司（Garuda Indonesia）使用生物燃料改造一些飞机。因为传统的来源（如椰子油和棕榈油）已经无法跟上需求的步伐，所以该公司正在转向藻类作为原料。藻类每年可以生产20000—80000公顷生物燃料，比陆地种植生物燃料更高效。

另一方面，东盟在离岸油气开发与利用过程中注重环境保护。[⑤]泰国国家石油公司（Petroleum Authority of Thailand，简称PTT公司）是世界上最大的石油和石化产品生产商之一。在2013年，因PTT设备漏油造成超过50000升溢出并蔓延到暹罗湾（Gulf of Siam）。虽然事件使得PTT公司最终损失超过1400亿美元，但PTT公司致力于灾区的长期恢复，支持恢复工作和创建方案，以支持地方经济。

---

① IEA., World energy outlook 2010, France: International Energy Agency, 2010. http://www.iea.org/textbase/ npsum/ weo2010sum.pdf.

② PEMSEA. "The Marine Economy in Times of Change", *Tropical Coasts*, Vol.16, No.1, 2009.

③ Yep E., *Singapore races to clean up oil spill: Collision between oil tanker and cargo ship spilled estimated 4,500 tons of oil into sea*, 2015-01-06.

④ Global Wind Energy Council, Global offshore, Brussels, Belgium: Global Wind Energy Council, http://www. gwec. net/global-figures/global-offshore.2015-07-23.

⑤ United Nations, Shankleman, J., *The world's 10 biggest tidal power projects*, London: Incisive Business Media (IP) Limited, 2015, p.116.

三、中国与东盟"蓝色伙伴关系"的构建

（一）构建中国与东盟"蓝色伙伴关系"的机遇

1.顶层设计，理论创新

2018年12月3日，习近平总书记在访问葡萄牙前夕发表署名文章表示，中葡两国要积极发展"蓝色伙伴关系"。习近平总书记在致2019中国海洋经济博览会的贺信中表示：

> 海洋对人类社会生存和发展具有重要意义，海洋孕育了生命、联通了世界、促进了发展。海洋是高质量发展战略要地。要加快海洋科技创新步伐，提高海洋资源开发能力，培育壮大海洋战略性新兴产业。要促进海上互联互通和各领域务实合作，积极发展"蓝色伙伴关系"。[1]

"蓝色伙伴关系"为"一带一路"倡议提供了新思路。[2]迄今为止，"一带一路"已获得东盟国家的积极响应，并已初见成效。在此基础上，提出"蓝色伙伴关系"是对"一带一路"中"21世纪海上丝绸之路"的进一步提升和深化。

2.地缘优势，休戚相关

东盟既是构建"人类命运共同体"的桥梁，更是推进"一带一路"海上合作的重要区域。近年来，中国与东盟国家领导人多次强调中国与东盟的海洋合作是双边合作的优先领域和重点方向。李克强总理在第二十二次中国—东盟领导人会议上表示：中方愿与东盟加强海洋生态保护、海洋产业、海洋科技创新等领域务实合作，促进海洋经济可持续发展。[3]近年来，中国与东盟海上互联互通的内容从交通设施的联通拓展到政策、资金、产业、贸易、人员的联通。[4]中国—东盟自由贸易区和进出口博览会，不断深化双方的海洋协调力度，从海洋运输、港口方面的

---

① 《习近平致信祝贺2019中国海洋经济博览会开幕强调秉承互信互助互利原则 让世界各国人民共享海洋经济发展成果》,《新民晚报》2019年10月15日。

② 傅梦孜、陈子楠:《发展蓝色经济助力海洋强国建设》,《光明日报》2019年3月18日。

③ 《李克强在第22次中国—东盟领导人会议上的讲话（全文）》,新华社2019年11月3日电, 转引自 https://baijiahao.baidu.com/, 2019年11月4日。

④ Penghong. China-ASEAN Maritime Cooperation: Process, Motivation, and Prospects, *China International Studies*, No.4, 2015, pp.26-40.

基础设施到运输便利化、安全保护、人力资源协调，依赖海洋运输的国际贸易提供高质而低廉的服务。①

3. 潜力巨大，前景广阔

中国与东盟开展单边或多边合作为"蓝色伙伴关系"的构建提供了合作基础。2019年8月，中菲宣布成立油气合作政府间联合指导委员会和企业间工作组。此次中菲两国签署谅解备忘录，是多年来首次由南海周边国家合作，对南海油气资源进行开发。在当前国际和地区形势复杂变化的背景下，中菲油气开发合作的推进将为南海合作树立新典范，有助于增进南海周边各国的政治互信，营造良好的合作氛围，为"南海行为准则"早日达成注入崭新动力。在2014年，中国石油化工集团有限公司（简称"中石化"）与印尼国家石油公司签署合资协议，将在印尼东爪哇共同兴建炼油厂；中国远洋渔业企业在印尼、缅甸、毛里塔尼亚等国建立境外捕捞配套基地，在印尼瑟兰岛（Seram）、纳土纳（Natuna）、巴淡岛（Batam）和缅甸维桑（Ngwe Saung）建立境外海水养殖基地。2017年，中资公司将投资72亿美元在马来西亚的马六甲（Melaka）建立皇京港（Melaka Gateway）。2014年11月首个海产品交易所——中国—东盟海产品交易所在马尾海峡水产品交易中心试营业，除了总部设在福州外，拟在东盟10个国家各设一个分支机构。②

(二)构建中国—东盟"蓝色伙伴关系"的挑战

中国与东盟唇齿相依，互利共赢，通过海洋构建命运共同体。中国在构建与东盟"蓝色伙伴关系"时，也面临三大严峻挑战。

1. 东盟地区海上安全问题

东盟各国发展水平不同，政治意识形态和发展重点也不用，在海洋问题上存在很多争议，纠缠其中。在当代东南亚地区，海域及大陆架疆域争端集中在三个区域：暹罗湾、南中国海、印尼和澳大利亚大陆疆界争端。其中，中国、越南、印尼、马来西亚、菲律宾和文莱就南中国海问题出现争议，南中国海问题是影响东南亚地区和中国地缘关系的一个敏感问题。③

---

① 《中国—东盟合作：1991—2011（全文）》，中华人民共和国外交部，http://www.fmprc.gov.cn/chn/pds/gjhdq/gjhdqzz/lhg_14/xgxw/t877316.htm.

② 杨程玲：《印尼海洋经济的发展及其与中国的合作》，《亚太经济》2015年第2期。

③ 王正毅：《边缘地带发展论——世界体系于东南亚的发展》，上海人民出版社，1997年。

除了以上的传统安全问题之外，还有非传统安全问题，如海峡地区的海盗活动和越境犯罪活动。由于海洋运输繁忙和独特的地理位置，马六甲海峡被誉为"海上十字路口"。这也是这片水域历来成为海盗袭击重灾区的原因。南中国海这一水域的海盗也是海盗频繁发生的危险海域之一。如何维护该地区的和平与秩序，是中国与东盟面临的首要挑战。

2. 东盟海洋产业风险问题

东盟地区海洋资源开发，尤其是海洋资源开发产业（海洋渔业、海洋油气资源等）的合作项目，可能会出现海洋产业安全风险。海洋产业项目可能会面临一系列的运营、监管、市场份额及金融危机等问题，从而使得运营成本增加，或是资源价格波动导致收入减少。在运营阶段，有可能因为受到当地社区或政府派发的许可证或牌照的限制而造成损失，或是由于社会或环境事故导致法律纠纷。在市场份额上，污染环境使得公司信誉受损，也有可能由于不能满足顾客的环保要求而失去市场机会。在监管阶段，由于不良环境记录而导致高额资本代价，或是意想不到的监管需求导致成本结构的更改。如何建立相关项目的风险防范机制，是中国与东盟建立"蓝色伙伴关系"的重要挑战。[①]

3. 东盟地区海洋环境保护问题

海洋污染、原油泄漏，非法捕捞、海上环境退化等，都无法确保海洋环境和资源的完整性。该地区存在非法捕捞、未报告、未管制（IUU）渔业，导致过度开采鱼类资源，并对生物多样性和栖息地造成毁灭性的影响。海平面上升和风暴潮等脆弱性也增加了项目的风险。经济合作与发展组织预测，2070年，由于洪水和风暴潮，世界十大城市损失的总资产将占全球GDP的9%。如何保护海洋环境，防止污染，是建立"蓝色伙伴关系"的核心挑战。

（三）构建中国—东盟"蓝色伙伴关系"的措施建议

1. 与东盟国家形成联系紧密的命运共同体

充分理解东盟国家发展经济、改善国民生活水准的强烈愿望，始终将发展理念贯穿于对东盟的合作与经济外交实践。"一带一路"和区域合作要体现发展导向，与东盟共同打造发展共同体、利益共同体、责任共同体，最终走向繁荣共同

---

① 杨程玲：《东盟国家海洋经济发展潜力研究》，厦门大学博士学位论文，2018年。

体、安全共同体和命运共同体。为实现建设更为紧密的中国—东盟命运共同体的目标，要认识、了解东盟国家独特的海洋文化，加强海洋文化交流与认同，强化普通民众与中国的感情纽带，解决最后一千米的问题，让中国和东盟各国民众理解海上合作有利于提高民众生活水平，实现互利共赢。此外，创新性应对外部势力的干扰，积极组织、参与中国与东盟十国"南海行为准则"框架文本的修订，构建中国与东盟"海上安全体系"，维护南海和平稳定的局面。

2. 加强海洋产业合作，通过海洋产业通世界、促发展

第一，制定和实施中国—东盟海洋经济合作的中长期战略。在平等合作和互利共赢的原则下，实施中国—东盟海上互联互通的具体政策和措施，与东盟国家建立海洋经济合作的协商机制。第二，加强中国—东盟区域海洋经济产能合作。根据中国—东盟海洋资源和临港产业的优势，参照东盟互联互通规划，制定中国—东盟海洋产能合作的主要领域和关键项目。第三，通过跨区域合作、省级合作、港口城市合作、临港产业集群，实施地区对接，开展港口合作、海洋渔业、海洋船舶、海洋油气、临港产业、滨海旅游、海洋科研与环境保护、海洋教育与文化交流等。第四，注重区域海洋产业安全，尤其是海洋资源开发产业（海洋渔业、海洋油气资源等）的合作项目，强化海洋产业安全风险意识，做好海洋产业项目的可行性研究，建立相关项目的风险防范机制。

3. 深度参与海洋环境治理，务实推进"蓝色伙伴关系"

第一，提出"中国—东盟蓝色经济圈"倡议，与东盟国家共建海上丝绸之路。第二，加强双边多边海洋合作，完成与东盟国家构建"蓝色伙伴关系"的磋商并推动协议签署，组织召开海洋垃圾防治国际研讨会，积极促成召开中国东盟蓝色经济部长级论坛。第三，推动落实《平潭宣言》和《国际蓝色产业联盟倡议》，全面提升国家在管辖外海域生物多样性国际协定政府间谈判中的话语权，积极参与制定深海、极地、海洋垃圾、海洋酸化、海洋脱氧、海洋保护区等热点议题的国际规则。第四，推动落实《厦门宣言》，积极参与PEMSEA创立的海岸带综合治理。实现体现公平和整体性的经济增长，构建"人类命运共同体"，必须具备以下三个条件：保护、恢复和维持健康的海洋生态系统；行业与行业，行业与政府之间的协调；创新、科学的方式。

海洋移民研究

泰国琼籍华商研究

郑一省①

【内容提要】自唐宋时起，海南人就迁移到泰国，明清时期形成移民潮。海南人大量移居泰国主要有两个时间段：第一、二次世界大战期间；第二次世界大战后直到泰国颁布法令不接受外来移民为止。海南人初到泰国时大多以打杂工谋生自立，后来许多人通过努力而成为华商。泰国的琼籍华商所从事的行业有自身特色，既有原乡的地域文化特征，又形成了在地化的行业类型。

【关键词】泰国；琼籍华商；海南人

一、海南人移居泰国史略

古时的广东省琼州府即今海南。海南人移居泰国的历史十分悠久。资料显示，唐宋时期就有海南人前往暹罗（泰国的旧称）。据《琼海县志》记载："邑人出洋始于唐朝。其时，从福建漳州、泉州、莆田和广东等地移居邑境的一部分商人和渔民，因受不起天灾兵祸之苦，再乘舟楫，远渡重洋，移居于南洋群岛，为本县最早的出国华侨之一。"②又据《文昌县志》记述：文昌人出洋时间为宋末元初。③

明清以来，海南人出现了迁徙海外的高潮。明洪武二十五年（1392年），文昌县因台风、干旱等自然灾害，就有2000多人乘小舟到泰国。④据《琼州府志》记载，清道光三年（1823）9月至翌年11月，"渡海者以万计"。1859年，清政府正式解除去海外的禁令后，海口辟为通商口岸，迁移泰国的海南人逐渐增多。据当时官方统计，1902—1928年从海口前往曼谷等地的海南人共计327797人，见表1：

---

① 作者简介：郑一省，广西民族大学教授，广西侨乡文化研究中心主任。
② 王桢华主编《琼海市华侨志》，中国文联出版社，2007年，第3页。
③ 文昌市地方志编委员会编《文昌县志》，方志出版社，2000年，第490页。
④ 王佳：《海南人在泰国》，《今日海南》2000年第7期。

表1　1902—1928年从海口前往曼谷等地的海南人统计表

年份	人数	年份	人数	年份	人数	年份	人数
1902	6579	1909	9658	1916	7922	1923	22917
1903	3927	1910	12732	1917	12404	1924	28134
1904	6484	1911	9890	1918	5830	1925	20907
1905	7322	1912	11248	1919	8990	1926	19190
1906	7182	1913	10997	1920	8636	1927	26202
1907	9830	1914	6940	1921	9135	1928	25253
1908	9948	1915	9545	1922	9995	合计	327797

资料来源：苏云峰编《中国海关历年报告》，转引自唐若玲：《东南亚琼属华侨华人》，暨南大学出版社，2012年，第22—23页。

据学者研究，自清光绪二十八年（1902）至往后的5年，经过海关从海口乘轮船往返暹罗的海南人（按照合同规定的期限做完工就返回海南的"苦力"）有39414人，返回的30943人，有8471人不归。[1]

20世纪30、40年代也是海南人前往泰国的高潮期。这一点从1939年日本军队占领海南岛后的调查资料中可以看出。"由海南岛去海外做工的华侨人数，可以说非常之多，仅在南洋方面，至今已经达到39万人，其中泰国为25万人，马来亚为10.2万人，印支为3.8万人。[2]

正如以上的数据显示，海南人大量移居泰国有两个主要的时段：第一、二次世界大战期间；第二次世界大战后直到泰国颁布法令不接受外来移民为止。

据学者研究，泰国是海外海南人分布最多的国家，有120多万人。[3]泰国的73个府都有海南人的踪迹，但主要居住在曼谷、合艾、彭世洛、同邦等地，以泰南居多。[4]

---

[1]　冯子平：《泰国华侨华人史话》，香港银河出版社，2005年，第4页。

[2]　据海南区善后公署专员黄强的调查，转引自日本东亚调查所：《海南岛の民族と卫生の概况》，1939年，第23页。"印支"指当时法国殖民统治的越南、柬埔寨、老挝三国。

[3]　王佳：《海南人在泰国》，《今日海南》2000年第7期。

[4]　唐若玲：《东南亚琼属华侨华人》，暨南大学出版社，2012年，第45页。

二、泰国琼籍华商的形成与发展

在早期，由于海南人到泰国稍晚于其他华人族群（如潮州人和客家人等），再加上海南人多为生活所迫而背井离乡，大多在原乡从事农业或种植业，在到达泰国后，除了一身力气，别无其他特长，只能充当苦力，或到小商店、小饭店当店员，或到火砻、火锯厂当工人，或在海边做渔夫，或到边远地方开垦土地以种植胡椒等热带作物。

从资料来看，海南人初到泰国时大多靠打杂工谋生自立，后来许多人通过努力而成为华商。泰国的琼籍华商所从事的行业有自身特色，或做杂货生意，或经营咖啡店，或经营鸡饭和中西泰餐酒楼，或创办锯木厂、碾米厂和承包建筑。

（一）泰国琼籍华商从事的原始行业

考察泰国琼籍华商所从事的行业可以发现，他们通常先开咖啡馆、杂货铺，接着办餐馆。这些生意较为自由独立且不需要投入太多资本和力气。因此，这些行业成了泰国琼籍华商向其他行业发展前所从事的原始行业，即服务性行业。餐馆和酒店业是泰国琼籍华商所擅长的行业。这些行业至今仍然存在。这就是人们所熟知的文昌鸡饭和海南西餐馆等。这些行业由于可以使琼籍华人从雇员发展到老板而普遍受到欢迎和向往。正是琼籍华商的大力投入，促使泰国旅馆（饭店）也取得长足的发展。

从历史资料来看，西方新式旅馆业在泰国的兴起，与泰国琼籍华商的作用有很密切的关系。在泰国向西方国家正式开放旅游业之前，琼籍华商早就长期经营咖啡店、粿条（沙河粉）店和其他小吃店，积蓄足够资金后与朋友合伙开办酒楼和饭店。

目前，泰国琼籍华商所经营的餐馆和酒楼为人们所熟悉和认定的有冠亚酒楼、珍平酒楼、是隆酒楼、泰发酒楼、特味烤鸡酒楼、好味酒楼、广东酒楼、新生活酒楼、MK餐厅、蓝色餐馆，等等。泰国琼籍华商参与经营的饭店业，从小规模发展到大规模。目前，他们经营的许多饭店已发展为专业性和国际性的大饭店，如帝国饭店、律实他饭店、亚洲饭店、蒙天饭店、中央洋行饭店、华南饭店、宾佳饭店、富丽饭店，等等。有些饭店（如帝国饭店）已经开始跨国经营，有些饭店（如律实饭店）已经在全国各府开连锁分店，对泰国旅游饭店业的发展壮大起着重要作用。①

(二)泰国琼籍华商从事的其他行业

除了开拓与经营原始行业外，琼籍华商也会抓住第二次世界大战后泰国经济开发启动时期，进入碾米厂、木锯厂、建筑业、家具店、金店、药店等。琼籍华商在发展碾米厂行业方面起了很重要的作用。如海南文昌籍的云崇对是最早经营碾米厂的琼籍华商之一；泰国琼籍华商最富有者之一马裕德在曼谷拥有18家碾米厂。②琼籍华商还将该行业发展到泰国中部的红统府(Ang Thong)和北部的那空沙旺(Nakhon Sawan)、披集(Phichit)和彭世洛(Phitsanulok)等府。许多进入锯木厂、家具生产及销售业发展的泰国琼籍华商，最初因从海南移居泰国时语言不通只好投靠亲戚，在亲戚工厂里打工，有了积蓄后自己做木材生意或开办木材厂。他们在打工时积累了经验，从而能在这一行业占有一席之地。如在泰国中北部山区沿昭披耶河(Chao Phraya River)至各小城镇，从事木材运输与火锯业的琼侨占当地华侨人数的25%至30%，而此一行业也非他属所能竞争。③有关这些情况，泰国学者曾对泰国琼籍华商的符、韩、陈、林四姓氏各自职业的分布和行业进行调查，发现除了经营原始性行业(餐馆、旅馆或酒楼)，他们也涉及木材加工业(木锯厂、板材商店、家具店)，承包建筑，开面包店(尤其是符姓和林姓)、金店、印刷厂。据调查，在曼谷市(Wat Saket，又译"金山寺")附近有许多琼籍华商经营的板材店和家具店，而生产板材的木锯厂和生产家具的木材加工厂大部分是符姓琼籍华商经营的。此外，也有一些琼籍华商如郑氏(郑有英)家族进入超市零售业，吴氏(吴多禄)家族进入钟表行业。④不过，琼籍华商未能进入某些基础行业(如批发业和金融业)。这些行业都为先进入泰国的潮籍和客家籍华商所垄断，致使琼籍华商很难涉足。

(三)泰国琼籍华商企业家的出现

第二次世界大战后，随着泰国社会经济的发展，琼籍华商也开始涉足更多领

---

① 素提潘·吉拉提瓦:《泰籍琼属华人的经济生活及其变化》，李文桂译，《第七届世界海南乡团联谊大会报告》，2001年，第95—96页。

② 陈绪倩:《近代泰国社会中的海南华侨华人》，《前沿》2013年第22期。

③ 苏云峰:《海南历史论文集》，海南出版社，2002年，第212页。

④ 素提潘·吉拉提瓦:《泰籍琼属华人的经济生活及其变化》，李文桂译，《第七届世界海南乡团联谊大会报告》，2001年，第101页。

域，并出现了一些较为著名的华商企业家。

表2　部分泰国琼籍华商一览表

姓　名	出生地	经营范围	集团/公司	社会任职
欧宗清	泰国红统府	房地产、进出口，生产人造花、毛皮洋娃娃、圆珠笔	泰国欧兰集团	泰国海南会馆理事长、泰国海南商会名誉主席、泰国中华总商会常务会董
郑有英	泰国曼谷	百货、贸易、酒店	中央洋行集团有限公司、中央洋行集团百货公司、中央洋行集团贸易公司、中央洋行集团酒店（大众）有限公司	泰国海南会馆名誉理事长、泰国海南商会顾问
吴乾基	泰国，具体不详	纺织业	吴乾基集团	不详
吴多禄	泰国，具体不详	钟表、酒店、电脑、房地产	四通钟表集团有限公司、摩现阁大酒店、星辰钟表工厂有限公司、山亚罗电脑即手提零件有限公司、多禄地产有限公司、术沙鹏地产有限公司	泰国海南会馆名誉理事长、泰国海南商会顾问
张光巍	不详	保险业	成万丰保险（大众）有限公司	泰国海南会馆永远名誉理事长、海南张氏宗亲会永远名誉理事长
吕先芙	泰国，具体不详	酒店、贸易	亚洲大酒店（大众）有限公司、兰室施亚贸易中心	泰国海南会馆理事会顾问、华侨报德善堂常务理事会副主席
张其璠	今海口市琼山区	橡胶、木材业	泰国隆光巴格工业有限公司、大洋橡胶木材有限公司	泰国海南张氏宗亲会理事长、泰国海南会馆副理事长
叶世忠	泰国，具体不详	汽车零配件	永记两合公司、曼谷车弓有限公司	泰国海南会馆副事事长

姓　名	出生地	经营范围	集团/公司	社会任职
陈庆椿	文昌	木材业、酒店、超市、房地产	源兴利火锯厂、源兴利木材有限公司	不详
许书标	文昌	保健品、药业、饮料	华玛苏迪科实业有限公司、天丝医药保健有限公司等	不详
陈颖杜	文昌	天然香干花	泰国泰盛有限公司	泰国海南会馆会务顾问、海南商会顾问
李昌钝	今海口市美兰区	钢铁、钢管、塑胶、皮革	李锐利有限公司、李锐利钢管有限公司、李锐利塑胶有限公司	泰国海南会馆副理事长、泰国海南商会副理事长、泰国李氏宗亲会总会副理事长
冯裕德	今海口市美兰区	水上运输、码头、仓库	泰国水上运输有限公司、挽巴茵猜堆有限公司	泰国海南商会主席、泰国海南会馆副理事长、泰国中华总商会会董
林鸿鹏	泰国曼谷	保龄球、出口家具	披亿集团有限公司、曼谷卅五保龄球有限公司	泰国海南会馆副理事长、泰国海南商会副理事长、泰国海南林氏宗祠理事长
云大珍	泰国董里府	水产加工、棕榈油、酒店	董里工业海产(大众)有限公司、董里棕油厂有限公司	泰国海南会馆理事顾问、泰国云氏祖祠永远名誉理事长
郭泽明	不详	酒店	不详	泰国海南会馆副理事长、泰国海南商会副理事长
王琼南	泰国,具体不详	火锯、复合地板、家具、柚木	山地林木业集团	泰国海南会馆会务顾问、泰国火锯公会顾问、泰国海南商会顾问

续表

姓　名	出生地	经营范围	集团/公司	社会任职
陈文秋	泰国曼谷	火锯业、进出口贸易、塑胶	TCK塑料饮瓶集团有限公司	泰国海南商会理事长、海南会馆理事长
符致炳	泰国，具体不详	木材、房地产	泰国炳发集团公司	泰国海南会馆副理事长、海南世界符氏大宗祠理事长

资料来源：《第七届世界海南乡团联谊大会报告》，2001年，第105-106页；百度百科，http://www.baidu.com.

从成长经历来看，有的泰国琼籍华商是从打工开始，并在打工的过程中看到商机而发展起来。如被称之为泰国"纺织大王"的吴乾基，祖籍海南文昌。他的父亲原在泰国从事纺织业和旅馆业，在被抢劫时丧生，家产付之东流。吴乾基没有机会读书，13岁开始沿着湄南河泛舟卖布。第二次世界大战期间，他冒险做生意，赚了第一桶金。战后，他开始从事纺织业，取得成功。1972年，他在曼谷近郊的兰实区（Rangsit）购置800多莱（每莱约合2.4亩）地兴建工厂。到1993年，吴乾基集团属下共拥有16个工厂，70万纱锭，布机3000余台，职工3万余人。在三聘街设有销售办事处，并在世界许多国家设有代理机构，每年销售额达100亿泰铢。[1]

具有泰国"木业大王"之称的张其璠，其家乡在今海南省海口市琼山区三江农场大尼山村。他生于1931年11月，15岁随叔父赴泰国谋生。他在曼谷做过送货员，后到木材厂当学徒，学成技艺之后自立门户。他在25岁那年买了一部货车开始创业。有了资本后，他在朋友的帮助下在曼谷越刹吉附近创建隆光木材出入口两合公司，专营木材加工和出入口生意。他不断拓展事业，使专门生产巴格地板即木地砖的隆光巴格工厂发展成为一个拥有几百名工人的现代化大型企业。同时，他还经营餐厅和房地产业，效益都很显著，成为泰国著名企业家。[2]

许书标，祖籍文昌市文城镇磬梅园村。他步入社会后，从打工仔做起，30岁成为老板。他在制药行业刻苦钻研，创造了著名的"红牛牌"保健品。随着生意

---

[1] 陈绪倩：《近代泰国社会中的海南华侨华人》，《前沿》2013年第22期。

[2] 张运华：《泰国木业大王张其璠》，《今日海南》2001年第4期。

的日益红火，他的事业也向多元化发展，其名下的华玛苏迪科实业有限公司、天丝医药保健有限公司和多家制药厂相继运营，使他成为泰国琼籍华商中屈指可数的工商实业家。叶世忠，祖籍文昌市铺前镇新村园村。他从汽车修理工做起，18岁创办经营汽车零件的公司。经过多年的艰苦创业，他的公司发展到6家，包括汽车零件生产工厂和销售商行，成为全泰闻名的汽车配件厂和零部件销售企业家，被誉为泰京"汽车配件商界巨擘"。①

泰国琼籍华商中也有人继承了家族企业，并通过自己的奋斗发展起来。如被誉为"洋行大王"的郑有英，祖籍文昌市铺前镇坡上村，1926年出生于泰国曼谷，少年时在泰国就读华文学校，尔后毕业于曼谷易三仓商业学校。他与哥哥郑有华一起，在父辈创业的基础上把中央洋行经营成为泰国最大的洋行集团。据不完全统计，大大小小的中央洋行有450多家，遍布曼谷各个角落及各府。他所经营的中央洋行在泰国独占鳌头。中央洋行成为当今东南亚最大的洋行，建立了一个庞大的"中央企业王国"。②又如陈庆椿的长子陈修炳接过其父亲创办多年的小型木材加工厂，扩大其规模，将其发展到3家。除了经营木材外，他又投资12亿泰铢建大城（Phra Nakhon Si Ayutthaya）超级市场，商场配套建设有星级酒店、5家电影院，以及与与美国公司合作兴建当时亚洲规模最大的海洋公园——大城海洋公园。项目建成后，成为当地著名的商业中心和旅游景点，从而使陈氏成功地由木材经营为主转为以房地产为主，开始了多元化经营模式。③

三、泰国琼籍华商经营的特点

泰国琼籍华商在发展过程中形成了自身特点，既有原乡的地域文化形貌，又有其在地化的特征。

（一）同姓或有亲属关系的琼籍华商一般从事同一种职业或行业

东南亚华人早期是一个帮群社会，从而形成一种帮群经济，即讲同一种方言的人从事同一种行业。虽然随着时代的变化，这种帮群经济逐渐弱化，但其痕迹仍然存在。在泰国琼籍华商中出现这种帮群经济模式的因素有两个方面：其一，

---

① 唐若玲:《东南亚琼属华侨华人》，暨南大学出版社，2012年，第95—97页。
② 张运华:《泰国"洋行大王"郑有英》，《今日海南》2001年第1期。
③ 唐若玲:《东南亚琼属华侨华人》，暨南大学出版社，2012年，第95—96页。

海南同乡在泰国聚集居住；其二，由于语言不通，海南人到泰国后先在亲戚家里落脚或帮工，学会泰语后出去打工，有足够资本后自己经营企业，因对原有行业较为熟悉，所经营的起源往往与其亲属类同。

（二）从事的职业带有一种原乡地域文化的特色

泰国琼籍华商中有许多人从事餐馆业。这些餐馆中有许多是经营"文昌鸡"的饭馆。这种现象似乎是一种原乡地域文化的特征，即"海南鸡饭"。有学者写道：

> 从首都曼谷，到各府、市镇，都普遍有海南人开的鸡饭店、咖啡店、裁缝店、理发店、杂货店等，几乎都是一家一户经营的生意。小的鸡饭店是晚上在街道房摆设的排档，一般是一个店铺的饭店，也有几个铺面和楼房的饭店，家庭生意，以卖白团鸡和用鸡汤煮的干饭为主，另外还可增炒一些菜。海南鸡饭，经济实惠，海南人喜欢吃，当地人和外国游客也爱吃。曼谷有多间海南鸡饭店很出名，皇亲国戚、政府官员经常光临用餐。[①]

这种现象与东南亚其他国家的一些琼籍华商从事的职业非常相似。如在新加坡，琼州人也以"海南鸡饭"脍炙人口，除了海南街一带有著名的海南饭店之外，全星各处咖啡店中的鸡摊，亦以琼州人经营为最多。[②]而在泰国，从事咖啡店以琼籍华商居多，是否也与其原乡地域文化有关，还值得探讨。不过，有资料表明：1908年有马来亚的琼侨从马来亚带回咖啡种苗，在海南大试种成功。[③]这种饮咖啡的习俗在海南畅行，从而形成一种饮食文化。后来随着海南人迁移至泰国，这种饮咖啡的习惯逐渐在地化。

（三）喜好内部集资，不太重视合办企业

泰国琼籍华商一般不向系统内外的金融机构贷款，而是以自己积累的资金或向亲友借款为主。这就使琼籍华商需要花费较长时间才能拥有和发展所办的企业。其原因是他们与控制金融业的泰国潮州籍华商不熟悉或没有特殊的关系。

泰国琼籍华商之间合资办企业的情况目前不多。即使有合资办企业的，也总

---

① 冯子平：《泰国华侨华人史话》，香港银河出版社，2005年，第26页。

② 王振春：《海南鸡饭业的先驱》，《新加坡琼州会馆庆祝成立一百三十五周年纪念特刊》，新加坡琼州会馆内部资料，1989年，第48页。

③ 王翔：《近代南洋琼侨的职业类型与经济机能》，《海南大学学报（人文社会科学版）》2003年第1期。

是不能持续下去。其原因是当每个股东取得经营经验和拥有足够的资本后，便提出退股出去创办自己的企业。

(四)企业缺乏连续性，大规模企业相对较少

从学者的调查来看，泰国琼籍华商不大注重传承经营企业的观念，原因是他们重视教育，让后代决定自己的生活道路。即便是这样，如果父母或先辈所经营的企业不断发展壮大，泰国琼籍华商的后代可以无所顾忌地继承原有的企业。相反，如果原由企业只是小规模的，受过高等教育的琼籍华商后代则往往不屑一顾，而是按自己的专长和学识从事别的职业，父母对此也不强求，让后代独立自主下决心择业。这样势必造成华商企业缺乏连续性。[1]同时，由于琼籍华商不太注重合办企业，资本的积累过程漫长，从而导致泰国琼籍华商的大规模企业相对较少。

四、结　语

海南人移民泰国历史悠久，始于唐宋，至明清后形成移民潮。海南人移民泰国，既与当时国际国内大背景有关，也因地域文化习俗，以及通过血缘、宗亲、乡谊等所构成的"连锁移民网络"所致。移居泰国的海南人，靠着智慧和冒险精神，漂洋过海，或在举目无亲的地方打拼，或通过亲戚的帮助发展自己，从而兴办企业成为华商。

泰国琼籍华商在百年的奋斗中孕育了独特的企业文化，积淀了多元的人文情怀。他们在各自的发展过程中，形成了自身特点，既有原乡的地域文化形貌，又有其在地化的特征。

---

[1]　素提潘·吉拉提瓦：《泰籍琼属华人的经济生活及其变化》，李文桂译，《第七届世界海南乡团联谊大会报告》，2001年，第105—106页。

归侨侨眷对中华民族认同的历史嬗变

——以广西归侨侨眷为例

李未醉①

【内容提要】广西归侨侨眷对中华民族的认同经历了一个较长的历史过程。在这个过程中，侨务政策对凝聚归侨侨眷的民心起到了十分重要的作用。历史表明，侨务政策事关华侨、归侨侨眷的根本利益。好的侨务政策，能够调动广大华侨、归侨侨眷的积极性，增强华侨、归侨侨眷对国家的向心力，铸牢中华民族共同体意识，从而取得很好的成效。

【关键词】归侨侨眷；民族认同；历史嬗变

据不完全统计，广西归侨、侨眷超过138万人，其中归侨有18万人，侨眷120多万人。归侨主要来自越南、马来西亚、印度尼西亚（以下简称"印尼"）、印度、缅甸、泰国、柬埔寨、新加坡等10多个国家和地区。居住在重点侨乡的归侨、侨眷占全自治区归侨、侨眷总数的80%以上。广西有4个重点侨乡：桂东南，桂南，桂东、桂东北，桂西南、桂中。其中，桂东南的容县（现为玉林市下辖县）是广西著名侨乡，也是全国华侨较多的县份之一，归侨有1万多人，侨眷有20多万人。

广西侨乡具有自己鲜明的特点。一是"民族"与"华侨"二者相融合，既有汉族华侨、归侨、侨眷，又有少数民族华侨、归侨、侨眷。广西有壮、汉、瑶、苗、侗等12个世居民族，广西籍华侨亦具有多民族的特点。广西籍海外华侨中，大约有130万人属于少数民族（非汉族），大约占总数的一半。二是在空间分布上散中有聚，以聚为主——既有北海、钦州等沿海侨乡，又有凭祥、宁明、龙州、大新、靖西、那坡等沿边侨乡②；既有玉林、梧州等内陆腹地侨乡，又有南宁、百

---

① 作者简介：李未醉，玉林师范学院教授。

项目基金：广西高校人文社会科学重点研究基地"民族地区文化建设与社会治理研究中心"2022年度中华民族共同体意识专题研究项目"广西归侨侨眷民族认同研究"（项目编号：2022YJJ00016）

② 凭祥现为县级市，由崇左市代管；宁明、龙州、大新现为崇左市下辖县；靖西现为县级市，由百色市代管；那坡现为百色市下辖县。

色、钦州等边区侨乡。三是在形成时期上有老有新，以新为主——既有玉林、梧州、钦州等清朝以来形成的老侨乡，又有1949年以后集中安置归侨、难侨形成的新侨乡。四是有广泛的海外关系。如广西农垦系统13个单位共安置归侨难侨23000多人，他们的亲属有1.6万人分布在世界上24个国家和地区。[①]

所谓"认同"，简单而言，意思就是"认可，同意，接受"，是一种满足个人归属感的心里机制，是个体潜意识地对某一对象的认可、模仿过程。从心理学上讲，认同是一个过程，是一个将外在的理念、标准内化于心、外化为行的社会心理过程。[②]

中华民族是一个历史悠久的古老民族。其民族认同的形成和发展经历了相当长的历史进程。从内外服之别到"诸夏""华夏"认同的形成，民族认同让中华民族繁衍生息，更是让中华文明历久弥新、绵延不绝。

何谓民族认同？一般而言，民族认同是不同民族成员对其所属群体的认可和赞同。民族认同有狭义和广义之分。狭义的民族认同概念：民族认同是一个复杂的结构，不仅包括个体对群体的归属感，而且包括个体对自己所属群体的归属感，还包括个体对自己所属群体的积极评价，以及个体对群体活动的卷入情况等。广义的民族认同概念：民族认同不仅包括个体对本民族的信念、态度和行为卷入情况，而且包括个体对其他民族的信念、态度和行为卷入情况。本文以广西归侨侨眷为例所论述的民族认同，是以广义的民族认同概念为视角展开的。

归侨侨眷对中华民族的认同有一个渐进的历史过程。因为历代封建王朝把华侨视为"弃民"，华侨归国会受到封建王朝的虐待，所以归侨侨眷对中华民族的认同感比较淡薄。随着政府逐步调整对华侨的政策，归侨侨眷对中华民族的认同感和归属感不断加强。1949年中华人民共和国成立后，归侨侨眷对中华民族的认同感、归属感更加强烈。自1978年党的十一届三中全会后，特别是21世纪以来，中国共产党和中华人民共和国中央人民政府十分重视归侨侨眷工作，采取了各种举措保护归侨权益，进一步凝聚了侨心，广大归侨侨眷的中华民族意识和民族感情更加深厚。

---

① 李雪岩、龙四古：《西南边疆民族地区青年归侨侨眷发展问题研究》，社会科学文献出版社，2013年，第42—43页。
② 李建华：《情感认同与价值认同》，《光明日报》2018年5月28日。

一、明清时期归侨侨眷对中华民族的认同感

明清时期，封建王朝把华侨视为"弃民"。明朝出台了许多禁止中国人移民海外的政策。明洪武十四年（1381），朱元璋下令："禁濒海民私通海外诸国。"明洪武二十三年（1390），朱元璋再次下令："今两广、浙江、福建愚民无知，往往交通外番，私易货物，故严禁之……纵令私相交易者，悉以治罪。"在明永乐三年（1405），朱棣下令："禁民间海船。原有海船者，悉改为平头船。"海船有利于沿海人民出海，而平头船则无法在大海上航行。清朝初年，为了防止沿海民众通过海上活动联系反清势力而实行"迁界禁海"，不利于沿海人民出国谋生。18世纪，华侨处境险恶，西方殖民者在印尼制造了"红溪惨案"等一系列血案，清王朝不仅没有为华侨伸冤，而且一直把他们视为"天朝弃民"，华侨权益没有得到应有的保护。[①]

清朝末年改变了对华侨的政策，有意识地利用华侨。清政府的移民政策经历了两个不同的阶段：在第一个阶段，即1845—1859年，清政府坚持严禁移民的传统政策；在第二个阶段，即1860—1874年，清政府在列强的压力下承认了中国人民向海外移民的权利，把自愿移民与苦力贸易区别开来，并试图对苦力贸易加以管理，最终在1874年禁止了苦力贸易。

清政府关注华侨始于1872—1874年派遣古巴调查团。这也是清政府对华侨采取同情态度的新时期的开始。调查团搜集的证据表明古巴华工的确受到了苛待。1877年，清政府与西班牙政府签订了有关移民问题的条约（共16款），达到了保护古巴华工的目的。清政府于1876年向英国派出了第一位使臣（郭嵩焘）；1877年在新加坡设立第一个领事馆（首任领事胡旋泽）；1878年委派陈兰彬在美国华盛顿设立领事馆，当年11月任命陈兰彬的助手陈棠树为驻旧金山的总领事。这一切为清政府在海外的护侨行动奠定了基础。[②]

在清朝末年，广西归侨侨眷中出现了民族认同的典型事例。

早在清朝末年，华侨出于爱国强国的思想，在"实业救国"思想的引导下毅然回国创业。清朝末年，洋务派掀起了洋务运动，实业救国在全国蔚然成风。由于洋务运动的影响，振兴实业也波及广西。广西巡抚张鸣岐等人筹划成立广西实

① 李未醉：《明清时期东亚华人通事研究》，人民出版社，2021年，第304页。

② 李未醉、高伟浓：《华侨在加拿大的困境和清政府的护侨措施》，《八桂侨刊》2006年第1期。

业公司，准备大量吸引华侨资本，给予特殊待遇，可暂免税5年，并派专员出国游说华侨来桂兴办企业，收效良好。①据记载，1907年，广西巡抚张鸣岐派道员刘士骥到海外筹款。张鸣岐在奏稿中称广西为边陲之地，"非优予特别利益，不足以资鼓舞"，因此建议"出口各税，及应提官股红利，一律暂免五年"。②

清末华侨到广西投资者不少，如张弼士集资数十万元，创办华兴公司，开采贵县（今贵港市）银矿。1908年美洲华侨叶恩集资300万元，在广西设立振华公司，大展宏图，计划修筑道路、开矿、垦荒。据1935年《广西一览》统计，锡矿小公司共计556家，大公司20余家，其中规模最大的是1933年成立的贺成公司，为南洋华侨邓泽如、潘海云等投资组成。该公司的八步水岩堤坝模范矿场面积400余亩，每月产纯锡砂七八十吨，自炼、自运、自销。第一年获利10余万元，第二年获利50余万元。厚利所在，吸引本地地主、富商和华侨纷纷投资经营。仅贺县（今贺州市）矿工达六七万人，每月所产锡砂达千吨，八步镇因此繁荣起来。③

1905年，孙中山在日本东京成立中国同盟会，以他提出的"驱逐鞑虏，恢复中华，建立民国，平均地权"为政治纲领。孙中山发动的辛亥革命吸引了许多爱国华侨参加。他们纷纷从海外归国，参加了推翻帝制的民族革命运动。

（一）政治

广西籍华侨、归侨热烈拥护同盟会推翻清廷、建立民国的主张，积极追随孙中山领导的资产阶级民主革命。

广西籍华侨、归侨以其强烈的爱国主义热情，积极投身于反帝反封建斗争，拥护同盟会的政治纲领。如马君武，广西桂林人，1901年赴日本，后由改良主义者转变为革命民主主义者，成为中国同盟会的创始人之一，于1905年底回国，积极宣传革命。他是同盟会机关报《民报》的主笔之一，撰文揭露清政府的腐败，宣扬"主权在民"的学说，鼓吹用革命的手段推翻清王朝统治。王和顺，广西南宁人，公开打着"追求共和、推翻清廷"的旗号，参加了孙中山领导的6次起义（1907—1908年）当中的3次起义。

① 广西经济年鉴编辑部编《广西经济年鉴1985》，经济科学出版社，1985年，第76—77页。
② 向大有：《侨史研究与侨务工作》，《八桂侨史》1987年第1期。
③ 广西经济年鉴编辑部编《广西经济年鉴1985》，经济科学出版社，1985年，第76—77页。

（二）思想

广西籍华侨、归侨为辛亥革命的舆论宣传作出了积极的贡献。雷沛鸿于1906年在香港加入同盟会；1911年参加广州黄花岗起义；1919年赴美国；回国后到桂林任广西同盟会机关报《南风报》编辑。南洋华侨甘绍相，广西岑溪（现为县级市，由梧州市代管）人，早年追随孙中山参加革命活动，1904年加入兴中会，历任南洋各地报社编辑，后奉命回国，在梧州主办《广西日报》，鼓吹以革命推翻清廷。他于1913年被袁世凯的爪牙杀害，时年仅39岁。

（三）组织

在中国同盟会的创建过程中，广西籍华侨、归侨不仅积极参与支持，而且是决策集体的成员，成为骨干和中坚。1905年7月30日，旅日华侨和留学人员代表70余人在日本东京举行成立革命政党的筹备会，会议确定了中国同盟会的名称，通过了政治纲领，选举孙中山为同盟会的总理，指定黄兴、马君武（广西代表）、陈天华、宋教仁等起草中国同盟会章程。与会者当即宣誓入盟。广西籍华侨、留学人员参加筹备会的有7人，即桂林籍的马君武、邓家彦和平南（现为贵港市下辖县）籍的卢汝翼、朱金钟、蓝德中、谭鸾翰、曾龙章。他们成为同盟会的创始人和第一批会员。

（四）军事

广西籍华侨、归侨积极参加和支持辛亥革命时期的武装起义。1895—1911年，孙中山直接或间接发动了10次影响较大的武装起义，其中3次在广西境内，每次都有许多广西籍华侨、归侨参加，有的起义还是以华侨为骨干。负责这3次武装起义的军事指挥多是广西籍的越南华侨。此外，著名的武昌起义、广州黄花岗起义、云南河口起义都有广西籍华侨、归侨参加或担任军事指挥。[①]1907年3月4日，孙中山和胡汉民等人离开日本东京前往南洋，3月下旬抵达新加坡，数日后赴越南西贡。在西贡，孙中山会见了广西三合会首领王和顺。孙中山吸收王和顺为同盟会会员。5月，孙中山在越南河内委任王和顺为中华国民军南军都督。9月1日，王和顺奉命发动防城（今属防城港市）起义。1907年12月2日凌晨，在孙中山领导下，中国同盟会的一批革命党人（包括越南、菲律宾、日本、法国籍的党人）

---

① 向大有：《辛亥革命时期广西籍华侨归侨的作用和贡献》，《八桂侨刊》2011年第3期。

由越南边境之险要关隘镇南关出发，占领了镇北、镇中、镇南3个重要的国防炮台，起义反清。这就是著名的"镇南关起义"。侨居泰国的永淳（今属南宁市横县）人韦云卿（壮族）参加过镇南关起义和云南河口起义。

为了推翻反动腐朽的清王朝，孙中山积极领导中国人民进行了武装斗争。正是由于革命党的宣传，华侨认识到反清斗争是历史潮流，是民族大义，因此义无反顾地投入到革命洪流之中，为推翻清王朝作出了巨大的贡献。不幸被捕的烈士，在审讯中和临刑时都表现出视死如归的大无畏气概。越南河内华侨罗联在作战的时候被捕，对探监的族弟说："我决心舍生取义，希望弟弟们继承我的遗志。"水师提督李准亲自审讯他，他始终不屈服，在刑场还高呼"中国非革命不能救亡！"。孙中山在总结辛亥革命时说："此次推翻帝制，各埠华侨既捐巨资以为军费，而回国效命决死，以为党军模范者复踵相接。"孙中山还说过许多类似的话，其中流传最广的一句是"华侨为革命之母"。

总之，明清时期封建统治者把华侨视为"弃民"，无视侨民的利益，只是到清末才改变了侨民政策，开始护侨，由此引起了归侨侨眷在思想感情上的共鸣，从而吸引了侨资，促进了地方经济的发展。孙中山发动辛亥革命，得到归侨侨眷的积极响应。他们积极投身革命，为推翻清王朝作出了巨大的贡献。

二、民国时期归侨侨眷对中华民族的认同感

孙中山充分认识到，要借用华侨力量推动中国革命，就必须充分保护华侨的利益，因为华侨的利益如果不能得到有效的保护，他们就会对自己所从事的事业丧失信心，也不能很好地进行革命工作。为此，孙中山明确提出要保护华侨。

孙中山在担任非常大总统时（1921年5月5日至1922年6月16日）指出："就职以来，凡所措施，咸以发展民治为前提，保护华侨为职志。"这说明孙中山将保护华侨作为职责与志向，对华侨是非常重视的。1923年，孙中山在广州重组革命政权时，在政府内政部设立侨务局，并制定《保护回国华侨事项》《提倡奖励华侨回国兴办实业事项》等章程，充分体现了他对华侨的关心、爱护和对鼓励华侨回国投资实业的高度重视。这些政策法规对华侨的权益作了多方的保护，例如：严禁贩卖"猪仔"，开辟正常的出国渠道；鼓励华侨回国兴办实业和公益事业，政府有关部门予以"指导和扶助"；在政府机构中委任华侨官员，让华侨参与国家事务的管理。

由于需要团结领导华侨进行革命，孙中山非常重视保障华侨的政治权益。1912年3月，时任中华民国临时大总统的孙中山即训令外交部，认为全体民国人民"同享自由幸福，何忍侨民向隅，不为援手"，要求保障华侨的合法政治权益，"务使博爱平等之意，实力推行"。孙中山的训令宣示了政府的决策与应尽的责任。当月中旬，中华民国临时政府又颁布了一系列保护华侨的法令。《中华民国临时约法》规定参议员中华侨应占6个席位，参与国是。这既是对他们历史功绩的肯定，又进一步激发了他们参加革命活动的积极性。1917年孙中山在广州就职大元帅时，又电请新加坡华侨志士陈楚楠出任大元帅府参议，充分体现了对华侨的重视和政治权利的保障。[①]

民国政府在抗日战争时期和法国入侵越南时期救助了归国的难侨。为了救助更多的难侨，广西各地积极捐钱捐粮。1942年1月31日，国民政府军事委员会桂林行营主任李济深、广西省政府主席黄旭初共同发起"广西救侨运动"。同年4月10日，李济深、黄旭初邀请广西省各机关代表在桂林乐群社举行茶会，商讨救济难侨工作，将"广西省各界救济归国侨胞委员会"改称为"广西省紧急救济归国侨胞委员会"。是月，李宗仁夫人郭德洁在桂林主持举办了救济美术展览会，展出国画、油画、木刻、书法、浮雕、摄影等杰出作品300多件，展览4天，共收款24925元，全数支援救济。同年9月，广西省紧急救济归国侨胞委员会将国民政府所拨救侨费100万元分发广西各地救济难侨。同年12月13日，广西紧急救济归国侨胞委员会作出决定，在广西各地征募救济款100万元救济难侨，对入学的归侨小学生继续发给救济费，中学生发给特种救济金。1945年3月，日本飞机轰炸越南北方，华侨又逃离越南北方。第一批进入广西境内的华侨有500多人，广西省政府拨款10万元予以救济。

1947年，法国殖民者重新占领越南，越南华侨逃入广西境内者，凭祥930人，龙津（今龙州）500人，镇边（今那坡）58人，明江（今属宁明）500人。广西省政府将中央行政院拨下的2300万元和一部分粮食用于救济逃入广西境内的难侨。1947、1948年，越南北方遭到法国空军袭击，局势紧张，又有大批越南华侨逃入广西龙津水口、凭祥、镇边、明江、雷平（今属大新县）、靖西等地，广西省政府拨款予以救济。[②]

1932年，以侨居马来亚（Malaya，指今马来西亚的半岛地区）的容县籍华侨

---

① 董晶：《孙中山的侨务思想及其启示》，《侨务工作研究》2016年第5期。

② 广西壮族自治区地方志编纂委员会编《广西通志·侨务志》，广西人民出版社，1994年，第119页。

梁明湖、陈广二人为首组织了"明德锡矿公司",发动广大容县籍华侨集资。有的华侨投股几百元,多的则一千、二千不等。陈广还把自己的橡胶园卖了,所得资金全部入股。他们从国外或当时被英国占领的香港购买先进的机器设备,同其他华侨一起回到广西贺县开掘锡矿,后来由于各种原因倒闭了。广大华侨把大量资金、国外先进设备和技术引进了广西,对当时的广西工业起到了积极的推动作用。"明德锡矿公司"倒闭后,陈广返回马来亚,又拍卖了橡胶园,再次回到柳州,与当时任广西省建设厅厅长的伍廷飏合股,在柳州兴办农牧场,于日本入侵广西前停办。华侨为广西的农牧业发展和开发柳州作出了积极的贡献。陈广后来在柳州去世。①

贺县人沈笃夫于1915年携妻女去印尼谋生。他文化水平低,但诚实、勤快、和蔼。虽然作为挑货郎的他收入微薄,但由于勤劳简朴,日积月累,从小到大,又得友人信任,几年之后集资经营洋行,20多年后颇有积累,生活走向富裕。他虽然生活富裕,但时刻想念祖国,曾捐款支持孙中山革命。1930年,他同弟弟沈善腾将国外资产全部拍卖,带领全家回国。他将资金投放到国内民族工业上来,在梧州创办"同春公司"(纺织业)。沈善腾在贺县八步镇开设"利达公司"(运输业),拥有21辆汽车。时值广西军阀混战,汽车全部被强迫用于军运,不久公司倒闭。失败后,他又投资矿业开采。②

全面抗战开始后,海外侨胞还大规模地向国内投资,开发祖国资源,为大后方的经济建设作出了重大贡献。新加坡南洋公司与广西企业合资500万元开办广西糖业公司。马来亚华侨曾运回新式机器并投资100万元,协助改良广西锡矿。太平洋战争爆发后,陈嘉庚将其资本850万元汇寄伦敦转重庆,在柳州建立集资银行,专为投资工业建设。③

在抗日战争期间,侨居海外的广西华侨一贯具有强烈的爱国思想和传统。他们纷纷响应祖国的号召回国参军参战,奔赴抗日前线。仅玉林就有200多名华侨从马来亚、印尼、泰国、新加坡、越南等地回国抗日。吕天龙,广西陆川(现为玉林市下辖县)人,1910年出生于印尼,1931年回国,考进广西航空学校飞行班,后被选送日本深造,归国后担任广西空军驱逐机主任教官,1936年担任驱逐机队飞行队长。全面抗日战争爆发后,他升任中央空军第三大队第七中队长,率"铁

---

① 《容县侨情资料》,内部资料,1987年。

② 《贺县侨情资料》,内部资料,1987年。

③ 任贵祥:《华侨对祖国抗战经济的贡献》,《近代史研究》1987年第5期。

鸟”机群转战在抗日前线，多次与敌机空战。他先后参加了1938年1月的襄樊之战、2月的汉口之战，以及台儿庄战役。1938年初，他参加武汉保卫战，击毁敌机4架，击伤3架。当时，中央航空委员会授予他“抗日英雄”勋章。同年3月18日，他在临城（河北省邢台市下辖县）上空击落日机多架。3月24日，他又与战友一起在归德（今属山东省济南市）上空再次击落敌机6架，取得了辉煌战绩。一次空战中，他不幸负伤。在武汉医院治疗期间，周恩来曾前往慰问。他后来调到新疆与苏联盟军合作，筹备训练总队，担任驱逐机队长。[①]

　　卢沟桥事变后，全面抗日战争爆发，广西桂林成为抗战大后方的文化中心。在中国共产党的领导下，许多著名归国华侨云集桂林，开展抗日救亡工作。司马文森（1916—1968年），原名“何应泉”，泉州东街（今属泉州市鲤城区）人，1928年到菲律宾做工，1931年回国。他是个作家，于1933年参加中国共产党；1934年参加中国左翼作家联盟（简称“左联”）。他到桂林后，于1938年11月30日组织由上海、武汉、广州等地撤退到桂林的作家、艺术家在月牙山倚红楼集会，成立了中华全国文艺界抗敌协会桂林分会，并担任常务理事，负责出版组工作，进行抗战救亡宣传文化活动。当时他是中共桂林地下组织文化支部负责人，在《救亡日报》等报刊上发表了许多有影响的文章。关仁甫（1873—1958年），广西上思县（今属防城港市）人，中国近代民主革命家，越南归侨。1938年11月，日军侵占广州时，定居在香港的关仁甫积极开展抗日救亡工作。广西省政府主席黄旭初函电关仁甫，促其返桂。1939年他从香港返桂，任广西省政府参议，对广西抗战与地方建设贡献颇多。1942年，为策动越南华侨抗战，他在柳州成立兴仁企业公司，任董事长，从事抗战物资的转运，对抢运抗战物资作出了贡献。[②]

　　总之，民国时期的护侨、救侨政策措施，在一定程度上凝聚了侨心，收到了一定的成效。抗日战争期间，归侨侨眷为拯救祖国进行了英勇斗争，对中华民族的认同感有所增强。

三、中华人民共和国成立后归侨侨眷对中华民族的认同感

　　中国共产党一直把华侨当成自己的朋友，陈嘉庚、司徒美堂都支持中国共产党的革命斗争。中华人民共和国成立后，中国共产党重视华侨工作，统一战线的

① 广西壮族自治区地方志编纂委员会编《广西通志·侨务志》，广西人民出版社，1994年，第145页。
② 广西壮族自治区地方志编纂委员会编《广西通志·侨务志》，广西人民出版社，1994年，第146页。

组织形式和内容发生了变化，即由革命统一战线转变为人民民主统一战线。《中国人民政治协商会议共同纲领》明确指出："由中国共产党、各民主党派、各人民团体、各地区、人民解放军、各少数民族、国外华侨及其他爱国民主分子的代表们所组成的中国人民政治协商会议，就是人民民主统一战线的组织形式。"[①]"国外华侨"是其中的组织成分。从中可以看出，华侨既是人民民主统一战线的组成部分，又是构成新政府代表力量之一。

1949年10月1日，毛泽东以国家主席名义发布《中华人民共和国中央人民政府公告》，指出：

> 由全国各民主党派、各人民团体、人民解放军、各地区、各民族、国外华侨及其他爱国民主分子的代表们所组成的中国人民政治协商会议第一届全体会议业已集会，代表全国人民的意志，制定了《中华人民共和国中央人民政府组织法》……。[②]

这一公告公布了中央人民政府领导人名单(共63人)，其中归国侨领陈嘉庚、司徒美堂、彭泽民为中央人民政府委员。这反映出华侨代表在中央人民政府中的重要地位。

不仅如此，《中国人民政治协商会议共同纲领》还明确规定"尽力保护国外华侨的正当权益"。1954年第一届全国人民代表大会通过的《中华人民共和国宪法》，则把"保护国外华侨的正当的权利和利益"[③]作为正式条文写进国家根本大法之中，使保护华侨利益有了基本的法律保障。[④]

由于制定了正确的侨务政策，中国共产党得到了广大归侨侨眷的支持与拥护。中华人民共和国成立后，在中国共产党的领导下，广西籍及在广西工作的归侨投入各项建设事业中，参加清匪反霸、抗美援朝、土地改革、人民政权建设、国民经济恢复和社会主义建设，作出了巨大的贡献。

(一)政治

在国家机关工作的广大归侨侨眷坚持为人民服务的宗旨，贯彻执行中共中央和国务院的路线、方针和政策，做好本职工作，完成上级下达的各项任务。有些

① 《建国以来重要文献选编》第1册，中央文献出版社，2011年，第1、4页。
② 《建国以来重要文献选编》第1册，中央文献出版社，2011年，第17—18页。
③ 《建国以来重要文献选编》第5册，中央文献出版社，2011年，第467页。
④ 任贵祥：《毛泽东的侨务思想与实践》，中共中央党史和文献研究院官网，https://www.dswxyjy.org.cn，访问日期：2018年1月22日。

归侨被提拔为县处级、地厅级以上干部。如来自美国的归侨雷沛鸿担任中国人民政治协商会议广西壮族自治区委员会副主席、广西壮族自治区归国华侨联合会主席，来自新加坡的吴克清担任广西壮族自治区人民政府副主席、中国人民政治协商会议广西壮族自治区委员会副主席。广大归侨侨眷积极参政议政为参与研究制定国家大政方针作出了贡献。如广西归侨卢潮柱被选为第五届全国人民代表大会（1978年）、第六届全国人民代表大会（1983年）代表；广西归侨林瑞玉被选为第七届全国人民代表大会（1988年）代表。

（二）经济

广西归侨侨眷成绩卓著，涌现了一批先进代表。越南归侨王大信曾担任武鸣县（现为南宁市武鸣区）副县长、经济师，举办商业经济理论等各种培训班，为武鸣县培养商业业务骨干和经济人才760多人。马来亚归侨莫桂莲担任岑溪南侨工艺厂厂长，创办私营企业，为国家创汇318万美元，带动了当地农村致富。

（三）教育

1991年广西壮族自治区各类学校有归侨教师1641人。20世纪80年代至90年代初，有19位中、小学教师获全国和自治区授予"劳动模范""三八红旗手"、特级教师、优秀教师、"先进教育工作者""全国优秀归侨知识分子"等称号。有7位高校教师获全国和自治区授予"劳动模范""三八红旗手"、优秀教师、"先进教育工作者""全国优秀归侨知识分子"等称号。

（四）科技

广西工农业战线和科研单位的归侨科技人员为广西的科技进步作出了积极的贡献。泰国归侨倪良泉是柳州地区农机研究所副所长、高级工程师。他与北京农业机械化学院①的谷谒白合作研制的搅刀—拨轮式排肥、排种器（专利申请号：CN 85100820），于1986年10月参加第二届全国发明展览会，获国家发明银质奖。该机于1987年获化工部科技进步一等奖。印尼归侨赖星华，女，广西农业科学院副研究员，在水稻稻瘟病扩源筛选研究领域成绩突出。他们都在1989年获国务院侨务办公室、中华全国归国华侨联合会授予"全国优秀归侨知识分子"称号。

亲侨、护侨、助侨的措施，无疑增强了广大归侨对祖国的认同感。然而，归

---

① 该校后来更名为"北京农业工程大学"，1995年与北京农业大学合并成立"中国农业大学"。

侨侨眷对祖国的认同感的形成和增强，有一个渐进的历史过程，是一个复杂、长期、不断变化的过程，需要各方面的努力才能实现。

"文化大革命"时期，在错误思想指导下制定的错误政策，侵犯了归侨侨眷的权益，使归侨侨眷和海外侨胞的人身、生命、财产安全得不到基本保障。他们更多的是忍耐、等待和期盼。[①]

1978年十一届三中全会后，逐步恢复和设置了各级人民代表大会、人民政府、政治协商会议的侨务机构，各级归国华侨联合会也相继恢复或成立。侨务政策得到进一步贯彻和落实，例如：认真贯彻执行侨汇政策，保护和鼓励侨汇；正确执行出入境政策，方便和放宽华侨、归侨和侨眷出入境；贯彻落实"侨改户"政策，维护"侨改户"的成分，平反冤假错案，解决归侨、侨眷中的历史问题；认真落实安置政策，回收安置被精简下放的归侨职工，解决归侨知识青年回城的工作安置问题，等等。[②]这些政策措施赢得了广大归侨侨眷的称赞，稳定了大部分侨心。

然而，有一些被安置的归侨一度还不能适应新的生存环境，对祖国的政策措施还感到陌生，因此出现了偷渡的现象。一个被安置在崇左的越南归侨就多次和他的家人偷渡。据他自述，由于越南当局排华，越南华侨受到迫害，被迫回国。1979年他们全家人回到广西，被安置在崇左新和华侨农场。他们由于生活水平较低，对国家的各方面政策也不熟悉，很不适应农场的生活，因此一心想着往外跑。1979—1989年偷渡到香港、澳门地区的人很多。那时候通讯很不发达，但这些归侨消息很灵通，因为他们在沿海一带都有亲属，懂得线路。当时崇左新和华侨农场里面有几千人，不少人人心浮动，有离开农场的念头。于是他们商量组织联络沿海一带的归侨偷渡。他们出钱让当地人租船，于1979年4月第一次偷渡，被巡逻的香港警察发现，关押半年之后遣送回内地；1981年又进行了偷渡，同样被巡逻警察发现，关押了17天；后来又多次偷渡，最后一次是1987年，都没有成功。[③]

随着经济的快速发展，人民的生活水平普遍提高，再加上侨务政策的不断完善与贯彻实施，广大归侨侨眷对国家的认同感增强，偷渡现象没有再次发生，已经成为历史。

---

① 向大有：《广西落实侨务政策回顾——纪念新中国成立60周年》，《侨务工作研究》2009年第3期。

② 广西壮族自治区地方志编纂委员会编《广西通志·侨务志》，广西人民出版社，1994年，第239—240页。

③ 郑春玲：《散居归侨社团研究——以广西凭祥市水果协会为例》，广西民族大学硕士学位论文，2014年。

四、结　语

历史表明，侨务政策事关华侨、归侨侨眷的根本利益。好的侨务政策，能够调动广大华侨、归侨侨眷的积极性，增强华侨、归侨侨眷对国家的向心力，铸牢中华民族共同体意识，从而取得很好的成效。

归侨侨眷对中华民族具有坚定的信念，热爱中华民族这个家庭。因此，当中华民族处于危难时期，他们毅然回到祖国，参加救亡运动。祖国需要建设，他们毫不犹豫地加入建设者大军之中，为祖国的社会经济发展添砖加瓦。

近百年来，广西归侨侨眷和中国人民一道，在中国共产党的领导下进行了不屈不挠的斗争。在抗日战争和解放战争期间，他们作出了巨大的贡献——有的奔赴抗日前线，有的来到广西桂林等地从事抗日救亡运动。解放战争期间，他们加入解放军，参加解放全国的革命斗争。中华人民共和国成立后，他们在中国共产党的领导下，在各条战线上积极工作，为广西的社会主义建设作出了自己的贡献。归侨侨眷对中华民族的认同感、归属感日益增强。

习近平总书记在2014年6月6日会见第七届世界华侨华人社团联谊大会代表时说：

> 长期以来，一代又一代海外侨胞，秉承中华民族优秀传统，不忘祖国，不忘祖籍，不忘身上流淌的中华民族血液，热情支持中国革命、建设、改革事业，为中华民族发展壮大、促进祖国和平统一大业、增进中国人民同各国人民的友好合作作出了重要贡献。祖国人民将永远铭记广大海外侨胞的功绩。

他进一步指出：

> 团结统一的中华民族是海内外中华儿女共同的根，博大精深的中华文化是海内外中华儿女共同的魂，实现中华民族伟大复兴是海内外中华儿女共同的梦。共同的根让我们情深意长，共同的魂让我们心心相印，共同的梦让我们同心同德，我们一定能够共同书写中华民族发展的时代新篇章。

2017年2月，习近平总书记对侨务工作作出指示："实现中华民族伟大复兴，需要海内外中华儿女共同努力。把广大海外侨胞和归侨侨眷紧密团结起来，发挥他们在中华民族伟大复兴中的积极作用，是党和国家的一项重要工作。"

在这百年大变局的历史条件下，为了实现中华民族伟大复兴，我们一定要进一步凝聚侨心，全面收集整理华侨、归侨、侨眷的资源情况，做好统战工作，切实维护华侨合法权益，切实解决归侨侨眷的生活问题，制定更加有利于华侨和归侨侨眷的政策，努力增强海外侨胞新生代的民族认同感，铸牢归侨侨眷的中华民族共同体意识。

沿海地区蜑民

珠海疍民的来源、变迁及其海洋文化价值

方礼刚①

【内容提要】疍民自古以来活跃在中国东南沿海地区，是世居海上，"浮舟泛宅"的水上居民。中国的疍民集中在广东，最多时曾有百万之众。珠海疍民在中国疍民群体中极具典型意义。因为他们兼备水居和陆居，兼融陆上人和水上人、汉族和少数族群的特征，是一个多元兼容的融合性群体。在千百年的水上生活中，这个群体创造出了丰富多彩的独特文化。在今天中华文化全面复兴的新时代，疍家文化的研究已成为海洋文化和"一带一路"文化研究的一个重要部分，必将充分展现其文化价值和时代意义。

【关键词】珠海疍民；来源与变迁；海洋文化

一、珠海疍民的历史源流

古代沿海一带有许多水上人。近现代的水上人不一定是疍（"蜑"为"疍"之古体，本文根据需要，"疍""蜑"通用）民，但疍民一定是水上人。在上古时代，"水上人"是"蜑"的存在形式之一，即"水蜑"，还有"山蜑""木蜑""洞蜑""珠蜑"（采珠的疍民）。只是到后来，疍民专指"水疍"了。"水疍"之中一部分人虽然依旧傍海为生，但也在滨海的陆地上建房置业，安顿家小。此后，这部分人中有的逐渐"融入"了渔民群体。而那些因某种原因不能陆居只能停留在"以船为家"的生存状态，或建有水边高脚屋但仍属"水上居民"的人们，便成为了延续至今的"蜑（疍）民"。他们曾经甚至被称为"疍（蛋）族"。②

珠海，因位于珠江注入南海之处而得名。1953年，广东省从中山、东莞、宝

---

① 作者简介：方礼刚，海南热带海洋学院东盟研究院副院长，副教授。
基金项目：国家社科基金一般项目"社会变迁视角下疍民'海洋非遗'初探"（项目编号：18BSH086）；海南省教育厅重点资助项目"海南高校产学研用合作人才培养模式的示范研究"（项目编号：Hnjg 2017ZD-18）

② 徐松石：《南洋民族的鸟田血统》，魏桥主编《国际百越文化研究》，中国社会科学出版社，1994年，第457页。

安等县划出一部分沿海地区和岛屿，始设珠海县，县城在今唐家镇。1958年珠海县归并于中山县，1961年恢复珠海县建制，县城改设香洲。1979年3月，经国务院批准，珠海撤县建市，为省辖市。1983年，斗门县划入珠海市。"珠海"虽然定名于1953年，但却有悠久的历史，也与古老的疍民有关，只是被淹没于历史之中，鲜为人知。

珠海的"珠"字源于珠江。"珠江"之名历史悠久。一般认为，珠江是因海珠石（位于广州市）而得名。稽诸史籍，宋朝方信孺《南海百咏》中载《走珠石》云：

在湖南，旧传有贾胡自异城载其国之镇珠逃至五羊，国人重载金宝坚赎以归。既至半道海上，珠复走还，径入石下，终不可见。至今此石往往有夜光发，疑为此珠之祥。[①]

此段文字当是关于海珠石的较早记载。诗中讲的是"贾胡买珠"的掌故。民间传说南越王赵佗（公元前240—公元前137年）有一宝珠，死后成为殉品。有一读书人名崔炜，在三元宫为行医的鲍姑排解了一场纠纷。鲍姑给了崔炜一包艾药。崔炜用其药医好了仙人玉京子，玉京子便带崔炜游赵佗墓。赵佗让宫女将宝珠送给了崔炜。后波斯商人得知此事，便买了去，走到海上狂风大作，宝珠径直跃入海中，钻入一巨石下，这石即海珠石。[②]这个传说看似毫无道理，经不起推敲，但个中或存隐喻，那就是鲍姑——鲍的化身。珠存于鲍中，古代的珠海疍民即采鲍人，古代朝鲜半岛称疍民为"鲍作干""鲍作人"。日本从古至今的蜑妇（潜女）主要工作就是采鲍。清仇巨川《羊城古钞·海珠石》载：

在越王台南，广袤数十丈，东西二江水环之，虽巨浸稽天不能没。语云'南海有沉水之香，亦有浮水之石'谓此也。相传有贾胡持摩尼珠至此，珠飞入水，夜辄有光怪，故此海名曰'珠海'，浦曰'沉珠'，其石则曰'海珠云'。石上有慈度寺，……端阳、七夕作水嬉，多有龙郎、疍女鲙鱼、酤酒。[③]

龙郎即疍男。说明古代珠海既产珠，又多采珠之疍男疍妇。如此说来，现今珠海的疍民或其后裔真的就是自古以来生活在珠江之上的龙郎疍妇么？是延续4000年之久的那个"疍族"么？本文认为，或许珠江之"今疍"不排斥有"古蜑"

---

① 方信孺：《南海百咏》，广东人民出版社，2010年，第38页。

② 这一传说详见《珠江的传说》，钟敬文主编《中国民间故事集成·广东卷》，中国ISBN中心，2006年，第420页。

③ 仇巨川：《羊城古钞》，陈宪猷校注，广东人民出版社，1993年，第117页。

之孑遗，但他们中的绝大部分可能是外来融入所形成之疍民。战乱与谋生是其中两大诱因。

（一）战争迁徙

1. 苗蛮部落南迁

关于东南沿海之疍户来源，说法多种多样，当然其来源也的确多元。有人认为蜑人溯源最早当为苗蛮或三苗之后裔。如《从甲骨文看疍民的起源与变迁》一文中有这样一段话：

> 考古认为，东夷集团是比华夏初民更早的远古先民。他们生活在黄淮地区乃至长江流域，后来也成为蚩尤的一支。黄帝败蚩尤后，一部分融入华夏民族，一部分被迫西迁和南迁，成为所谓的"南蛮"或"南方夷"，其主体就是苗民。而苗民有龙蛇崇拜传统。《山海经·海内经》载："南方……有人曰苗民。有神焉，人首蛇身，……名曰延维。"郭璞考证"延维"即"委蛇"。如果将延维的维字以蛇字来代替，延蛇（虫）组合起来不就是一个"蚩"字或"蜑"字？由此观之，"蚩""蜑"是苗民的先祖，"蚩""蜑""苗"与"龙""蛇"有不解之缘。①

在古代，蛮与蜑也常常混为一谈，没有明确的界限。在古典文献中，蛮即蜑，蜑即蛮，如"林蛮洞蜑"②。侨居美国的华人学者徐松石（1900—1999年）也指出，南方疍民的出现的确与因战争南迁的古代部落相关：

> 远古时代汉族有南北两支。南支包括苗、傜、僮、蛋、九黎、百越、百濮等族，互相综错，同奉炎帝为主。北支汉族，则奉黄帝为首。南支汉族开化早于北支。只因炎黄一战，炎帝失败，而黄帝得胜。根据成则为华、败则为蛮的规律，南支汉族古代被逼而移入南洋者，不计其数。③

2. 越人隐入丛薄

也有说法认为疍户的起源是越人避周乱。据载："周显王时楚败越，越散处江南海上，于粤名之曰百越，粤与越通，吴越、闽越、南越，谓之三越。"④历史

---

① 方礼刚、方未艾：《从甲骨文看疍民的起源与变迁》，《海南热带海洋学院学报》2017年第6期。

② 韩愈：《韩愈全集》，钱仲联、马茂元校点，上海古籍出版社，1997年，第266页。

③ 徐松石：《南洋民族的鸟田血统》，魏桥主编《国际百越文化研究》，中国社会科学出版社，1994年，第458页。

④ 邓淳：《岭南丛述》卷3，色香俱古室藏本，第115页。

上越人大迁徙有3次。

第一次在战国时期，楚威王打败越国，杀越王无疆，尽取吴地。《史记·越王勾践世家》载："而越以此散，诸族子争立，或为王，或为君，滨于江南海上。"当越国灭亡时，其公族部属率越人远徙江南"海上"，其中不少人更远航至"东南外越"及更远的海洋上。连横的《台湾通史》亦有载："楚灭越，越之子孙迁于闽，流落海上。"①

第二次发生于秦统一六国时期。秦始皇二十五年（公元前222），"秦始皇并楚，百越叛去"。②秦朝在原百越之地设会稽、闽中、南海、桂林、象郡等治所，以对付那些不愿臣服秦朝的越人。

> 乃使尉屠睢发卒五十万，为五军，一军塞镡城之岭，一军守九疑之塞，一军处番禺之都，一军守南野之界，一军结余干之水。三年不解甲驰弩，使临禄无以转饷。又以卒凿渠而通粮道，以与越人战，杀西呕君译吁宋。而越人皆入丛薄中，与禽兽处，莫肯为秦虏。③

这些土著越人如译吁宋等，除与徙入的"罪谪吏民"及官军之属共同进行抵抗外，有相当一部分战败及不愿降服的越人继续向更远的海洋上流亡，成为"东海外越"的一部分。岭南蛋人中，相当一部分就是这些逃入丛薄之中的越人遗属。

第三次发生在公元前2世纪后期。汉武帝灭南越、闽越、东瓯及招降西瓯、骆越人之后，迁东瓯、闽越之众于江淮间，迁骆越一部分于中庐（今湖北省襄樊市附近），迁南海王降卒于上淦等地。④同时，南越贵族中有的率其部属逃亡入海，驾舟漂流，散布于珠江及沿海，成为广东水上蛋户的来源。

战国至秦汉时期，越人的几次战争大迁徙加速了与汉人的杂处融合。与此同时，一方面，有相当多的越人漂流于江海水滨，构成东南沿海水上蛋户的重要来源；另一方面，也有越人陆续迁往西太平洋和南海周围诸岛屿及南洋群岛，传播了百越文化。

3. 卢黄战败余部

唐末刘恂《岭表录异》记述："卢亭者，卢循昔据广州，既败，余党奔如海岛

---

① 连横：《台湾通史》卷1，1946年，转引自凌纯声：《中国边疆民族与环太平洋文化》，台北经联出版事业公司，1979年，第366页。

② 袁康、吴平：《越绝书》，徐儒宗点校，浙江古籍出版社，2013年，第16页。

③ 刘安：《淮南子·人间训》，陈广忠译注，中华书局，2012年，第1090页。

④ 石钟健：《试证越与骆越出自同源》，《中南民族学院学报（人文社会科学版）》1982年第2、3期；梁钊韬：《西瓯族源初探》，《学术研究》1978年第1期。

野居，唯食蠔蛎，垒壳为墙壁。"[1]南宋周去非《岭外代答》所载，在广州"有蜑一种，名曰卢亭，善水战。"[2]战争使一部分人流寓海上，成为疍民之一类。也有人认为古代的渔民与疍民有时界限并不清晰。这里所指的"唯食蚝蛎"大抵是指生食，而生食是华夏族所赋予疍民群体的主要特征之一。虽然渔民也偶有生吃习惯，但似乎并没有成为一种生活方式。因为，他们可以不必生吃。《盐铁论·论菑》言："盖越人美蠃蚌而简太牢。"古人将那些生活在极端艰苦环境中，有别于华夏民族，纹身黥面、披发裸体、食腥啖膻、蛇虫为伍、洞居水处的边缘群体统称为"蜑""蛮""夷"。这种生食习惯后来传到了朝鲜半岛和日本，也成为他们中类疍群体的生活方式，至今在韩国和日本的蜑妇孑遗"海女"中依然留存。李相海在《海女文化》一书中有描述：

> 如今，朝鲜半岛南部沿海、济州岛和日本九州一带、能登半岛、伊势志摩等地生活的海女依然靠原始的潜水渔猎方式捕捞鱼贝，信仰龙神，喜欢生食。这种生活习惯不可能单靠文化传播就会轻易推广，她们的祖先与中国东南沿海的吴越民族有着不可分割的历史情结。[3]

不单是在广州珠江口一带，在闽浙沿海，此类人群被称为"白水郎"。据《晋书》载，孙恩卢循起义失败后"乃虏男女二十余万口，一时逃入海"。[4]虽然也有人将善水战之蜑户亦讹传为卢循之余党，但"白水郎"之属系古代闽越的后裔[5]这一说法得到广泛认同。

据徐松石考证，卢亭实为距今4000余年前中国东南沿海的最初部落"鸟田"人的转音，认为鸟田、卢亭、卢余、鸟但、獠蜑、骆田、萝蜑、马人、海夷皆为一类，"鸟田"与马来语Lautan意同。尽管可证"卢亭"或与古老的"鸟田"音同类似，仍不能说明卢亭人就是鸟田人。唯一可认同的是，他们的生存状态与生活方式相同。

此外，还有一种说法："唐黄巢起义失败后，其余部有的流落珠海地区三灶岛等地。"[6]

---

① 刘恂：《岭表录异》，商壁、潘博校补，广西民族出版社，1988年，第60页。

② 周去非：《岭外代答》卷3，杨武泉校注，中华书局，1999年，第116页。

③ 李相海：《海女文化》，中国华侨出版社，2017年，第186页。

④ 房玄龄等：《晋书》卷100《列传第七十》，中华书局，2000年，第1758页。

⑤ 韩振华：《试释福建水上疍民（白水郎）的历史来源》，《厦门大学学报》1954年第5期。

⑥ 黄金河：《珠海的水上人》，中国戏剧出版社，2004年，第3页。

4. 宋元明末遗民

南宋灭亡之际，部分不愿臣服元朝及兵败逃乱的军民融入了水上人家。"南宋军民在崖门海面与元军展开了最后一场惨烈的搏斗。……人们或逃生海外或藏匿海岛。"[①]一部分随从军民散居在今珠海地区成为水上居民，加入了疍民群体。

根据盛功叙在《福建省一瞥》中记载，[②]福建的疍户多在闽侯一带，俗称"科题"，亦叫"曲蹄"。传说他们的祖先是蒙古族，元朝统一中国时，将蒙古人移植于各省。后元亡明兴，蒙古人遭汉人驱逐杀戮，黄河以北都逃回蒙古；黄河以南则不能逃回，以致一部分遁于水上，加入了疍家群体，后又被禁止与岸上人通婚，生活极为艰苦，多有流为乞丐，每年旧历二三月时候，尚有登陆沿家乞食者。男子多跣足，女子颇美丽，爱梳螺形发髻。此群体不独闽省，广东沿海亦多见。

也有记载称："明末李自成起义失败后之余众，自中原迁入岭南，这些汉族遗民及色目人漂流水上而成蜑民。"[③]总之，疍民的来源与战乱关系密切。

（二）谋生迁徙

历史上大批移民流入今珠海地区是在北宋末年。原因有二：一是香山镇（今山场）有银坑和盐矿之利，外来开采者甚众；二是南雄珠玑巷村民为避兵祸迁入。据考，宋朝至民国时期，迁入珠海地区的居民来自甘肃、湖北、河南、河北、福建、台湾等省和今广东的南雄、四邑[④]、潮汕[⑤]、阳江、东莞、宝安、惠阳、河源、兴宁、五华、中山、佛山、花县（今广州市花都区）、海丰等县市和香港地区。"这些人是不是都是水上人，我们暂且不论，但这些人中，肯定有不少的水上人，这也是不争的事实。"[⑥]这个观点应是没有问题的。

1. 珠玑巷迁入

广州河南（珠江南岸）一些疍民族谱则托言其祖先来自南雄珠玑巷。[⑦]据载，珠玑巷最大的一次集体流徙，发生在1130年，即南宋建炎四年。据记载：

① 黄金河：《珠海的水上人》，中国戏剧出版社，2004年，第2页。
② 详见盛功叙：《福建省一瞥》，商务印书馆，1927年，第93页。
③ 盛功叙：《福建省一瞥》，商务印书馆，1927年，第93页。
④ 指新会、台山、开平、恩平。
⑤ 指今潮州、汕头、揭阳三市。
⑥ 黄金河：《珠海的水上人》，中国戏剧出版社，2004年，第4页。
⑦ 陈序经：《疍民的研究》，商务印书馆，1946年，第18页。

1130年，牛田坊一带刚经历了一场瘟疫，不料朝庭下旨，为防金兵南侵，各地都要取土筑寨设防，都以为金兵要打过来了，况且牛田坊这地方，人多地少，再取土筑寨，很多人就得搬迁，田地尽毁，生计更无着落。57个村人心惶惶，纷纷各自逃命。珠玑村有个读书人罗贵，薄有资产，又通文墨，村人都去找他商议。商议的结果，决定南迁的一共97家，大家公推贡生罗贵及麦秀等人负责指挥，筹备南迁事宜。后一行200多人南迁至现今之珠海。①

但也有新的研究表明，"珠玑流徙"一事属伪托，实为当年宋末勤王失败后为避祸而假托以掩护身份。曾祥委认为：

必须肯定，历史上有大量的移民从珠玑巷迁移到珠江三角洲；但同时也必须指出，有许多自称珠玑巷移民的族姓未必像他们自称的那样来自珠玑巷。一些人因为种种原因，需要隐瞒身份，而地处交通要道，兵家必经之地的珠玑巷，每逢战乱必定一扫而空，正好为他们提供了无可稽查的掩护。这就是珠江三角洲广府人来源地集体记忆的秘密！②

这一研究结论似乎有道理，但尚须进一步研究。

2. 福建迁入

还有一种说法：

水上人多是从福建沿海迁徙而来。据资料显示，现居住在鳌鱼沙、灯笼沙和成裕围的水上人大体上从两条路线迁入：一条是从福建，一条是从本省境内。从福建迁来的主要是黄、陈、杨、林、罗、梁等姓氏。从本省境内迁入的主要有何、冯、郭、麦、卢等姓氏。③

也有人认为从福建迁珠海的黄氏，与晋朝"衣冠入闽者八族"即林、黄、陈、郑、詹、丘、何、胡有关。如其中第二大姓黄氏，来源于今湖北黄冈一带。

总而言之，追本求源，珠海近现代的疍民，多数已非数千年前的那种"林蛮洞蜑"，与传说和想象中的疍民大相径庭了。尽管如此，作为曾经的水上居民，他们毕竟有一段特殊的生活历程与记忆，并在这一段人海关系的历史进程中有意无意地创造了独特的海洋文化。而这种海洋文化却是人们更应该关注的焦点。

---

① 黄金河：《珠海的水上人》，中国戏剧出版社，2004年，第34—38页。
② 曾祥委：《关于南雄珠玑巷移民故事的研究》，《神州民俗（学术版）》2012年第2期。
③ 黄金河：《珠海的水上人》，中国戏剧出版社，2004年，第38页。

(三)古疍孑遗

珠海疍民的出现,有史可稽始自晋朝。《古今图书集成》卷1314的《广州府杂记》有载:

> 疍户以舟楫为宅,捕鱼为业,或编蓬。濒水为居,又曰龙户。晋时,州南周旋六十馀里,不宾服者,五万馀户,皆蛮疍杂居。唐以来,计丁输课。明洪武初,编户立里长,属河泊所。岁收鱼课。近始,登陆附籍,间有登贤书者,晋门多为势力所夺,亦有行劫江上者。然措置有方,自畏法,不敢动矣。①

这段文字含意丰富。它说明,包括珠海疍民在内的珠江三角洲的疍户存在的历史相当久远,后世的社会与环境变迁的力度也相当大。其一,这个群体并非是单一的,而是"蛮疍杂居",说明各色人等皆有,主要是生活条件艰苦的边缘群体。古文讲究简洁,它不会用人类学知识去分类。其二,这个群体并非他们所言的"天高皇帝远",没人管理。其实自唐以后要向政府交税,或因疍户浮舟泛宅,居无定所,以致管理上时强时弱,疍户逃税的情况较为普遍,倒是真实的情形。其三,这个群体不断有人"登陆附籍""洗脚上岸",从此改变了疍民身份。其四,这个群体经常受到外部势力的打压盘剥,被逼走从事他业的也有之。其五,其中有一部分人从事海盗勾当。

总之,自其产生的先秦时期,至唐以迄明清,直到现代,数千年以来,因包括战火洗劫、生存淘汰、空间争夺等在内的各种原因,经过不断减员、解体、分化、融入,乃至自然选择,原始意义上的疍民孑遗或已荡然无存了,取而代之的是唯有在生存空间、生存状态、政治地位上具有同一性且相对稳定的一个特殊群体——人们依然将其称为"疍(蜑)民"。在主体话语体系中,他们不是疍民又是什么呢? 历史上的蜑民又哪里去了呢?

二、珠海疍民的海洋文化遗存

珠海疍民(亦称"水上人")来源呈现"多源合流"的特征,在千百年的水上生活中,逐渐融合为一个特殊的"水上居民"群体,并在与当地土著的经济和生活互动中,甚至在不被"岸上人"所接纳的情况下,艰难地融入当地,在相互涵

---

① 陈梦雷编《古今图书集成》第164册,蒋廷锡校订,中华书局,1985年,第22页。

化中生生不息。迄今为止，他们仍然顽强地保持了本群体的许多独特的文化，特别是精神文化，成为现代社会宝贵的精神财富。

据21世纪初的资料统计，珠海的水上人分布在11镇51村，人口约18万。[①]其文化的独特性与海洋性表现在方言、疍歌、服饰、建筑、风俗、信仰等方面。

(一)方言

语言是历史的活化石。考察珠海水上居民的方言，重点不是语言的稀奇与俚俗，而是其中所隐含的丰富的信息。这些信息隐隐约约地告诉人们，水上人家也好，疍民也好，并非天生就是这样的生活。从他们的方言中也能洞见一些被湮没的历史、隐含的基因，乃至独特的文化。

据已有之资料，我们通过方言与歌谣，选取部分水乡话与普通话进行对比：[②]

普通话：汤圆 木薯 媳妇 理发 吃午饭 喜欢

水乡话：水喃 鬼蔦 新抱 剃头 吃晏　中意

普通话：有没有 结账 金手镯 稀饭 王八 闹别扭

水乡话：有冇　埋单 金鈪　粥　 水鱼 斗气

普通话：玉米 下午 家庭 吹牛皮 不顺畅 开水

水乡话：粟米 下昼 屋企 车大炮 拗撬　 滚水

普通话：瓶子 倒 谋生 干爹 大便 小便 迟

水乡话：樽　斟 揾食 契爷 屙屎 屙尿 晏

透过上述普通话与水乡话的对照，居于内陆且属官话语系的读者是不是觉得有似曾相识之感？而这些感受又能说明什么？如果疍家人真是海上异类、少数族裔，又何来这样的方言，甚至是文言？尽管如此，也看得出来，其方言深受粤语的影响。说明这个群体自北而南之后，其原有的文化与岭南当地文化产生了涵化效应，也充分展示了这个群体面对生存环境变迁和社会变迁时的适应能力和传承能力。

---

① 黄金河：《珠海的水上人》，中国戏剧出版社，2004年，第19页。

② 黄金河：《珠海的水上人》，中国戏剧出版社，2004年，第45—46页。

（二）疍歌

从有关珠海疍民歌谣的资料中随机摘录一些句子，或可引发一些思考。

易涨易退江河水，易反易覆小人心。

流水下滩非有意，白云出山本无心。

在家不会迎宾客，出外方知少主人。

近水楼台先得月，向阳花木早逢春。

远水难救近火，远亲不如近邻。

渴时一滴如甘露，醉后添杯不如无。

水太清则无鱼，人太紧则无智。

黄河尚有澄清日，岂可人无得运时，

念念当如临敌日，心心常似过桥时。

人情莫道春光好，只怕秋来有冷时。

龙游浅水被虾欺，虎落平原遭犬欺。

百世修来同船渡，千世修来共枕眠。

将相胸前堪走马，公侯肚里好撑船，

用心计较般般错，退步思量步步难。

天上众星皆拱北，世间无水不朝东。

画水无风空作浪，绣花虽好不闻香。

屙屎唔出怪茅坑，不会撑船怪河弯。

白布掉在染缸里，千担河水洗不清。

世上三桩苦：航船、打铁、磨豆腐。

龙眼识宝，牛眼识草。

宁做泥里藕，不做水上萍。

十个指头有长短，荷花出水有高低。

见蛇不打三分罪，打蛇不死罪九分。

竹外桃花三两枝，春江水暖鸭先知。

不怕红脸关公，就怕抿嘴菩萨。

蚂蟥怕烟屎，坏人怕揭底。

冬吃萝卜夏吃姜，小病小灾一扫光。

利刀难断东流水，天涯难隔家乡情。

人往高处走，水往低处流。

不怕山中虎，最怕路边蛇。

留得五湖明月在，何愁没处下金钩。

凡人不可貌相，海水不可斗量。[①]

通过上述这些句子，基本可以得出一个结论，即水上居民的思维虽然也带有浓厚的"水上"色彩，但主体色调还是"岸上人"思维。也不难看出，在这个曾经世代不能到陆地上学读书，甚至数代人都不识字的群体中，伴随着歌谣的流传，他们祖上读书人的种子也流传了下来。其中一些句子，不乏古诗古语的改编。尽管如此，疍歌的高亢悠扬，声传邈远的节奏和旋律，恰恰体现了其随波和浪、相互呼应、传递信息、抒发感情、排解孤寂、传承文明的海洋文化功能。

对这些歌谣进行专门的研究，以追寻水上人来源的蛛丝马迹，追寻陆地已经逝去而在疍民中犹存的某种文化，将是另一个大课题。珠海疍民的文化现象表明，海洋文化与陆地文化是一体两面，甚至，海洋文化是以陆地文化为母体的。生命或产生于海洋，而文化则形成于陆地。

（三）服饰

每个民族都有自己的独特服式。珠海疍民虽不能称为一个民族，但毕竟也是一个特殊的群体，历史上曾被称为"疍族"。

臻布（包头巾）、波肚（围裙）、草袖便是珠江三角洲水乡最富有特色的东西。民间有歌谣唱道："青莲包头藕荷兜，莳秧绣花上街头。"如果你在水乡上巡游，稍加注意，就会发现这么一道多姿多彩的风景——无论春夏秋冬，水乡的妇女，就算是上了年纪的老太婆，都喜欢在头上包一块臻布，胸前围一个波肚。这些臻布和波肚不但用料讲究，制作更是精巧。臻布和波肚是水乡妇女的必备品，每一个妇女少则两三个，多则十几个。臻布多为蓝色、黑色，四周用七彩的丝线滚边，两端四角以白布或红布贴角，上面可根据自己的爱好，绣图案花纹，如山水日月、梅兰竹菊等，丽而不艳、雅而不俗。波肚制作精细，四周不但九牙滚边，正面还绣上春桃、夏荷、秋菊、冬梅等各种花卉，使人有亲临春夏秋冬之感受，再加上用银元打出来的银腰带，走起路来随着腰肢的摆动来回悠荡，叮当作响，的确别有一番韵味。

---

① 黄金河：《珠海的水上人》，中国戏剧出版社，2004年，第52—56页。

"三灶花袖"是充分利用当地丰富的水草（咸草）资源编织的草鞋、草帽、草袖等传统生活用品。它是勤劳、智慧的三灶人民在与大自然抗争中因地制宜、就地取材、艰苦奋斗、艰难生存的杰作，如今已成为珠海蛋民非物质文化遗产的一抹亮色。从花袖的花纹上可以看出，尽管其线条采用的是汉族传统绣花画法，内容已多为水草、海藻之类，且花蕊中还镶上了珍珠，显得质朴而又珍贵。这是陆地文化与海洋文化的完美结合。这些并不逊于陆上人的审美旨趣和符号，是海上人的记忆还是梦想？值得研究者深思。

（四）建筑

珠海水乡的茅寮曾经是一道民俗风景线，也是珠海蛋民相较于其他地方蛋民的独特之处，是水上人开发沙田的副产品。蛋民一般都是"浮舟泛宅"，以舟为居，珠海沙田蛋民是少数在海边建屋的蛋民群体。茅寮的独特不是因为它是美的建筑，而是顺应了自然，也顺应了经济落后、资源缺乏的现实，体现了水上人的创造力。沙田水乡，平畴千里，建寮地点没有什么选择的余地，好的陆地是不会被岸上人允许的，只能选择基围、河涌旁边不易被水淹的地方。建筑材料咸草也多产自沙田河畔；所需的竹、茅秆都是自种；所用涂墙的泥，河涌到处都是。

茅寮的式样也不多，一般两三仙长（一仙为5尺长，指的是用竹片挟一串茅秆）、一丈来高的占大多数。两仙茅寮，一般中间用芦苇编成的萌搭遮间，有一小型神后房。三仙茅寮，则可用泥墙分成两间（一厅一房，好为儿子成亲之用）。不论茅寮、砖屋，大厅一般均在大边（面对之右）并开大门口，为了节约，一般在后边撇一仙茅作为小厨房。人们往往看到，海边村落，一间挨一间形成一个沿海的长条形"连家屋"。这种情形，一方面既是环境位置使然，因为他们不能向陆地纵深发展；另一方面，也是聚集人气，是一个紧密型群体的宣示。

蛋民固然向海而生，但未必追求向海而死。陆上安居，一定始终是他们的梦想。由于历史的原因，他们不得不生活于海洋之上。虽然不需要赞美，但其与命运抗争、随遇而安的精神，以及其千百年来在逆境中生存所留下的精神与物质文化、生存哲学，仍然是值得研究的。

（五）风俗

1. 婚俗

（1）对歌

婚礼是疍民一生中最重要的礼俗之一。旧时，迎娶送嫁和洞房均在船上，后来有了茅寮，改在寮中。婚礼繁复而隆重，流传演变至今。他们从恋爱、订亲到迎亲都有一套别具风情的习俗。珠海疍民一般是单家独户，在基围上居住，门前有埗头，寮后有鱼塘，屋前屋后有青竹芭蕉环绕，另有一间在河边的水面上搭起来的高脚屋"皇帝屋"，专门为未婚男女幽会而设。在那里，男女双方可以尽情用歌声诉说自己的衷肠。到达"皇帝屋"的门口，都会彬彬有礼地唱着情歌，对方如同意或不同意，都会接唱。

（2）订婚

男方带着彩礼到女方家，女方家先自谦一番，男方代表则再三请求。女方若同意，即请对方饮冰糖茶，然后商定女儿"身价"。这与一般买卖婚姻不同，主要是商定规矩和内容，彩礼不多，但要齐全，如猪肉20斤、鸡20只、鸭20只等。

（3）择日迎亲

水乡姑娘迎亲一般都要七八个伴娘，男方也有一班"辅友"上阵，驾着船，披红挂彩而来。在新娘上船之前，女方亲人要求男方代表发"舅仔利市"红包，并要辅友对歌和发利市给新娘，才让新娘下船。

（4）新娘敬茶

新娘到了男家拜过天地之后，第一件事是提壶敬茶，饮茶者都得发"利市"，多少不拘，但发利市时也可要求新娘唱歌、讲恋爱经过。然后是辅友、伴娘对唱，一夜闹到凌晨一两点才散去。

（5）送汤圆

等亲朋散去，新郎新娘刚坐定，男方的大嫂或舅妈就会送来两碗糯米汤圆给二位新人，同时还要唱祝福的歌，待新人换碗再吃一两颗后，送汤圆的人还要再接着唱祝福白头偕老一类的话。

从珠海疍民的婚俗中，一方面可以看到陆地文化和汉文化的影子，看到大中华文化的影子，如节俭、孝慈、圆满、互助、和谐、重诺、守信等（这些也都融入了海洋文化）；另一方面也看到了海洋文化的宣示，如船上婚礼、水畔寮房、疍歌对唱，都是海洋文化的记忆与传承。

2.禁忌

以沙田水上人家为例，其生活中的禁忌有50多种①。为便于完整地进行考察研究，今照录如下：

①睡觉双脚忌向大门口。

②平时扫地忌讳由里向外扫。

③门前忌讳种流泪果（木瓜、香蕉）。

④头上忌讳戴纯白色的东西。

⑤妇女坐月子期间忌讳出家门。

⑥三煞日（农历逢三、八日）忌讳洗头、剃头。

⑦着服期间（丧事在身）忌讳踏入别人家门口。

⑧丧事期间忌讳在百日之内办喜事。

⑨出海捞（打）鱼忌讳把鱼翻转来吃。

⑩开厂（商铺）集体用膳忌讳伙计先食鱼头。

⑪家有产妇未满月忌讳外面陌生人进入。

⑫妻子怀孕忌讳丈夫打桩、砍柴、穿鱼、钓鱼。

⑬初一、十五忌讳洗头、剃头。

⑭兄弟姐妹嫁、娶忌讳拦头。

⑮月经期间忌讳行房：行房碰上月经（叫"撞红"），要烫苏木茶饮以解之。

⑯食了猫、狗、老鼠肉忌讳上香敬神（猫讳三、狗讳七、老鼠讳十一，这期间据说上香敬神，神亦不受）。

⑰房屋忌讳后边（墙）开窗。

⑱房屋忌讳开设对称窗。

⑲建房屋忌讳前幢高于后幢。

⑳女婿建屋忌讳与岳父（母）紧贴相连。

㉑在房屋里面忌讳戴竹帽、披蓑衣。

㉒前往吊丧忌讳先与生人打招呼。

㉓亲人外出远行忌讳乱说话，只准说祝福和希望。

㉔住家门前忌讳正对高大杆（柱）、大树、大路。

㉕建屋忌讳大厅在细房的一边。

① 黄金河：《珠海的水上人》，中国戏剧出版社，2004年，第103—106页。

㉖大小灶门口忌讳与大门口反方向。

㉗喜事贺礼忌讳用白纸封礼金。

㉘丧事（搭被金）忌讳用红纸做封套。

㉙建屋忌讳大门口向东。

㉚灶门口忌讳向北。

㉛扫把忌讳在大门口倒转安放。

㉜煮饭期间忌讳唱歌。

㉝吃了鲤鱼忌讳参拜悦城龙母。

㉞人去世后忌讳停在房间（要移出大厅，并要转头——双足向大门口）。

㉟在生人床头忌讳安放插着一双筷子的满碗白饭。

㊱平时身上腰间忌讳捆扎白色布、绳、带。

㊲吊丧、送丧忌讳谈天说地、谈情说笑。

㊳办喜事（生日、嫁娶）忌讳打烂碗碟。

㊴办喜事忌讳饭后把碗碟全部洗净。

㊵邪神拜后（如烧街衣、出食）忌讳执碗。

㊶学生测验、考试期间忌讳食鸡蛋、鸭蛋。

㊷夜间忌讳随地大小便。

㊸孕妇死亡忌讳大肚猫在其上边跳过。

㊹孕妇死亡后忌讳在坟尾栽种大蕉树。

㊺办喜事（嫁娶、寿辰、盖房……）忌讳搭丑事（丧事、忌日），若要搭则要与亲戚朋友或别人借钱，日后才归还。

㊻住宅床铺忌讳上面有横梁（木）。

㊼住宅门前忌讳有倒水映日映照到大神位上。

㊽出门远行忌讳有蛇、鼠在大路前面横过。

㊾在见面打招呼时忌讳叫"喂"（尤其对未婚及已婚妇女，"喂"是妻子、老婆的俗称、便称）。

㊿盖房屋时忌讳大门口对着前面房屋的"金鸡角"。

由上可知，珠海疍民的禁忌习俗与陆上人大同小异，特别是与中原的风俗多有雷同。这也充分说明，疍家人的来源与内陆，与中原人息息相关。同时，从禁忌中，亦能窥见这个群体的心理特征和文化特色，以及自然观和神话观，包括对海洋的神秘感和敬畏感。

(六) 信仰

疍民并没有明确的宗教信仰，有的人信奉基督教，但更多的人信奉佛道两教。疍民的水神信仰掺杂佛道两教，既有属神者类，也有属于鬼者类，其主要的水神信仰如下。[①]

1. 北帝信仰

疍民认为北帝是统领水族的道教民间神祇，是海龙王手下专管鱼虾的海神，能够控制水源，治水降火，消灭龟精蟒妖，故信奉北帝。农历三月初三当日被认为是北帝的诞期。疍民会在这一天准备三牲五礼到神像前烧香朝拜。

2. 妈祖信仰

珠海疍民也称妈祖为"天后"。妈祖是疍民信奉的重要神祇，是著名的航海守护神。在天后诞这一天，一般是农历三月二十三，疍民必定隆重庆贺。疍民出海作业不论远近，都要赶回来烧"头炷香"。

3. 龙母信仰

对于漂泊在江河湖海的疍民来说，龙母诞辰非常隆重，家家户户，甚至附近杂居的陆地居民，在农历五月初便到庙中捐资办诞。诞辰仪式非常复杂，包括"起神""打贺寿""招神""招兵""立幡""施海幽""施岸幽""抢头灯""游神""祝寿""安神"等环节。在龙母娘娘诞期，疍民们纷纷来到庙中参拜、上香、祈福。

4. 娘妈诞

据说天后娘娘每年春天都要回娘家一趟，日子就选在农历三月廿三。相传古代，福建莆田湄洲屿有一渔女叫林默娘，其父出海捕鱼遇风袭船沉，生死未卜。林默娘哀痛不已，乃跃入海中幻想救父。数日后海浪将林默娘及其父尸体推于沙滩上，父女虽死，其面目仍像生人。乡人念其孝行，立庙祀之，冠以妈祖庙。立庙之后凡有求均必应，尤其海洋作业渔船。民间传凡遇狂风巨浪，渔民莫不祷求妈祖，均能化险为夷。

[①] 参见谢棣英、郑少霞：《有金有银更有水：广州水上居民习俗与信仰》，《神州民俗（通俗版）》2017年第6期；黄金河：《珠海的水上人》，中国戏剧出版社，2004年，第108页。

三、珠海疍民的海洋文化价值

（一）有利于认识疍民的来源与变迁

自20世纪后半叶疍民研究成为学界的关注点以来，无论国内学者还是国外学者，追寻疍民的"族源"问题一直是主题。如早期的研究者陈序经曾将既往关于疍民起源的30多种说法归纳为六大类：[①]一是关于疍艇形状说；二是疍字来源说；三是某种动物说；四是某一地方说；五是某一时代说；六是某一民族说。陈序经在《疍民的研究》中这样总结：

然"疍"民既每与"蛮"族并称，则当时人数之多，势力之大，可以想见。要不是这样，为什么人们不谓蛮而必特别地名之为疍呢？于是可知所谓疍族的历史，必比史书所载者，较为久远。而其来源，也许不但先于汉族，或者较先于其所谓蛮、苗诸族也。[②]

后来的学者也多持此说，或者稍加修正，认为是源自百越族，等等。然而，珠海疍民来源的史实与传说，则超出了固有的观点，说明今天的疍民并非源自某一古老的族群，只是继承了古蜑（疍）的名号和生活、生存方式。古老的蜑民早已飘散于历史的风烟中。随着后世生产力的发展，这片土地上的先民在地广人稀的时代不会久居丛薄，而是会先去开发良田沃土，或被后来更强大的华夏民族追赶到深山老林中去，散居各大山系、水系之间。当交通要道及千里平畴被华夏民族占据之后，各山系、水系之间的"蛮夷"千百年久不通往来，以致成为今日南方各少数民族，有虽地隔千里、时越千年，民族不同但语言风俗相通的事实。举一例，笔者的一个同事是云南的傣族，学泰语，后到泰国留学，发现当地人的语言与她的母语差不多，大多能听懂。这也证明了泰族及其更早的先民三苗部落，在南迁过程中散居于南方、西南方各大山系水系的事实。今天的疍民群体也多是避乱、逃荒、迁徙融入的结果。他们来源于不同的民族、不同的地域，但多数可能为中原人的后裔，为逃避战乱、谋生而南徙，直到海边才发现，陆上都是有主的领地，只有海上才是自由的"乐土"。当然，其中也不乏世居海上的古蜑的孑遗。但从实地调研来看，这种情形几乎没有了。

由此引发一些思考，如果将历史作为一个时间轴来看，越往下看，我们或许

① 陈序经:《疍民的研究》，商务印书馆，1946年，第1页。
② 陈序经:《疍民的研究》，商务印书馆，1946年，第44页。

看到了许多的不同，即所谓民族特色与差异；但往上看，就越趋于相似，上到顶端或许就是一家了。英国人类学家所指的意识模式与中国人类学家所指的空间模式也说明了这一点。

英国的社会人类学者华德（Ward），就曾在对香港疍民进行调研的过程中，针对族群识别问题提出了3种"意识模式"（Conscious Model），即"理想的传统模式""直接模式""内部观察模式"。[①]在华德看来，族群的定义并非是由客观事实造成的，而是由主观认识所决定的。华德举了两个例子：广东人认为香港疍民为少数民族，而问及香港疍民，他们却很肯定地回答自己是汉族；"最近住在珠江三角洲的水上民，再次地以强硬态度，向政府（当时的国民政府）请愿——他们是少数民族。"[②]显然，这依然是意识层面的价值判断问题。中华人民共和国成立后，珠江疍民看到了新的希望，有了自信，再也不讲自己是少数民族了。这是后话。

华德认为："纵然是极端的案例，只要能确定其住民的确有意识到'理想的传统模式'，而且，纵然他们依自己独特的'直接模式'来经营日常生活，都可将他们归类于汉民族，且不足以为奇。"[③]针对华德的观点，王崧兴进行了更深入的思考，认为：

> 皆是儒家思想规定中国社会性格的根本所在。换言之，儒家思想就是上述的"理想的传统模式"中，最被其社会成员所强调的一种文化上的价值判断。而且这种文化价值观，不仅对意识形态有着重大的影响力，同时也促使社会团体在结构上呈现高度的一致性现象。[④]

王明珂也指出："'族群'并不是单独存在的。它存在于与其他族群的互动关系中。"[⑤]因此，不能简单地、单一地、静态地看待某一个族群，特别是其文化。

（二）有利于理解海洋群体的精神信仰

从珠海疍民的方言、疍歌、服饰、建筑、风俗及信仰中，能够理解水上居民的精神信仰，并从这些精神信仰中悟出我们这个时代需要的东西。

① 徐正光主编《汉人与周边社会研究：王崧兴教授重要著作选译》，台北唐山出版社，2001年，第44页。
② 徐正光主编《汉人与周边社会研究：王崧兴教授重要著作选译》，台北唐山出版社，2001年，第223页。
③ 徐正光主编《汉人与周边社会研究：王崧兴教授重要著作选译》，台北唐山出版社，2001年，第46页。
④ 徐正光主编《汉人与周边社会研究：王崧兴教授重要著作选译》，台北唐山出版社，2001年，第46页。
⑤ 王明珂：《华夏边缘：历史记忆与族群认同》，社会科学文献出版社，2006年，第9页。

1. 对祖先的崇拜及对族群繁衍的重视

如阅尽千年的沧桑，居于大海之上，融入当地之中，但疍民们方言中仍保留了祖先所从何来的影子，词汇中大量保留了文言文遗痕。这说明这个群体结构曾经是多元的，是有读书人背景的，从中能感知历史的气息。他们服饰中所刺绣的春桃、夏荷、秋菊、冬梅何尝不是传承故园和陆地的记忆，岁寒三友何尝不是中国儒家传统中的人文情怀。他们的干栏式建筑、"皇帝屋"等，既是生活、繁衍的空间符号，也是对远古逐水而居的怀念。换言之，成为了海洋一族，也要不丢祖先的脸，活出海洋一族的样子来。

2. 对美的追求

这种美体现在美德、美好生活等方面。珠海疍民的民婚俗、禁忌等风俗习惯中处处闪现海洋审美的光芒。婚俗中体现了对孝慈、和睦、简朴、包容、平安的寓意和寄托，禁忌中体现了对美好生活的祝愿。那些不能做的"负面清单"，正是一份对善的坚守。如妻子怀孕忌讳丈夫打桩、砍柴、穿鱼、钓鱼。这是典型的以生命对待生命，是儒家万物一体之仁的观念在生活中潜移默化的体现。尊重生命不只是尊重人类，其他非人类生物也应得到尊重。这种不言之教，这种朴素的生态观，已经领先我们这个时代很久了。

3. 对自然与生命的敬畏

那些北帝、妈祖、龙母等信仰，表达了远古海洋先民对自然与生命的认知：他们认为自然是有生命力的，是值得敬畏的。当人们心怀敬畏的时候，自然也就有了神性，神便有了人性，人对自然敬畏，自然便会保护人类；反之，会得到惩罚。对信仰的坚守也是为保持一份内心的宁静。这也从一个侧面表明，古代海洋先民重视对个体和群体生命的内心的关注和关怀，重视心理调节在生活中的重要意义。当缺乏世俗中的超级领袖或超级关爱的时候，神灵便被供奉和创造出来，成为他们共同的精神领袖。这是海洋群体中社会整合的法宝，也是惩恶扬善的最有效的教化工具。

（三）有利于反思人与人、人与自然的关系

疍民的"连家船""连家屋"，婚俗中众多的"伴娘""辅友"，表达对大海的敬畏的各类民间信仰和仪式，诸多禁忌中所体现出的对和谐完美的主观审美的追

求，等等，都形象地诠释了海洋先民的命运共同体意识、生命安全意识、对自然的敬畏意识，以及追求美好生活的意识。这让人们体会到，海洋群体的观念中，越是在艰难困苦的环境下，越要抱团取暖，越要同舟共济。共同体意识深刻地体现在珠海疍民生活的方方面面。茅寮建筑的就地取材，亦是经典地表明：大自然馈赠了人类的一切，包括人的创造力和适应力；人只有不超越环境，不破坏环境，与环境和谐相处，并充分发挥创造性，就可以赖以生存，就可以创造生活。而现代人面临的环境污染、资源缺乏等诸多生活的不如意、焦虑等，往往与对大自然过度的索取有关。珠海疍民的婚俗看似繁复，其实简单，也就是仪式要到位，但婚恋尚简单。这与他们自古不能与岸上人通婚的狭小婚姻圈有关。婚姻是他们延续种族的第一需要，一般只要双方大人没什么意见就定了。这其中有无奈，也有为维持族群生生不息、不屈服于命运的坚持和坚韧。

珠海疍民的诸多文化遗存尚需要更深入地挖掘、整理、研究、解读，在继承和发扬中彰显其时代意义，并期望在"亚洲地中海"[①]和"一带一路"更广阔的范围内，实现其应有的海洋文化价值。

---

① 凌纯声：《中国边疆民族与环太平洋文化》，台北经联出版事业公司，1979年，第335页。

海南疍家女性的日常生活空间研究

杨景霞①

【内容提要】疍家人是一个世代生活在东南沿海的水面上"以舟为家，以渔为业"的族群。疍家男女共同劳动，女子在家庭中的地位与男子不分高下。本文以海南疍家女性为研究对象，从家庭生活空间、经济生活空间、婚恋生活空间、交往与休闲空间、信仰祭祀空间等方面对海南疍家妇女的日常生活空间进行探讨。

【关键词】海南；疍家；女性；日常生活空间

一、序言：问题的提出

一首《女子自叹》：

> 一岁娇二岁娇，三岁拿柴爹妈烧，四岁学人来织线，五岁学人织细丝，六岁学人裁共剪，七岁学人来纺线，八岁媒婆来问下，九岁通书过大礼，未曾十岁过人家。

这是一首反映旧时疍家女在娘家生活情景的咸水歌。她们小小年纪就开始劳作、学习技艺，不到十岁便许了人家。在婆家的状况又如何呢？

> 过得人家梳大髻，一更舂米二更筛，三更淘米落锅煮，四更行去后园摘菜归。行到后园闻见饭浓香，老虎又多蛇鼠又来咬，手挽树枝望天光。裙尾拖烂因为罗水食，衣衫挂烂因为罗柴烧，手龙成指做火铜。

作为媳妇要起早贪黑地干活，受到刁难与责骂。疍家女之地位低下和命运悲苦，由此可见一斑。而海南疍家的一首新篇咸水歌《我是一个疍家人》唱道：

> 渔家女人是钢花，任劳任怨早当家；家有贤妇是个宝，家兴子旺全靠她。疍家姑娘够性感，健美风姿确动人；戴上头窥（应为盔）赛仙女，叹起"家姐"人感动。

---

① 作者简介：杨景霞，海南热带海洋学院人文社会科学学院副教授。
基金项目：国家社科基金重大项目"中国东南海洋史研究"（项目编号：19ZDA189）；海南省哲学社会科学规划课题"海南疍家民俗文化遗产的抢救性研究"［项目编号：HNSK（YB）22-74］。

这首咸水歌唱出了新时代疍家女的勤劳、贤惠、聪明、能干、美丽，更重要的是感人至深。正如海南疍家谚语所云："生仔好听，生女好命。"意思是生儿子是为了继承香火，大家都为之高兴，但父母卧病在床时多由女儿服侍。

旧时疍家的女性和男性一样生活在船上，以船为家，不受陆上的"女正位乎内，男正位乎外""男主外、女主内"思想的影响。旧时疍家女日常生活空间大多局限在自家的小船上，有时到岸上用盐巴、海产品换取一些水果、木材等生活用品。本文所谈的疍家女性既包括未婚的疍家少女，也包括已婚妇女。日常生活空间分为两个层面：物质空间，即妇女为了满足生产、消费和日常交往需要而涉足的领域和范围，如家庭、邻里、市镇等；精神空间，即在满足妇女物质需求空间基础上的延伸，如各种祭祀场所、教化场所，以及女性表现自身思想感情的咸水歌吟唱等。疍家人上岸后，"亲水"空间演变为"离水"空间，疍家女性的日常生活空间也随之发生变化。

二、疍家女性的家庭生活空间

疍家女性的家庭生活是独具特色的——她们既"主内"又"主外"。旧时疍家女性的家庭生活空间就是自家的船艇，较少有其他的生活空间。"世居大疍港、保平港、望楼港濒海诸处。男女罕事农桑，唯辑麻为网罟，以渔为生。子孙世守其业，税办渔课。间亦有置产耕种者，妇女则兼织纺为业。"旧时疍人水居，以船为室，"浮舟泛宅"，疍家女或织纺，或采珠，或捕鱼，"不谙文字，不记年岁"，"衣不盖肤"。海南疍家有着重女轻男的传统。在家庭中，不论对内对外，女主人较之男主人有着更大的权力。诸如家庭经济的掌管，家中要办某些较重要的事情，生产劳动的安排、购置物件、儿女婚事，以及对外交往等，都得由女主人拍板决定。重女轻男的思想还体现在各种称呼上，如把少女称为"疍家妹"，把年轻媳妇称为"疍家仔"，把老年妇女称为"疍家婆"；而对男人的称呼则不分老少，流行的称呼为"疍家佬"；对以船（艇）为家的船，统统称为"疍家婆船（艇）"，而不称"疍家佬船（艇）"。

大辫子、齐刘海、棉布短衫、吊脚裤、高齿木屐等都体现了疍家少女的质朴。疍家女心灵手巧，擅长女红，闺中绣精美的文胸，如咸水歌《十谏文胸》唱道：

……文胸尽其心 缝好正开二三分……

……文胸曾绣花 朵朵修来无步差……

……文胸绣得骄 有谁花朵绣得甘苗条……

……文胸守寡闺 细致银两二边排……

这首名为《十谏文胸》的咸水歌，大意是疍家少女因一条文胸的丢失，引发闺中女子寻找它的焦虑，因为文胸上有精致的手绣图案。那种叹惋、哀怨、自怜的心理在反复咏叹中表现得淋漓尽致。

疍家女子有着健康匀称的自然体态：腰细臀圆，因局蹐舟中，妇女的臀部肥大，形圆如蛋。服饰造型也很"传统"，富有浓郁的海洋乡土风情气息，衣服的颜色源自大海的基色——蓝色。为了方便海上劳作，男女都穿着宽大的短袖上衣（都是老式的大襟褂子），胸前穿着黑色的肚兜（都是自己缝制的），下身穿着宽短的裤子。不管春夏秋冬，疍家女人都喜欢戴着上高下宽的筒式竹篾编织的斗笠，涂以金光油亮的海棠油作为斗笠的保护层，使其不进雨水，避晒防雨两相宜。天冷时，疍家妇女把取暖的方巾披在头上。疍家姑娘喜欢打"脑髻"，偏爱佩戴碧玉和翡翠饰品——以碧玉或翡翠雕成直径为2厘米左右的地单孔圆环，然后配上3克左右的细金链，可做成别具一格的耳坠。它象征着纯洁、美好、富有、幸福、吉祥如意，也给飒爽英姿的疍家姑娘平添了几分媚人的光彩。疍家姑娘除偏爱碧玉翡翠饰品之外，对所戴的竹笠也很讲究。他们一般很喜欢上半部直径10厘米、高8厘米，下半部直径40厘米、高4厘米的筒式竹笠。这种竹笠做工考究，编织目细，外表要涂上一层金黄色的海棠油。这层油金光闪闪，既是竹笠的保护层，又为竹笠增添了一分光彩。笠带多为彩色，宽约3厘米，以红、橙、黄、白、紫、蓝、黑等胶丝配上闪闪发亮的贝类小珠编织而成，是疍家姑娘的手工杰作。戴上这精工制作的竹笠和美丽的彩带，不仅能遮蔽骄阳，还能使疍家女显得更加美丽。

勤劳的疍家女里里外外都是一把好手。旧时制作缆绳、船尾织网，准备出海用的钓鱼钩，飞针走线织补渔网，等等，都是疍家女人的拿手绝活。疍家妇女勤劳，在海上既要承担生产劳动的任务，又要承担做母亲的职责，乘风破浪，毫无畏惧。明末清初的岭南学者屈大均在《广东新语》卷14《食语》中对此有过生动的描述：

中妇卖鱼，荡桨至客舟前，倏忽以十数。弱龄男女崽，身手便利，即张罗竿首，画钓泥中，鳖、蟹、蜃、蛤之入，日给有余，不须衣食父母。又舟人妇子，一手把舵筒，一手煮鱼。橐中儿女在背上，日垂垂如负瓜瓠。板晋摇橹，批竹纵绳，儿女苦福裸，索乳哭啼，恒不遑哺。地气多燠，既省絮衣之半，跣足波涛不履袜。或男女同展，男子冬夏止一裤一襦，妇人量三岁益一布裙，如是则女恒馀布。

这段文字描述了疍家妇女在船上卖鱼的情景，以及疍家男女的身手灵敏和高超的捕捞技艺。为人母的疍家妇女背着吃奶的婴儿，一只手摇橹、一只手煮鱼的繁忙场景，令人些许感叹。一位50多岁的疍家人回忆小时候母亲在船上忙碌的情景——背上背着小的，一只手抱着一个大一点的，另一手还要帮丈夫拖网、顶网。

三、疍家女性的经济生活空间

疍家妇女从事贸易，将从海中捕捞的水产品在邻近墟市上进行交易。光绪年间《崖州志》记载，疍家人"业鱼，赶墟换谷，岁纳鱼课"。贸易主要由女性承担。康熙年间《万州志·土俗志》记载："戴平头藤笠，负贩。"疍家女子非常勤劳，一大早就出海劳作。在停满现代游艇的码头，依然可见疍家人跨越渔船忙碌的身影：有时背着孩子、抱着孩子攀越船只；或在渡船上招揽岸边的客人，载客过河（摆渡小艇是疍家人的海上交通工具）；或兜售水果、柴米；或送酒送菜；或渔排养殖，或在海边、渔港码头进行海鲜交易，记录交易的数据；或走街串巷叫卖海鲜。

疍家女撑起"半边天"。清朝乐钧有诗记载了水上驾船的疍家女子："东船西舫雁行排，初月娟娟堕水涯。鱼姊隔窗呼蚬妹，灯前同打象棋牌。"因为鱼大而蚬小，所以疍民称大的女儿曰"鱼姊"（鱼姐），称小的女儿曰"蚬妹"（虾妹）。劳作之余"同打象棋牌"，性情开朗的疍家女手舞足蹈，唱起咸水歌，清脆的歌声与叫卖声在水上萦绕。

四、疍家女的婚恋生活空间

咸水歌是疍民日常生活中的重要内容。男女对歌习俗贯穿于相识、表白、谈恋爱、求亲、婚嫁的整个过程。

屈大均在《广东新语》卷18《舟语》中载："诸蛋以艇为家，是曰蛋家。其有男未聘，则置盆草于梢，女未受聘，则置盆花于梢，以致媒妁。婚时以蛮歌相迎，男歌胜则夺女过舟。"这里的"蛮歌"就是咸水歌。

清朝陈昙有一首《疍家墩》诗咏道："龙户卢户是种人，水云深处且藏身；盆花盆草风流甚，竞唱渔歌好缔亲。"待嫁的渔家姑娘选婆家，全看男的是不是捕捞能手，不问他是否有文化。类似的咸水歌有"我哥驶船捕鱼又是能手""我哥捕鱼是头一二名"。

清朝乐钧在《青芝山馆诗集》有诗："郎如野笋出芳苞，妾似寒藤系苦匏。媒妁不须倩红叶，盆花盆草在船艄。"

疍家女恋爱时称心上人为"哥""情哥"，如"阿哥是针妹是线，针行三步线来跟"（《相送十里坡》），用针线的暗喻手法写出疍家青年男女的真心相爱；还有情歌如《送情哥》《揾哥来倾鬼》（意思是"找哥来说话"）、《十送情哥》（之一、之二），以及《十送英台》《十对情歌》《五大行》等。

结婚时娘家送给疍家姑娘用于盛放衣物的手篮、盛放首饰的篮仔，都是用竹子编织的。

疍家人嫁女有独特的婚嫁习俗。新娘婚前与家人对哭，表现对家人的不舍。出嫁的当天晚上，新娘子必须哭"叹家姐"，又叫"哭嫁"，感激父母的养育之恩。当晚姑嫂是对唱"叹家姐"的主要角色，小姑子希望大哥、大嫂照顾好父母亲，大嫂教导小姑子嫁人后要孝敬公公、婆婆、丈夫，如何为人处事、待人接物，等等，场面催人泪下。

如《叹亲娘》，女儿唱给亲娘，感谢亲娘的养育之恩、养育之艰；赞扬亲娘有儿有女有功劳，回忆与亲娘一起过的开心日子；劝慰亲娘女儿出嫁啦，家里还有哥嫂照顾亲娘。

> 亲（呀）娘（啦），妈（啦），我娘养通（呀）又是捱眼（呀）亲娘。妈（啦）我娘养通大时几艰（呀）难（来）。

> 亲（呀）娘（啦），妈（啦），我娘生仔有恩，生女有用（呀）亲娘。妈（啦）我娘有返白花、红花时（都）陪娘你愉（呀）人（来）。

> 亲（呀）娘（啦），妈（啦），我娘生返白花红花亦有后补（呀）亲娘。妈（啦）我娘有男又有女（都）补娘你功（呀）劳（来）。

> 亲（呀）娘（啦），妈（啦），好极（呀都）女儿又出外向（呀）亲娘。妈（啦）好得我哥我嫂在家时（都）顾我亲（呀）娘（来）。

如《叹家兄》，即将出嫁的妹妹劝慰哥哥，夸赞哥哥是捕鱼能手。

> 家（呀）兄（啦），哥（啦），大海茫茫（呀）又起流界（呀）家兄，哥（啦）南流压埋又（呀）起鱼（呀）群（来）。

> 家（呀）兄（啦），哥（啦），手抓太纹又中眼奋（呀）家兄，哥（啦）我无人携手你半个时（呀）辰（来）。

家（呀）兄（啦），哥（啦），手拿罗更又是指方向（呀）家兄，哥（啦）
我哥驶东成就驶西招（呀）财（来）。

如《叹姑娘》，哥哥劝慰妹妹哥嫂会照顾好爹娘，嘱咐妹妹在外乡婆家要照顾好自己，得闲回来看望爹娘。

姑（呀）娘（啦），姑（啦），姑你今日（呀）就要出嫁（呀）姑娘，姑（啦）等
哥我行前（都）手带你姑（呀）娘（来）。

姑（呀）娘（啦），姑（啦），哥我今日又嘱咐姑你（呀）姑娘，姑（啦）你哥
你嫂（都）替你顾爹（呀）娘（来）。

姑（呀）娘（啦），姑（啦），你嫁外乡唔知几时返来（呀）姑娘，姑（啦）你
哥你嫂（都）探望你姑（呀）娘（来）。

姑（呀）娘（啦），姑（啦），姑你睇外乡又要知冷知热（呀）姑娘，姑（啦）
你得闲返来（都）多睇你爹（呀）娘（来）。

如《叹家嫂》，姑嫂之间唱词更是催人泪下，姑嫂感情深厚亲如姐妹，小姑子临别时感谢嫂子照顾爹娘，称赞嫂子是一个勤劳、勤俭、孝顺、贤惠的儿媳，祝嫂子好人一世平安。

家（呀）嫂（啦），嫂（啦），我嫂待姑（呀）又似姐妹（呀）家嫂，嫂（啦）我
嫂帮我顾爹又顾（呀）娘（来）。

家（呀）嫂（啦），嫂（啦），我嫂帮我哥驶船又捕鱼（呀）家嫂，嫂（啦）我
嫂勤劳帮我哥大（呀）忙（来）。

家（呀）嫂（啦），嫂（啦），我嫂助夫又孝顺爹娘（呀）家嫂，嫂（啦）我嫂
勤俭是个好当（呀）家（来）。

家（呀）嫂（啦），嫂（啦），你姑我今日就要出嫁（呀）家嫂，嫂（啦）祝我
嫂好人一世平（呀）安（来）。

迎亲时男女方要咸水歌互答。男方摇着几艘小舢板到女方的船上接亲，舢板靠上大船后，接亲人员和新郎都不能马上上船。女方唱咸水歌让新郎、伴郎答唱，答对了才能上船。新郎答唱咸水歌是一种考验，接亲前一段时间要学会答唱的歌调或准备好一些提问答案。上船后，新郎、新娘到女方船上的神台上香，在神台前叩拜3次，然后给女方的族亲长辈敬茶致意，喧哗唠叨一阵。时辰到，哥哥、嫂子拉着小姑子的手交给姑爷。新郎新娘的婚礼服都是丝绸制品。男方给新娘打着雨伞，扶着新娘走下小船，接亲的船队在鞭炮声的伴随中带着新娘喜气洋洋返航，进门拜堂成亲。有一首《新娘入门拜家神》唱道：

脚踏龙门桂花开，今日贤娇进门来。贤娇生来通四海，山伯生成配英台。

新郎新娘拜财宗，财宗保家永不穷。财源广进恭贺涌，四季兴隆百事通。

新郎新娘拜门神，门神完全保家人。保护家人人精神，烧只烧猪谢灵神。

新郎新娘拜祖公，祖公完全保家中。保护家中人生劲，丁财两旺万事通。

新郎新娘拜门官，门官完全保家门。自古发财无用本，太白升君带入门。

新郎新娘拜众神，众神完全保家人。保护家人平安稳，丁财到手又到身。

新郎新娘拜土君，土君完全保家人。保护家人人精神，答谢十两马蹄金。

新郎新娘拜灶君，早早烧香敬动神。敬夫出路好赚银，多留少使养妻人。

新娘娶进门是疍家人的一大喜事，对一家人的平安、健康、丁财两旺都是一个极好的兆头，要进行拜门神、祖公、门官、众神、土君、灶君等一系列烦琐的祭拜仪式。这首咸水歌由8节组成，4句一节，共用了8节的篇幅来描写新娘入门的仪式；采用重章叠唱的方式，一、二、三句采用回环的手法；"宗""穷""涌""通"句句押韵，一节押一韵，这一节押ong韵，每一节可以换韵。

结婚后，称丈夫"郎""才郎"。一首《十谏才郎》劝谏丈夫出门莫入赌场莫赌钱、莫嫖莫赌莫多行、莫娶路头妻路头花。一首《十劝才郎》劝告丈夫戒酒戒花戒赌钱，做人做事要公正，与邻和睦，要勤俭不要懒惰。丈夫要出门上京城去，妻子忙着做针线，用京绒丝线给丈夫绣贴肉衣、一顶帽、一件袍、金腰带、一条裤、一双新鞋、一双袜、槟榔袋，《十绣才郎》满满的是对丈夫的爱和牵挂。婚后对儿媳的要求都体现在《十谏女娘》（之一、之二）这两首咸水歌里：儿媳要"做女功夫要学齐，在家时听从父母，使出嫁从夫，脾性要减低"，学梳妆、学绣花，要立品、学勤、心坚、顾前程、学精灵，要识高低。

一首《望夫归》唱出已婚妇女被遗弃的不幸遭遇。丈夫出海打鱼，久盼不归，同船的伙计兄弟告诉她说丈夫已经娶了新州安南（今越南）的老婆，生了孩儿。歌词里的妻与夫的对唱，"夫"不是妻的丈夫，而是与她丈夫同船出海的人。

妻：无风驶船帆角齐，丢低麻篮望夫归。行开海边请只舢板仔，摇到大船格勒底，个个行前无个系。第一问船主老板仔，第二问船上火头仔，第三问船上个班伙计兄弟，为乜我夫同船去唔见同船归。

夫：你夫到了新州安南埠，休了前配娶个安南妻，手尖尖脚细细，身材似黄丝蚁。

妻：我夫在新州安南娶了妻，有乜书信托你带回归，有乜信物让我睇，有乜吩咐快快提。

夫：你夫在新州安南娶了妻，生下孩儿养宝仔，没有书信托我带回归，没有信物让你睇，叫我劝你把他放低。

五、疍家女性的交往与休闲空间

（一）疍家女性的交往空间

旧时疍家女性与他人的交往是非常受限制的。她们常年生活在船上，摆渡谋生时交往的是船客；换取生活日用品时交往的是海边的小商小贩；结婚后偶尔回娘家，与亲人来往；儿女结婚后与姻亲之间的交往既频繁又不可或缺，特别是礼节性的人情往来；未婚女孩与心爱的人在船上对唱咸水歌，进行心灵的沟通，表达爱意。疍家人上岸生活后，疍家女性的交往空间扩大。

（二）疍家女性的休闲空间

新时期疍家女性的生活有了很大变化，不用再随丈夫上船操劳。捕鱼也有季节性，渔汛到了，男人们要出海，晚饭便在下午3点钟吃。女人们在这之前就忙碌起来，杀鱼、做饭，准备好丈夫出海的物件，依依不舍地将丈夫送出海。然后，女人们便聚在一起，喝着"糖水"，吃着点心，谈论着刚刚出海的丈夫和女人们的心事。因此，喝下午茶是疍家女性生活中不可或缺的。本地的汉族妇女们深受丈夫和公婆的约束，不能到茶楼喝茶会客。疍家的女人们早就跟男人一样，大大方方地在茶点店里谈天说地了。因此，疍家女总是被别处女人羡慕：她们活得心无城府，坦坦荡荡；她们能像男人一样喝茶、出海；在海上，她可以跟男人一样，拉网、唱咸水歌。

疍家女人通常在老人过寿、结婚、孩子外出读书时的宴席，以及各种群众性的祭祀活动中聚集在一起。她们往往是这些聚会的主要筹备者。比之养鱼捕鱼的辛劳，这样的忙碌是轻松愉快的。当男人们围在桌前，喝茶抽烟嚼槟榔聊天时，女人就聚在厨房准备饭菜，有说有笑，情绪高涨。

在以家庭事件为中心的聚会中，女人的聚会圈，是以主人为核心层层外延的女性亲属和以住所为中心层层外延的女性邻居的迭合，如婚礼、葬礼、寿宴、移居、孩子满月等。具有某方面特长才艺的女人在聚会中很受瞩目。如一位疍家女人是"叹家姐"的能手，当地人比她为刘三姐，因她会唱很多歌，见什么唱什么，指什么唱什么。在各种聚会上，她都会被要求一展歌喉，其他会唱咸水歌的女人都会加入进来，周围的人也越围越多，成了大型聚会中的小圈子，非常热闹。

蛋家女性在每年的节日活动中担任主角，如端午节的"渔家乐"杯龙舟比赛。蛋家人将龙舟比赛输赢看得非常重要。传说："宁愿输老婆，不愿输龙船。"女人不能摸龙头，任何人都不能从龙头跨过，否则是对龙王的不尊重，拜庙时祈祷就不灵了。蛋家妇女组队参加女子龙舟赛，热情高涨，绝不逊色于男队。元宵节拜龙盘古井，蛋家妇女用一首《三拜古井》感激龙盘古井哺育之恩，小组演唱《你知此井有多少年》。龙王神州庙又称"神州五龙公庙"，是信徒拜神祈福的圣地。元宵节游神活动，蛋家妇女欢歌载舞迎接神灵驾临。三亚天涯社区组织了3届咸水歌比赛，蛋家妇女积极参加演唱，除了男女对唱之外，以女子小组唱、女子独唱居多，男性参加极少，参赛选手性别不平衡。参赛选手年龄偏大，也给蛋家文化空间的传承带来困境。"蛋家文化全在歌"，在蛋家文化的保护上，女性的作用不容小觑。

六、蛋家女的信仰祭祀空间

（一）对祖先的崇拜与祭祀

清朝乐钧在《青芝山馆诗集》中说："村村甲第祖祠崇，乔木阴森翠扫空。蜑户浮家无族姓，岁时香火一船中。"海南三亚榆林港蛋民以郑、黎、王、陈四姓为主。蛋民在船的中部设有祖宗龛位，常以上香形式祭拜祖先。三亚蛋民流行的一首咸水歌《新娘入门拜家神》唱道："新郎新娘拜祖公，祖公完全保家中。保护家中人生动，丁财两旺万事通。"由此可以看出祖先崇拜的重要性——不仅是孝道体现，而且关系到未来家道的盛衰。

（二）庙宇神崇拜

蛋家人的神鬼信仰是多元化的，有天妃神（即妈祖）、南海神、龙母神等庙宇神崇拜和水鬼、海龙王、棚底神等崇拜。海南的妈祖庙数量不少。妈祖作为一个汉族民间的渔家女，善良正直、见义勇为、扶贫济困、解救危难、造福民众，保护中外商船平安航行，凡此种种，都是功德无量的事情，深受百姓的崇敬。妈祖做了很多有益于民众的善事义举，因此受到了海内外很多百姓的尊敬和膜拜。蛋民船艇经过妈祖庙时必烧纸钱，然后开航。旧时疍家姑娘在其兄长、丈夫出海打鱼时就默默地为他们祈祷；出远海迟迟未归时，她们就上妈祖庙、五龙公庙为他们祈福，希望神灵能保佑他们平安归来。

在群众性的祭祀活动中，女性的聚会以地域和族群为单位。如祭海，参与的女性包括整个陵水新村疍家人和当地其他女性群体，但祭海活动中真正参与核心仪式的是疍家女人，其他女性只是个人性质的烧香祈福。每年元宵节，三亚疍家人有闹元宵的游神、拜龙盘古井的习俗。疍家妇女用《三拜古井》《古井情深》《龙盘古井清又甜》等咸水歌来感激龙盘古井的哺育之恩。龙盘古井是疍家人移居三亚港挖的第一口井，已经有600多年历史。每年元宵节疍家人自发来到龙盘古井，摆上贡品烧香燃烛祭拜亡灵。如《疍家魂》《十月廿二》都是为了祭拜100多年前因台风"数千疍民变鬼魂"。还有《拜海神》，企求海上平安。

在参与核心仪式的疍家女人中起主要作用、具有号召力的，往往是那些熟知仪式的程序和细节的女人。她们对老人传下的仪式能够得其要领并适当发挥。

七、结　语

通过对海南疍家女性日常生活空间的探析，可知疍家女性以家庭为核心，在日常生产生活中以多种方式和目的，不断向更大的空间发展。她们的日常生活空间迥异于普通汉族女性。生活空间的特殊性造就了疍家女性"钢花"的性格。疍家文化的特色更多地体现在疍家女性身上。对疍家女性的研究还有待于进一步深入。